▼前端系统

▶ 预放系统

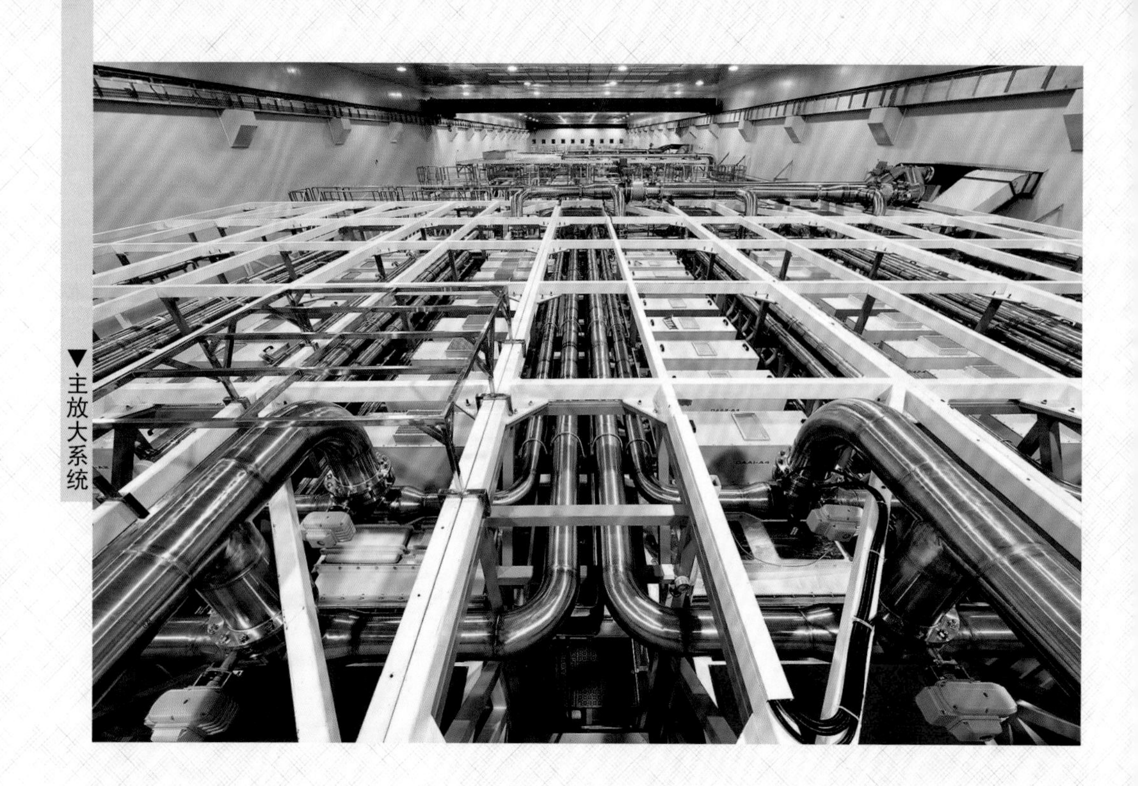

▼主放大系统

▶主放大系统-能源模块

▼靶场系统-靶球

▶靶场系统-真空靶室俯视图

▼激光参数测量与诊断系统-测量机柜

▶计算机集中控制系统

郑万国
王成程 编著

本书以现代项目管理理论为指导，从全过程、全系统、全要素分别阐述了神光-Ⅲ激光装置项目管理工作中所应用的管理理论与方法。其中，包含了激光聚变领域的发展和项目管理理论在这领域的应用分析，阐述了神光-Ⅲ激光装置项目的背景、环境及项目管理的特点及难点，归纳了神光-Ⅲ激光装置项目管理体系构建基础及全系统项目管理模型，从组织管理、全生命周期管理、整合管理、质量管理、经费管理、技术状态管理、风险管理、外协管理和档案管理等方面展示了神光-Ⅲ激光装置项目管理的主要管理内容、过程和方法。本书既可作为超大型工程项目管理的实践指南，也可作为高等院校、研究院所开展大科学工程现代项目管理教学、研究和实践的参考书，适合项目管理人员、从事激光聚变领域科学工程的研究人员以及大型工程建设的项目管理人员阅读。

图书在版编目（CIP）数据

神光-Ⅲ激光装置项目管理/郑万国，王成程编著.
—北京：机械工业出版社，2017.10
ISBN 978-7-111-58147-5

Ⅰ.①神…　Ⅱ.①郑…　②王…　Ⅲ.①激光器装置-项目管理-研究　Ⅳ.①TN248

中国版本图书馆 CIP 数据核字（2017）第 237138 号

机械工业出版社（北京市西城区百万庄大街22号　邮政编码100037）
策划编辑：张星明　　责任编辑：张星明　白　莉
责任校对：陈　倩　　封面设计：郝子逸
责任印制：孙东健

北京宝昌彩色印刷有限公司印刷
2018年1月第1版·第1次印刷
170mm×230mm·19印张·329千字
标准书号：ISBN 978-7-111-58147-5
定价：65.00元

凡购本书，如有缺页、倒页、脱页，由本社发行部调换

电话服务
社服务中心：(010)88361066
销售一部：(010)68326294
销售二部：(010)88379649
读者购书热线：(010)88379203

网络服务
教材网：http://www.cmpedu.com
机工官网：http://www.cmpbook.com
机工官博：http://weibo.com/cmp1952
封面无防伪标均为盗版

《神光-Ⅲ激光装置项目管理》编委会

序 一

大科学工程项目是集理论研究、技术开发、装备制造、工程建设于一体的跨学科、跨行业、跨单位的巨型复杂系统工程，科研难度高、工艺要求高、不确定性高、资源需求量大、协作单位多。如果管理不到位，就很容易造成项目进度的延误、项目资源的巨大浪费以及项目质量的严重不合格。相比一般项目，大科学工程更加需要科学、严谨、有效的管理体系来对项目的进度、经费、质量、风险等进行全方位的监测和管控。

现代项目管理曾首次被美国国防部应用于曼哈顿计划等军事项目中。随着时间的推移，更多的项目管理技术和方法被实践所验证并逐步推广到各个行业和领域。本项目团队在深入学习和研究、分析项目管理在美国国家点火装置（NIF）应用的基础上，将现代项目管理理论应用到神光-Ⅲ激光装置建设项目（以下简称神光-Ⅲ项目）这一大科学工程中，为我国项目管理向专业化、科学化和国际化的方向发展又迈出了可喜的一步。

中国工程物理研究院激光聚变研究中心承建的神光-Ⅲ项目，既是我国超大型固定资产投资项目，也是突破西方技术封锁的一项大型科学研究型工程。项目由多个错综复杂的系统构成，包含成千上万组件，涉及众多学科和数百家外协单位。对于如此庞大的工程项目，他们运用现代项目管理技术，采用“技术＋管理”两条线同步管控，收到了很好的效果。可以说，现代项目管理的应用为神光-Ⅲ项目的顺利竣工和运行做出了巨大的贡献。特别是其中的项目质量管理、外协管理、进度管理、经费管理等，更是促进了项目组织实施的高效、严谨和平顺。但是神光-Ⅲ项目管理的应用也不都是一帆风顺的。在组织管理实施的过程中，项目管理团队也遇到过很多困难和与传统管理机制的冲突。经过神光-Ⅲ项目管理人员的不懈努力，在项目建设过程中不断摸索、改进和优化项目管理过程和方法，克服种种困难，最终确保了神光-Ⅲ项目的胜利完成。

神光-Ⅲ项目已经交付，新的征途又将开始。项目虽已结束，但经验须留存。总结神光-Ⅲ项目中的经验和不足，可以使今后新一代激光惯性约束聚变大科学工程项目扬长避短，再创辉煌。

最后，希望在新的征程中，项目团队能够再接再厉，在新一代激光惯性约束聚变大科学工程中，取得更多更好的成果！

钱福培

国际项目管理协会（IPMA）荣誉会员（IPMA Honorary Follower）

中国优选法统筹法与经济数学研究会终身会员

中国（双法）项目管理研究委员会（PMRC）名誉主任

西北工业大学教授

2017 年 8 月 18 日

序　二

在惯性约束聚变研究过程中，建设巨型激光装置是实现该项研究的关键解决路径之一。神光-Ⅲ激光装置是亚洲最大、世界第二大投入运行的巨型激光装置，它的建成标志着我国在激光惯性约束聚变领域达到了国际先进水平。神光-Ⅲ项目是典型的大科学工程，兼具科研和工程特点。神光-Ⅲ项目应用现代项目管理理论并取得成功，凸显了现代项目管理理论在大科学工程领域的应用效果，扩展了项目管理的实践范围。

近年来，在中华民族伟大复兴中国梦的引领下，我国综合国力显著提升。习近平总书记在“十三五”规划建议的说明中指出：当前我国科技创新已经步入以跟踪为主转向跟踪和并跑、领跑并存的新阶段，急需以国家目标和战略需求为导向，瞄准国际科技前沿，布局一批体量更大、学科交叉融合、综合集成的国家实验室，优化配置人财物资源，形成协同创新新格局。因此，全面总结我国各类大科学工程组织管理实施经验与方法，不仅是项目建设自身的迫切需求，也是顺应时代发展的有益之举。

本书的作者之一郑万国是我国高功率固体激光驱动器专家，并且担任神光-Ⅲ项目总指挥，另一位作者王成程担任神光-Ⅲ项目管理部主任。两位作者具有多年从事项目组织实施管理经验，也是现代项目管理在神光-Ⅲ项目中应用的主要推动者。神光-Ⅲ项目管理模式的建立与实践，不仅是项目单位在我国传统科研文化背景下开展的一次项目管理尝试，也是对以项目目标管理为核心的人力、经费、绩效等资源配置管理模式的探索研究，这必将对我国大科学工程建设产生深远的影响。在这一过程中形成的创新文化与协同攻关精神更是新时期我国“两弹一星”精神的发扬和传承，因此具有鲜明的时代特征。

本书是对神光-Ⅲ项目的管理成果和管理经验的归纳和总结。全书以现代项目管理理论为指导，从神光-Ⅲ项目全生命周期、全过程、全系统、全要素等方面阐述了神光-Ⅲ项目管理对管理理论的应用与实践过程；描述了一系列的管理模型，包括神光-Ⅲ项目管理总体模型、神光-Ⅲ项目计划与控制模型、神光-Ⅲ项目质量管理模型、神光-Ⅲ项目经费管理模型、神光-Ⅲ项目风险管理模型、神光-Ⅲ项目外协管理模型、神光-Ⅲ项目技术状态管理模型、神光-Ⅲ项目档案管理模型等，并将神光-Ⅲ项目系统管理思想充分体现在各个管理模型中。这些管理模型为大科学工程的实施提供了科学、实用的管理案例。

本书凸显了项目管理在大科学工程领域的应用效果，既可作为激光聚变研究领域新一代研究项目管理的指南，也可作为我国科研院所、高等院校在开展大科学工程实践中应用与变革项目管理模式的参考指南。

白思俊

中国（双法）项目管理研究委员会副主任委员

西北工业大学教授

2017 年 8 月 20 日

随着科学技术和国民经济的发展，国家在制订中长期规划时，将适时安排一批大科学工程项目，以实现用好国家科技重大专项和重大工程等抓手，集中力量抢占制高点、突破科技瓶颈的目的。大科学工程主要面向国家科技发展或国防建设的战略需求，具有明确的任务目标与科学目标，处于国际科学技术前沿，为我国经济建设、国防建设和社会发展做出战略性贡献。

大科学工程项目通常是一些探索性的研究项目。项目建设期间，科学技术研究、验证、试制等活动贯穿于工程建设的全过程。因此，大科学工程装置具有鲜明的工程和科研双重属性，整个建设过程存在一定程度的不确定性。另外，大科学工程具有投资多、规模大和多学科交叉等特点，项目管理中存在节点多、预见性差和反馈周期长等现象，这使得大科学工程项目的管理和组织实施极具挑战性。

神光-Ⅲ项目作为我国大科学工程项目的典型工程，代表了激光惯性约束聚变领域的最高水平。中国工程物理研究院激光聚变研究中心作为神光-Ⅲ项目的建设单位，将现代项目管理理念和技术引入本项目的建设管理过程中，组建了专业的项目管理团队，积极探索大科学工程项目管理模式，实现了“管理创新”和“技术革新”并举。现代项目管理知识体系与神光-Ⅲ项目的完美结合，孕育了神光-Ⅲ项目管理实践的独特案例。它拓展了我国大科学工程项目管理实践的新视野，是现代项目管理技术在大科学工程建设项目中的又一成功实践。从系统工程思维模式的引入，到项目管理技术的全面应用，事实证明，我们走出了一条正确的道路！

总结过去是为了开创未来。因此，神光-Ⅲ项目团队编写《神光-Ⅲ激光装置项目管理》一书，全面梳理神光-Ⅲ项目的管理实践过程，总结、提炼并分享项目管理经验，希望今后能够为新的大科学工程项目管理实践提供有益的帮助和指导，从而更好地推动项目管理在大科学工程领域的广泛应用。

《神光-Ⅲ激光装置项目管理》以现代项目管理理论为指导，从全过程、全系统、全要素分别阐述了神光-Ⅲ项目实践中所应用的管理理论与方法。全书包含了激光聚变领域的发展和项目管理理论在这领域的应用分析，介绍了神光-Ⅲ项目管理的特点及难点，归纳了神光-Ⅲ项目管理体系构建基础及全系统项目管理模型，从基于矩阵式思维的项目组织管理、基于流程管理理论的神光-Ⅲ项目全生命周期管理、基于系统工程理论的神光-Ⅲ项目整合管理、基于全面质量管理理论的神光-Ⅲ项目质量管理、基于全面预算管理理论的神光-Ⅲ项目经费管理、基于系统思维的神光-Ⅲ项目技术状态管理、基于全面风险管理理论的神光-Ⅲ项目风险管理、基于分级分类管理的神光-Ⅲ项目外协管理、基于全宗原则的项目档案管理等方面展示了神光-Ⅲ项目的主要管理内容、过程和方法。

本书由郑万国策划并提供编写思路，由王成程提供编写框架并组织编写。其中，第1、2章由郑万国编写，第3、4章由王成程编写，第5章由王成程、张文健、刘维宝编写，第6章由张林、沈敏圣编写，第7章由刘楠、杨晓瑜编写，第8章由陈立华、樊怡辰、任振编写，第9章由孙肖芬、刘楠编写，第10章由孙肖芬、马尊武编写，第11章由何伟、申晨编写，第12章由刘楠编写。本书的统稿安排工作由刘楠负责。在编写过程中，西北工业大学白思俊教授、张美璐硕士给予了很多帮助，电子科技大学陈光宇教授针对可靠性管理提供了很多资料，在此向他们表示诚挚的感谢。此外，在编写过程中参阅了大量资料及有关人员的研究成果，其中许多有益的内容对本书的完成帮助很大，在此深表感谢。

参加本书编写的作者均为神光-Ⅲ项目团队的技术骨干或项目管理专家，具有较丰富的实践经验和理论知识，但由于项目管理理论持续更新和发展，加之时间匆忙，本书对内容的选取和文字的推敲都可能存在一些不足之处，希望专家、读者不吝指正。本书得到了哈尔滨工业大学、中国电子科技集团第三十四研究所的大力支持，在此一并致谢。

编者

Contents

第 1 章　激光惯性约束聚变研究与项目管理

聚变能源，作为人类梦寐以求的终极能源，也被誉为“人造太阳”，一旦实现商业发电，将从根本上解决人类能源问题。从“美国国家点火装置”到“国际热核聚变实验堆计划”，无不是为这一终极目标而探索。在国际聚变科研领域，受控热核聚变的实现方式主要有两种：激光惯性约束聚变和磁约束聚变。激光惯性约束聚变利用超高强度的激光在极短的时间内辐照氘氚靶来实现聚变；磁约束聚变则利用强磁场将氘氚气体约束在一个特殊的磁容器中并加热至数亿摄氏度高温来实现聚变反应。无论是磁约束聚变，还是激光惯性约束聚变，都是世界各科技大国暗自角力的战场。由于激光惯性约束聚变可用于未来清洁能源开发，各科技大国纷纷投入巨资开展研究，竞相争夺这一高技术领域的战略制高点。目前，随着我国对聚变科研的不断重视以及新老科学家们前赴后继的努力，激光惯性约束聚变相关领域的研究正不断取得新突破。

1.1　激光聚变概念及发展

激光聚变（laser fusion）是以高功率激光作为驱动源的惯性约束聚变，是利用高能驱动器在极短的时间内将聚变燃料加热、压缩到高温、高密度，使之在中心“点火”，实现受控聚变。激光惯性约束聚变的基本原理是使用强大的脉冲激光束照射氘、氚燃料的微型靶丸上，在瞬间产生极高的高温和极大的压力，被高度压缩的稠密等离子体在扩散之前，向外喷射而产生向内聚心的反冲力，将靶丸物质压缩至高密度和热核燃烧所需的高温，并维持一定的约束时间，完成全部聚变反应，释放出大量的聚变能。

在探索实现受控聚变反应过程中，随着激光技术的发展，1963 年前苏联科学家 N. 巴索夫和 1964 年我国著名核物理学、核科学的奠基人和开拓者之一王淦昌院士，分别独立提出了用激光照射氘氚靶丸产生中子实现受控热核聚变反应的构想，开辟了实现受控热核聚变反应的新途径。不久后，激光聚变获得了实验证明，由此拉开了世界上激光惯性约束聚变研究的序幕。

1.1.1 激光聚变研究的国外发展形势

在激光惯性约束聚变研究过程中，建设巨型激光驱动器是实现的重要技术途径之一。在国际上，美国、法国、日本等发达国家花费巨资建设了多个巨型激光驱动器，取得了举世瞩目的成就，目前已建成的激光器如表1-1所示。其中以美国国家点火装置项目为代表的激光驱动器代表了该领域的最高水平，引领该领域研究发展方向并受到国际同行的广泛关注。

表1-1 国际上已建造的主要高功率激光装置

激光装置	国家及实验室	输出能量	束数	建成时间/年
GEKKO-XII	日本大阪大学	15kJ /3X	12	1983
PH EBUS	法国里梅尔实验室	10kJ/3X	2	
VU LCAN	英国卢瑟福实验室	2kJ/3X	8	
HE LEN	英国原子武器中心	1kJ/1X	1	
NOVA	美国利弗莫尔实验室	40kJ/3X	10	1984
OMEGA	美国利彻斯特大学	30kJ/3X	60	1995
Beaml et	美国利弗莫尔实验室	6. 4kJ/3X	1	1994
NIF	美国利弗莫尔实验室	1 800kJ/3X	192	2009
LMJ	法国	1 800kJ/3X	240	在建

（1）美国国家点火装置。

美国国家点火装置（National Ignition Facility，NIF），位于美国加利福尼亚州旧金山，由劳伦斯·利弗莫尔国家实验室研制。该计划自1991年批复，经过多次延期后，于2009年完成。NIF最终的目标是实现点火，使激光在聚变反应中产生的能量大于它们所消耗的能量。NIF采用192束351ns（$1nm = 10^{-9}m$）波长的激光，输出能量可达1.8MJ（$1MJ = 10^6J$），是世界上最大的激光器。NIF建造和运行总共花费了约38亿美元。它建成后长215m、宽120m，大约同古罗马圆形竞技场一样大。

（2）法国兆焦耳激光器。

兆焦耳激光器（Laser Megajoule，LMJ），位于法国阿基坦大区勒巴尔普市，由CESTA实验室建造。1996年6月，法国与美国签署了一项加强两国合作的协议。美国同意与法国共享超级计算机核模拟试验所获得的数据，并帮助法国建造兆焦耳激光装置（LMJ）。LMJ 预计耗资 30 亿欧元，正在建造过程中，建成后将是欧洲最大的激光器。

LMJ 由 240 路高能激光束组成，分为 30 组激光器，每组 8 路激光束。这些激光器可以在瞬间将 1.8MJ 能量，聚焦于 Φ2.4mm 的靶丸上，激发氘-氚原子的聚变反应。

国际上主要高功率躯体激光驱动器示意图如图 1-1 所示。

（3）其他国家。

20 世纪 70 年代，日本投入了大量的人力和物力进行激光聚变研究。1998 年，日本研制成功了核聚变反应堆上部螺旋线圈装置和高达 15m 的复杂真空头，这标志着日本突破建造大型核聚变实验反应堆的技术难点。

1.1.2　我国激光聚变研究的发展历程

1961 年，我国第一台红宝石激光器研制成功。此后短短几年内，我国激光技术迅速发展，相继研制成功了一批各种类型的固体、气体、半导体和化学激光器。激光作为具有高亮度、高方向性、高质量等优异特性的新光源，很快应用于各技术领域，并显示出强大的生命力和竞争力。

1964 年，我国著名的物理学家王淦昌先生独立提出激光惯性约束聚变的倡议，1965 年立项开始研究。经过几年努力，建成了输出功率为 100 亿 W 的 ns 量级激光装置，并于 1973 年首次打出中子。1974 年研制成功我国第一台多程片状放大器，把激光输出功率提高了 10 倍，中子产额增加了一个量级。在国际上向心压缩原理解密后，我国积极跟踪并于 1976 年研制成 6 束激光系统。这一系列的重大突破，使我国的激光惯性约束聚变研究进入世界先进行列，也为以后长期的持续发展奠定了基础。

改革开放以后，我国激光技术获得了空前的发展机遇。1980 年 5 月，在上海、北京分别举行了第一次国际激光会议。参会代表有 218 人，其中国外代表 66 人。邓小平同志亲切接见了参会的中外代表。1983 年在广州、1986 年在厦门又分别举行了第二次、第三次国际会议，从此改变了我国的激光技术多年来封闭运转的局面，开始走向世界。

在多项国家级战略性科技计划中，激光技术亦受到重视。1993 年增列了“惯性约束聚变”主题。在国家“六五”“七五”攻关计划中，激光技术也被列为重大项目。

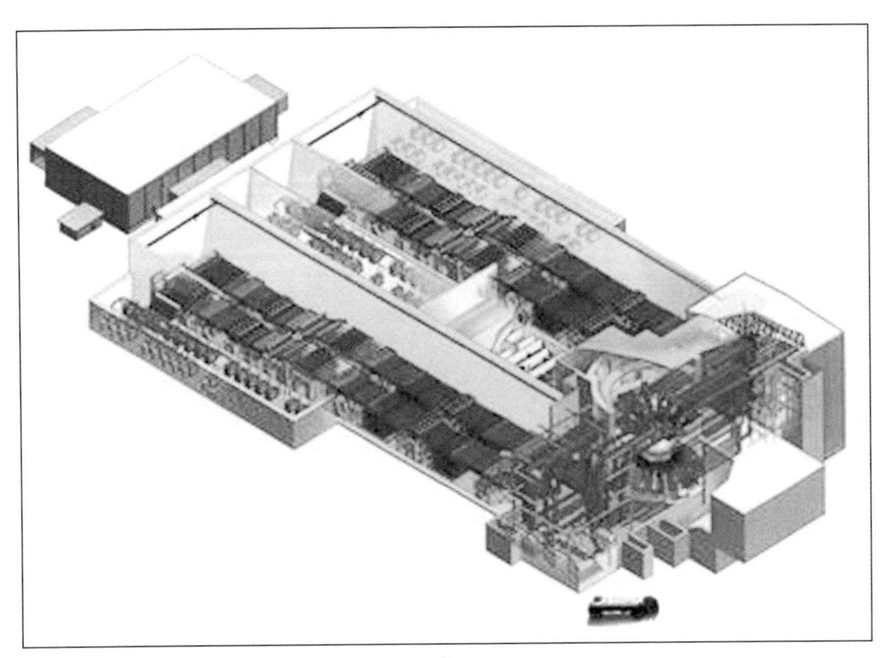

a）

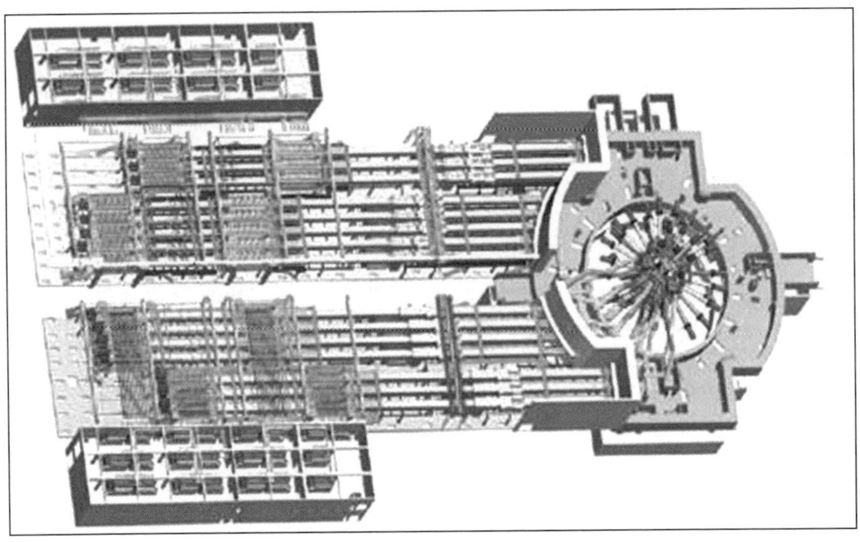

b）

图 1-1　国际上主要高功率躯体激光驱动器

a）美国 NIF 装置　b）法国 LMJ 装置

在我国激光惯性约束聚变研究过程中，高功率固体激光驱动器先后经历了神光-Ⅰ激光装置、神光-Ⅱ激光装置、神光-Ⅲ原型装置、神光-Ⅲ主机装置建设等几个主要发展阶段。近几十年来，“神光”系列装置取得了显著进展，推动了我国激光惯性约束聚变实验和理论研究，并在国际上占有一席之地。目前建成的神光-Ⅲ主机装置是我国第二代高功率固体激光驱动器。该装置采用“方形光束+组合口径+四程放大”技术路线，代表了我国高功率固体激光驱动器建设领域的最新成就。

（1）神光-Ⅰ激光装置。

1978年中国工程物理研究院和中国科学院携手合作，激光惯性约束聚变研究进入了全面发展的新阶段。

1980年，王淦昌提出建造脉冲功率为1万亿W的固体激光装置，即激光12号实验装置（神光Ⅰ）。激光12号实验装置总建筑面积4 612m^2，总高15m，为4层钢筋混凝土框架结构。该装置输出两束口径为200mm的强光束，每束激光的功率峰值可达1万亿W，脉冲宽度有1ns（1ns=10^{-9}s）和100ps（1ps=10^{-12}s）两种，波长为1.053μm（1μm=10^{-6}m）的红外光，并可倍频到0.53μm绿光。

激光12号实验装置由激光器系统、靶场系统、测量诊断系统和实验环境工程系统组成，能适应0.1mm量级的微球靶、黑洞靶、台阶靶、各类X光靶等多种靶型的实验需要，并具有单束、双束及两路并束激光打靶的功能。它为进行激光惯性约束聚变新能源研究及其他多种物理研究提供了重要实验手段。

1985年7月，激光12号装置投入试运行。成功地进行了3轮激光打靶试验，取得了很有价值的结果，达到了预期目标。

激光12号装置为进行世界前沿领域的激光物理试验提供了有利的手段，对尖端科研和国民经济建设均具有重要意义。1986年，张爱萍将军为激光12号实验装置亲笔题词“神光”，将该装置正式命名为神光-Ⅰ。

（2）神光-Ⅱ激光装置。

1994年，神光-Ⅰ退役。神光-Ⅰ连续运行8年，在激光惯性约束聚变和X射线激光等前沿领域取得了一批国际一流的物理成果。1994年5月，神光-Ⅱ装置立项，规模比神光-Ⅰ装置扩大4倍。

神光-Ⅱ激光装置采用了国产高性能元器件，独立自主解决了一系列的科技难题，达到国际最先进的高功率固体激光驱动器水平，实现了我国在激光惯性约束聚变领域新的跨越。该系统由激光器系统、靶场系统、能源系统、光路自动准直系统、激光参数测量系统等组成，集成了数百台套的各类激光单元或组件，在空间排成8路激光放大链，技术参数与美国OMEGA装置相当。2000年，神光-Ⅱ激光装置8路基频功率达到8万亿W，开始试运行打靶。2001年8月，神光-Ⅱ激光装置建成。总输出能量达到6kJ/ns，或8万亿W/100ps，总体性能达到国际同期同类装置的先进水平。

神光-Ⅱ激光装置能同步发射8束激光，在约150m的光程内逐级放大：每束激光的口径能从Φ5mm扩为近Φ240mm，输出的能量从每束几十μJ增至750J。当8束强激光通过空间立体排布的放大链聚集到一个小小的燃料靶球时，在十亿分之一秒的超短瞬间内可发射出相当于全球电网电力总和数倍的强大功率，从而释放出极端压力和高温，急速压缩燃料气体，使它瞬间达到极高的密度和温度，最后引发聚变。神光-Ⅱ已实现“全光路自动准值定位”，在实验中能及时纠正因震动和温度变化而带来的仪器微偏，使输出激光经聚焦后可精确穿过一个约0.3mm、仅比一根头发丝略粗一点的小孔。

巨型激光驱动器的研制对相关科学技术有重大的带动作用，它是综合国力的反映，能够代表一个国家在这一领域的科技水平。神光-Ⅱ装置的研制为即将建造的下一代激光装置提供了极为宝贵的科学技术经验，并带动了我国材料科学、精密光学加工与检验、介质膜和化学膜层技术、高质量大口径氙灯工艺、精密机械和装校工艺及高压电能源系统、快速电子学、控制电子学、二元光学技术等相关学科或技术的跨越式发展。

（3）神光-Ⅲ激光装置。

1995年，我国科研人员开始研制跨世纪的巨型激光驱动器——“神光-Ⅲ”激光装置，计划建成10万J量级的激光装置。该工程位于绵阳中国工程物理研究院激光聚变研究中心内，建筑面积28 154m^2，呈长方形布置；建筑物总长178m、总宽75m，建筑结构十分复杂。神光-Ⅲ激光装置建设分原型和主机两个阶段进行。

2007年，建成了第一步规划的神光-Ⅲ原型装置，并通过国家验收。原型装置是一台8束300mm×300mm口径光束、万J量级、3倍频激光输出的新一代激光驱动器。装置采用非对称变口径光传输、优化组合四程放大、液晶光阀光束空间整形、光束旋转隔离与像差补偿等关键技术，这使我国成为国际上少数几个具有这种综合技术能力的国家之一。神光-Ⅲ原型装置为制定与设计神光-Ⅲ主机装置总体技术方案奠定了坚实的基础。

神光-Ⅲ主机装置是我国开展高能量密度物理和激光惯性约束聚变研究的首台 10 万 J 量级高功率激光装置。2015 年建成后，它成为亚洲最大、世界第二大激光装置。神光-Ⅲ主机装置有 6 个束组，可输出 48 束激光，总输出能量为 18 万 J，峰值功率高达 60 万亿 W，每束激光均实现了基频光 7500J、3 倍频光 2 850J 的能量输出。神光-Ⅲ主机装置建成，标志着我国成为继美国国家点火装置后，第二个开展多束组激光惯性约束聚变实验研究的国家。

1.2　项目管理在激光聚变研究领域的应用

激光惯性约束聚变领域建设项目是典型的国家大科学工程。大科学工程是指大科学装置的建设项目，亦称作大科学装置建造工程，包括大科学装置的建造及与其相配套的建筑物、构筑物和附属基础设施的建设，具有工程和研制双重特性。国家大科学工程是指由国家财政拨款建设、用于基础研究和应用基础研究目的的大型科研装置、设施或网络系统。国家大科学工程作为推动我国科学事业发展和开展基础研究的重要手段，是国家科技发展水平、特别是基础研究发展水平的重要标志，也是一个国家综合国力的体现。随着科学技术和国民经济的发展，国家在中长期规划时会越来越多地实施大科学工程项目，以满足需求和突破我国科技发展的瓶颈。

结合激光惯性约束聚变领域研究来看，目前开展的巨型激光装置建设项目符合国家大科学工程项目的特点。例如激光装置建设项目通常包含一些探索性的研究，其科学技术研究、验证、试制等活动贯穿于工程建设的全过程，而整个过程充满了不确定性；具有鲜明的工程和科研双重属性，具有投资多、规模大和多学科交叉的特点，因而造成项目过程管理中存在节点多、预见性差和反馈周期长等问题。这些特点使得激光惯性约束聚变领域装置建设项目的管理和组织实施极具挑战性。

现代项目管理作为一种系统化的管理方法对管理此类复杂大科学工程项目具有无可比拟的优势，因此，在很多大科学工程中都采用这种方法进行管理，如阿波罗登月计划、曼哈顿计划、载人航天飞船等。从现代项目管理的起源也可以看出这一点。

1.2.1 现代项目管理的基本理念

（1）现代项目管理的起源。

项目管理作为一种对一次性工作进行有效管理的活动，其历史源远流长。人类自从开始进行有组织的活动以来，就一直执行着各种规模的项目。在古代，人们就进行了许多项目管理方面的实践活动，如中国的万里长城、埃及的金字塔、古罗马的供水渠等。这些不朽的伟大工程都是历史上古人运作大型复杂项目的范例。

随着社会进步和现代科技的发展，项目管理也不断地得以完善，同时项目管理的应用领域也不断扩充。现代项目与项目管理的真正发展可以说是大型国防工业发展所带来的必然结果，项目管理也被誉为是美国军方对当代管理科学的13项最大贡献之一。因此，现代项目管理通常被认为是第二次世界大战的产物。美国研制原子弹的曼哈顿计划、美国海军的北极星导弹计划与阿波罗登月计划等，都是推动现代项目管理学科产生、发展与形成的基本背景。

20世纪90年代以后，随着信息时代的来临，高新技术产业飞速发展并逐步成为支柱产业。随之而来，项目的特点也发生了巨大变化，例如在信息经济环境里，事务的独特性取代了重复性，信息本身也是动态的、不断变化的。因此，灵活、机动成了新的代名词。项目管理恰恰是实现灵活动态管理的关键手段，于是许多组织纷纷采用这一管理方式，项目管理成为组织重要的管理手段之一。

项目管理适用于不同规模不同类型的项目，是一种通用性的管理方式和工具，尤其是在责任重大、关系复杂、时间紧迫、资源有限的大型复杂项目中特别适用。目前在全世界，项目管理不仅普遍应用于建筑、航天、国防等传统领域，而且已经成为电子、通讯、计算机、软件开发、制造、金融、保险等行业和领域企业以及政府机关和国际组织经营运作的核心模式。

（2）项目管理的概念。

“项目管理”给人的一个直观概念就是“对项目进行的管理”。这也是其最原始的概念，它说明了两个方面的内涵，即：

1）项目管理属于管理的大范畴。

2）项目管理的对象是项目。

然而，随着项目及其管理实践的发展，项目管理的内涵得到了较大的充实和发展。当今的“项目管理”已是一种新的管理方式、一门新的管理学科的代名词。

现在对项目管理的定义有很多，如项目管理协会（美国）（Project Management Institute，PMI）将项目管理定义为：项目管理就是把各种知识、技能、手段和技术应用于项目活动之中，以达到项目的要求；著名项目管理专家 James Lewis 认为：项目管理就是组织实施对实现项目目标所必需的一切活动的计划、安排与控制。

综合来说，项目管理是以项目为对象，通过一个临时性的专门的柔性组织，运用既有规律又经济的方法，对项目全生命周期进行高效率的计划、组织、指导和控制，以实现项目全过程的动态管理和时间、费用和质量等项目目标的系统管理。

项目管理贯穿于项目的整个生命周期，它是一种运用既有规律又经济的方法对项目进行高效率的计划、组织、指导和控制的手段，并在时间、费用和技术效果上达到预定目标。

（3）项目管理的特点。

项目管理与企业管理相比，最大特点是注重于系统性综合性管理，并且有严格的时间期限。项目管理必须通过不完全确定的过程，在限定的时间、费用、性能等要求下产出交付物。具体来讲表现在以下几个方面：

1）项目管理的对象是项目。

项目管理的对象非常明确，就是项目，特别是大型的、复杂的项目。鉴于项目管理的科学性和高效性，出现了“一切皆项目”的说法。很多原来不具备一次性等特征的事件或工作，再加上开始和完成限制后，都可以按照项目来处理，以便于在其中应用项目管理的方法。

2）项目管理的全过程都贯穿着系统工程的思想。

项目管理把项目当作一个完整的系统，按照系统工程理论“整体－分解－综合”的原理，将整个项目分解为许多责任单元，让具体责任人分别按要求完成目标，然后汇总、集成为最终成果；同时，项目管理把项目当作一个有完整生命周期的过程，强调部分对整体的重要性，促使项目管理人员不要忽视其中的任何阶段以免造成总体的效果不佳甚至失败。

3）项目管理的组织具有临时性、柔性动态性特征。

项目管理最为明显的特征之一就是其组织的临时性、柔性和动态性。项目管理组织是临时性组织。由于项目是一次性的，具备明确的开始时间和完成时间，而项目管理组织是为项目服务的，项目完成其组织的使命也就完成。项目管理组织是柔性的、可动态变动的。项目管理组织打破了传统固定建制的组织结构，可以根据项目生命周期各个阶段的具体工作内容和需要适时地调整配置，以保障组织高效、经济运行。

4）项目管理的体制是团队管理下的个人负责制。

项目是一个完整系统，需要项目管理组织内的成员以项目团队为依托，充分发挥各自所长，为项目目标实现提供基础。按照系统工程思想，项目管理既看中系统集成综合的效果，又关注各个责任单元的完成情况，因此，项目管理体制是团队管理下的个人负责制。项目经理尤其是一个关键角色。

5）项目管理的方式是目标管理。

项目是具有明确目标和约束的，因此项目管理是一种多层次的目标管理方式。由于项目往往涉及的专业领域十分宽广，而项目管理人员无法成为每一个专业领域的专家，因此项目管理人员以综合协调者的身份，向被授权的专业领域人员，讲明其承担工作的责任和意义，协商确定时间、费用、工作标准等限定条件。具体的工作则由被授权人员独立处理。同时，项目管理人员需要经常反馈信息、检查督促并在被授权人员遇到困难需要协调时及时给予各方面有关的支持。

6）项目管理的要点是营造适合项目运行的管理环境。

管理就是创造和保持一种环境，使置身于其中的人们能在一起工作来完成预定的使命和目标。项目管理也不例外。项目的顺利运行离不开项目所处单位的组织环境，也离不开项目内部的管理环境，因此，如何在一个单位现有的组织环境下建立项目的良好运行机制是项目管理关注的一个重点。

7）项目管理的方法、工具和手段具有先进性、开放性。

项目管理采用科学先进的管理理论和方法辅助管理工作。如采用甘特图、网络图编制项目进度计划；采用目标管理、全面质量管理、价值工程等理论和方法控制项目总目标；采用先进高效的管理手段和工具，如可靠性软件等进行项目信息处理等。

1.2.2 项目管理在 NIF 项目中的应用

激光惯性约束聚变领域的装置建设类工程多数是各国面向科技发展或国防建设的战略需求而设立的项目。它经费投入大，具有明确的任务目标与科学目标，且处于国际科学技术前沿，对经济建设、国防建设和社会发展有十分重要的战略影响。与一般工程项目相比较，这类项目往往具备研究性、综合性、系统性、时效性等四大特点。为推进激光装置建设项目的进展，不同的项目组织者实践了很多管理方式，其中项目管理是其中一项非常重要的管理方式。下面以NIF项目管理为例进行说明。

NIF是迄今世界最大的高能激光装置。NIF建设项目由美国国家核安全局（National Nuclear Security Administration，NNSA）能源部发起，由位于美国加利福尼亚州旧金山的劳伦斯·利弗莫尔国家实验室（Lawrence Livermore National Laboratory，LLNL）研制。该项目于1991年1月批复任务申请，1997年5月破土动工，2009年3月落成运行。项目总费用为38亿美元左右。

NIF项目作为典型的大科学工程项目，包括研发、基建、特殊设备采购与安装、验收测试等多项工作，具有周期长、规模庞大、技术复杂、工程建设与设备调试并行实施等特征；此外，该项目与多国政府、企业与高校展开深度合作，包括英国与法国政府，通用原子技术公司（General Atomics），洛斯阿拉莫斯和桑迪亚国家实验室（Los Alamos and Sandia National Laboratories）以及罗切斯特大学激光能量实验室（Laboratory for Laser Energetics at the University of Rochester）等，合作范围广、合作主体众多。因此，该项目的管理具有较强的复杂性与挑战性。

（1）组织管理。

NIF项目的管理组织结构分为3个层级：第一层级是NNSA的能源部管理；第二层级是LLNL实验室管理；第三层级是NIF项目级管理。

第一层级能源部管理。采取直线式结构，即从上到下实行垂直领导，设立“国家点火装置”办公室，以报告项目进展情况，加强能源部与项目各现场单位间的联系。

第二层级劳伦斯利弗莫尔国家实验室管理。该实验室隶属于能源部，实验室管理采用战略业务单位组织结构。相关产品归类到事业部，再将事业部归类到战略业务单位。NIF及光子科学是其管辖的一个战略业务单位。

第三层级NIF项目管理。采取集成项目团队管理模式（Integrated Project Teams，IPT）。IPT是由跨组织、跨部门、跨国内外供应商的专业人员和管理人员组成的矩阵式工作团队。IPT着眼于整体项目成果而非单一的部门或专业，打破了组织内部各单元机构的界限，形成一种全新的相互信任、团队协调、密切沟通的组织文化。

从职能角色来看，NIF董事会为项目控制、人员管理、设备支持、公共关系、信息技术、商业管理、安全、环境等全方位的管理工作配备基础运行环境。IPT成员被委以共同目的、行为目标和工作方法，并共同制定计划来确定和解决关键问题，集成、并行地进行决策。IPT项目管理团队成员包括项目经理、代理项目经理、综合控制经理（Control Account Manager，CAM）等。通常团队的领导角色（项目经理）是固定不变的，而团队核心人员与附属成员的参与强度则根据具体的工作阶段和职能安排而有所不同。IPT团队核心人员必须确保参与团队全生命周期的过程决策。IPT成员通过授权，在最大程度上代表其所在的职能部门参与项目整体决策，从而能够及时给予全方位的反馈与意见，为项目管理给予有效支持。

（2）NIF项目实施与控制。

NIF项目按照项目执行规划（Project Execution Plan，PEP）以及项目控制手册等基准文件，借助挣值管理系统（Earned Value Management，EVM）、集成信息控制系统（Integrated Computer Control System，ICCS）等信息管理系统对项目进行计划、管理与控制。

回顾NIF项目实施的全过程，其里程碑及完成时间如表1-1所示。本项目最终实现了预期技术指标，积累了一些项目管理经验。但NIF项目管理过程中亦出现了一些问题，最终导致项目完成日期较原计划延迟4年，即从2004财年拖至2008财年；项目费用大幅度增加，按照2000年6月NIF项目的费用和进度基线修订报告的数据，NIF建设项目的总费用（Total Project Cost，TPC）从原计划的12亿美元增加到22.5亿美元，加上运行和维护装置等相关费用，该项目总计花费约38亿美元。

幸运的是，项目管理是一种动态可调整的管理机制，在问题暴露后，这一机制及时触发。在采取相应的应对措施后，避免了更大问题的出现和整个项目的失败。例如，1999年，NIF项目进度滞后、成本超标的问题暴露后，美国能源部及时开展中期评审工作。评审认为：在管理方面，NIF有关部门及领导人员对难度极高的大科学工程项目认知不足，将主要精力放在工程和建造装置上，而没有深入、全面地进行元件、技术、装置、系统的研究开发工作。因此计划定得过死，应急预算过低，造成冲突不断产生。但由于国防项目计划的保密性，进度延误和预算超支的问题未能及时反馈。为此，能源部对NIF项目进行了重新规划与管理变革，提出改进和加强NIF管理的6点计划，主要内容为：对项目管理机构进行改组；由能源部直接监督；加州大学提出技术改进措施；召开独立评审会；重新分配资金；由外界承包商进行激光系统及设备安装等。

表 1-2 NIF 项目里程碑及完成时间

里程碑	完成日期
批准任务申请（关键决策点 1）	1991. 01
初步设计开始	1996. 01
批准最终详细设计（关键决策点 2）	1996. 06
批准开始建造（关键决策点 3）	1997. 03
开始特殊设备安装	1998. 12
建筑与配套设施建设完成	2001. 09
全部 192 路超净和精密列式光路闭合安装完成	2003. 09
第一次向靶室输出激光	2004. 06
第一个激光车间 12 组试运行	2007. 06
第二个激光车间 24 组试运行	2008. 10
项目完成（关键决策点 4）	2009. 03

（3）项目重点管理领域。

在 NIF 项目重点管理领域内，IPT 采用了一系列的项目管理方法和信息系统工具来辅助对项目进行管理。

1）整合管理。

在项目管理团队中，项目综合控制经理（CAM）制定战略计划，指导项目完成总体执行规划（PEP）中制定的里程碑。CAM 需要制定详细的工作安排，保证集成计划与可供利用的资源保持一致。此外，CAM 还需定义主要项目元素之间的关键相关关系，保证从系统整体的角度对项目进行整合管理与评价。

2）范围管理。

NIF 项目采用工作分解结构（Work Breakdown Structure，WBS）进行范围的定义和工作任务的分配。项目的工作分解结构以成果为导向，从项目的主要功能到分系统、分组件及其组成部分的层层嵌套关系进行定义。

范围管理不仅应计划好项目所需的全部工作范围，而且需要清晰描述交付预期工作的多个流程阶段，并在各阶段为责任主体分配工作任务。IPT 团队成员采用责权矩阵明确分工，并为其承担的 WBS 工作包任务/职能系统承担终身责任。

责任分配矩阵则由工作分解结构、组织分解结构和时间3个维度共同决定。对于时间维度，项目团队需要将各项项目工作所历经的步骤分解，并组合成项目整体的实施流程组，如需求管理、风险管理、工程设计、采购、组装和安装、试车等。

3）进度管理。

项目的进度管理与资源计划密不可分。NIF项目成员采取监控、汇报等措施及时获取项目的集成进度（Integrated Project Schedule，IPS）。CAM则为IPT团队制定合理的企业资源计划，包括制造物料清单、工作流以及制造费用计划等。批量生产活动（依照资源计划）与逻辑网络活动（依照IPS）需要在关键的决策点/里程碑上进行衔接，从而保证项目活动与企业资源的动态匹配。CAM依据工序的工期、工序间相关关系、采购以及所需人员的详细的计划与进度安排，去协调和管理其日常工作。如果进度偏离计划，IPT团队将采取一系列调整性措施（工期、工序相关关系或者资金约束）确保项目能够在分配的预算内实现里程碑计划截点。

挣值法（EVM）是项目团队计划和管理项目的核心工具，它为利益相关者提供项目进展情况，同时也为执行中项目的预测与过程决策提供依据。挣值法也是LLNL实验室绩效管理系统（Laboratory Performance Management System，LPMS）的核心方法与研发基础。

此外，注重对NIF项目工作进度的跟踪评估。对于具体的工作包状态，在每天的协调支持会议上进行讨论和管控；而对于设备测试等活动的开展情况，则是召开每周例会确定其执行状态；在月度例会上，项目控制团队依据挣值活动的进展及IPS进度计划进行总体评估，并做出相应的纠偏调整；而企业资源计划则通常依据物料的获得及订单的处理而实时更新。

4）成本管理。

对NIF项目的成本管理工作，强调成本风险的识别与管理、价值工程、项目应急管理、成本与进度绩效的集成监控等。IPT在以上各个方面设定基准计划，并保证其严格实施。

对项目成本基线的规划，采取自下而上的预测方式。首先界定了NIF项目所有成本项目（超过25000个）的详细信息，如完成项目所需的各项工作、采购要求级别等。这些详细的规范、物料计划以及供应商报价信息等大幅提升了项目成本预测的精确度（预测的置信区间超过80%）。此外，基于任务的进度规划也对任务及其逻辑关系进行详细的界定。构建这样详细的逻辑网络能够为里程碑计划的按期实现提供保障。而成本与进度的关联实施能够确保完成项目所需资源的及时供应。

采用多种方法对 NIF 项目进行成本管理。为了降低项目成本，实施了价值工程项目（Value Engineering Program），例如在设计阶段就采取多种价值工程方案去降低硬件的采购成本；在建设阶段采用学习曲线（Learning curves）用于成本与进度预测；采用精益六西格玛管理方式进行现场管理等。

5）质量管理。

NIF 项目的质量管理贯穿其生命周期的各个阶段。在方法上采用六西格玛（Six - Sigma）精益管理策略提升产品质量。在 NIF 设计阶段，对可代替的产品组织实施六西格玛流程改善计划，重组生产空间优化产能。在建设阶段开展之前，进行可建造性评估，提前识别并解决建造/安装的可能缺陷等。

6）人力资源。

IPT 由 8 位董事会成员、9 位项目群经理管理，另有 27 名核心项目管理人员参与。项目开始前就建立了完善的人力资源管理制度，对每个职位的任职资格与相关职责描述详尽，并确定人事管理规范。在建设过程中，NIF 还以开设工作岗位、博士后项目、暑期学校等方式进行人员的选拔与录用。

7）风险管理。

NIF 项目风险管理包括风险识别、风险评估和风险控制等过程。在风险识别阶段，考虑到环境的不确定性，除了识别相关风险外，还为各项工作分配意外开支款项，以确保物料在建设过程中的及时供应。在风险评估阶段，采用蒙特卡罗模拟过程，基于定量分析方法预测项目执行过程中不确定性的大小。在风险控制阶段，采用系统工程的方法去识别、评价、监测风险以及管理风险应对方案。在风险控制过程中将进行诸多设计与流程上的变更，从而降低后续问题产生的可能性。

8）采购管理。

NIF 项目硬件生产的规模和复杂性要求其制定详细的采购计划以应对其多样化的系统与部件需求。例如，在采购价值 5.5 亿美元的激光硬件时，由于采购周期持续 4 年，涉及超过 6200 精密光学装配线的安装，因此 NIF 成立了内部专门的临时组织去管理这些设备的采购、装配与安装；而在采购钢材（7600t 钢筋与 5000t 钢架）时，则采用一次性提前采购的方式。

为了实现采购策略与产业竞争力的匹配，NIF 有关部门进行了产业调研与战略研究。在选择供应商时，为了满足 NIF 的设计要求，除了现有产品外，供应商的发展潜力也是在考虑的评价指标体系内。对供应商的监控与管理则能够确保供应商为项目提供持续的优质服务，也为后续招标提供依据。

1.3 NIF项目对激光聚变项目管理的启示

NIF等激光惯性约束聚变领域大型装置项目的管理实践，为后续建设类似项目提供了可借鉴的管理经验。总体来说，在新的激光聚变装置建设项目中采用项目管理方式需要注意以下几点。

1.3.1 多层级的项目管理组织结构

激光惯性约束聚变装置研制一般具有投资数额巨大、技术研究和工程建设并存、涉及主体众多等特点。因此，在项目管理组织结构上，应该在纵向——管理深度上，采用分层分级的管理架构；在横向——管理幅度上，体现越向上管理越集中特点。即高层级的项目管理组织主要负责制定项目管理思路、重大决策和指导项目管理过程等，中基层级负责项目管理和项目实施工作的具体执行。

激光聚变装置建设项目在项目级的管理组织上大多采取矩阵式组织结构模式。矩阵式组织结构模式其实是在常规的职能式组织结构之上添加了一个项目管理层，从而在原有基础上形成纵横结合的一种项目管理组织结构模式。

面对复杂多变的激光惯性约束聚变项目，在项目管理过程中应引入权变管理的思想，以应付工作过程中各种环境和工作内容的变化，实行柔性动态的组织配置。在项目管理过程中，建立学习机制，通过推广优秀组织文化和实施一定的激励机制，提升组织运行的效率和适应性。

1.3.2 典型的“大科学工程”特征

激光聚变建设项目是立足于国家需求而设立，投资规模较大，建设周期很长，技术难度高，且在项目实施过程中具备工程和科研的双重特性，具备典型的大科学工程的特征。在聚光聚变建设项目中，需要建成良好的科研、工程、文化氛围的项目建设环境，鼓舞团队成员立足现实、敢于创新、甘于奉献、始终坚持大科学工程目标。

1.3.3　完善的项目管理体系或制度

激光聚变领域的多数项目建立了项目管理大纲、项目管理规划、项目管理制度体系作为管理基准；规范了项目权限设置、责任分工以及项目中各项工作的流程、完成标准及交付物；约定了项目执行的限制条件，为项目顺利实施提供了基础。设计一套规范高效运作的项目管理体系，使项目在总体规划下规范、有序地实施，是实现项目发展目标基本要求。从项目管理理论的角度出发，全面结合实际项目管理所要涉及的关键环节和管理要点，重新整理项目管理思路，并按照模块化设计思路建立体系，这样可以使项目管理更加科学有序地开展，最终实现项目管理逐步向着合理化和规范化管理迈进。

1.3.4　适用的项目管理方法工具

（1）审批程序规范的成本管理。

在激光装置建设项目伊始，项目单位就组织制定项目费用管理基准。通过细化预算，确保每一笔资金都用到最需要的地方，并且制定各系统级的经费逐年使用计划，并严格执行。在项目实施中，采用先进手段进行科学的计算、分析和预测，拟定最优方案将工程经费控制在允许范围内。随时掌握工程经费的动态变化，按季度上报经费计划执行情况。项目经费的使用审批程序严格，权限明确，并且严加控制变更量；动用不可预见经费必须通过变更程序审查，逐级申报。

（2）基于交付物的全面质量管理。

激光聚变领域项目的质量管理需严格以适应最终交付物的质量性能指标为目标，设立相对独立的部门进行质量监督和控制，建立覆盖研制全周期和各级子项交付物实现过程的多维度全面质量管理模式，以确保项目实现过程质量全面受控，提升质量管理的效率和效果。

（3）创价值的采购管理。

激光聚变装置建设项目的采购是一项涉及面非常广的重要活动，是项目成功的关键点之一。项目供应商的选择不能只单纯考虑价格，而更应注重服务质量、技术革新、产品设计等方面。对供应商的管理，着眼于建立长期稳定的伙伴关系，通过共同的努力，实现共同的计划和解决共同的问题；强调相互之间的信任与合作，创造共同的价值。

（4）多维度的技术状态管理。

激光聚变装置建设项目兼具科研和工程的双重特性，技术的可行性和突破决定了项目的成败。因此，技术状态管理对这类项目尤为重要。根据系统工程的思想，应该从多维度、多变量的角度对项目技术状态进行全面控制，以保证目标的实现，具体包括：建立技术状态管理标准；遵循研制技术流程；实现系统、分系统和单机的技术状态生成、维护和控制等。

1.3.5　关注工程特点带来的管理特殊性

激光聚变装置项目在建设过程中需要突破一系列元件、技术、装置、系统等研制难点，这些关键技术或瓶颈对项目时间、费用等带来的影响必须要特别关注。如果没有充分的认识，将会产生如 NIF 项目在 1999 年出现的进度严重滞后和超预算的问题。因此，很多大科学工程项目都强调要关注管理和技术两条线路，避免由于对大科学工程项目难度认知不足，而导致的计划过死，应急预算过低等问题。在项目执行过程中，应该兼顾项目保密要求和进度、费用等目标，建立合适的信息反馈机制，及时发现问题，避免小问题累加导致的蝴蝶效应。

第2章　神光-Ⅲ项目管理概述

神光-Ⅲ项目由错综复杂的系统、子系统组成，涉及学科庞杂，外协单位众多。为了更好地管控神光-Ⅲ项目，首先要对项目的内容、特点等进行分析，以确保管理方式的科学性和适用性。本章即是在介绍神光-Ⅲ项目发起、建设内容、意义等的基础上分析项目特点，进而确定神光-Ⅲ项目管理特点，并据此说明在神光-Ⅲ项目应用现代项目管理技术的创新点。

2.1　神光-Ⅲ项目简介

2.1.1　神光-Ⅲ项目总体情况

神光-Ⅲ项目是由中国工程物理研究院激光聚变研究中心（以下简称项目单位）建设的10万J量级巨型激光惯性约束聚变装置。根据神光-Ⅲ项目的总体规划，神光-Ⅲ激光装置建设计划分为两个阶段进行：第一阶段，进行神光-Ⅲ原型装置建设；第二阶段，其主要任务是完成神光-Ⅲ主机装置的总体设计、建造及相关配套条件建设。本书所介绍的项目概况、项目特点、项目管理组织、项目管理模式及各种管理工具方法如无特别说明都是指的第二阶段神光-Ⅲ主机装置。

神光-Ⅲ项目建成后，其总体规模与综合性能大于美国NOVA和OMEGA装置，在全世界已建成的激光惯性约束聚变装置中，位于第二位，这使我国在这一领域进入世界先进行列。神光-Ⅲ项目建设不仅为我国开展激光惯性约束聚变研究提供实验平台，也为我国高能量密度物理研究提供了必不可少的基础条件，同时还为后续大型专项科学工程建设提供了必不可少的重要验证支撑平台。因此，具有承前启后的重要意义。

神光-Ⅲ项目建设内容包括神光-Ⅲ主机装置、主机装置实验室、精密装校系统、光学元件供货网络以及精密光学制造车间等5大分项。在5大分项建设任务中，神光-Ⅲ主机装置建设是项目的中心任务，其余4个分项是支撑主机装置建设所必需的配套建设任务。

根据建设任务性质划分，其中神光-Ⅲ主机装置、神光-Ⅲ精密装校系统、神光-Ⅲ光学元件供货网络分项属于主工艺设备建设项目；神光-Ⅲ主机实验室和精密光学制造车间建设分项属于建筑安装工程建设项目。总体来说，神光-Ⅲ项目是一项由多个不同类型分项目组成的大型项目群，项目总体建设内容如图2-1所示。

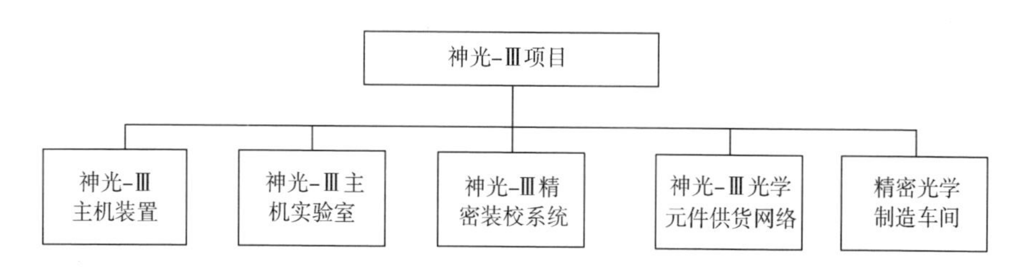

图2-1　神光-Ⅲ项目总体建设内容

2.1.2　神光-Ⅲ主机装置

神光-Ⅲ主机装置是一项集光学、机械、电气（强电、弱电）、计算机集中控制等各专业技术为一体的大型科学研究精密光学工程。该装置是一台由6套4×2阵列式束组构成，输出激光束波长分别为1053nm（纳米）、527nm、351nm，输出48束3倍频激光能量为60kJ/ns（千焦耳/纳秒）与180kJ/3ns的巨型高功率固体激光驱动器。

神光-Ⅲ主机装置主要包括前端系统、预放大系统、主放大系统、靶场系统、激光参数测量与诊断系统、计算机集中控制系统等6大系统（见图2-2）。

（1）前端系统。

前端系统作为主机装置的“种子光源”，其主要功能是为后续系统提供数十路具有一定能量（μJ量级，$1\mu J = 10^{-6} J$）、带宽、高信噪比、高光束质量且精确同步的激光脉冲。前端系统采用全光纤、全固化前端技术以及长程“柔性”传输技术，以满足装置总体设计和排布的基本要求。系统将主要由基准脉冲组件、整形脉冲组件、光纤分束组件、光纤放大传输组件和前端参数诊断组件等单元组成。

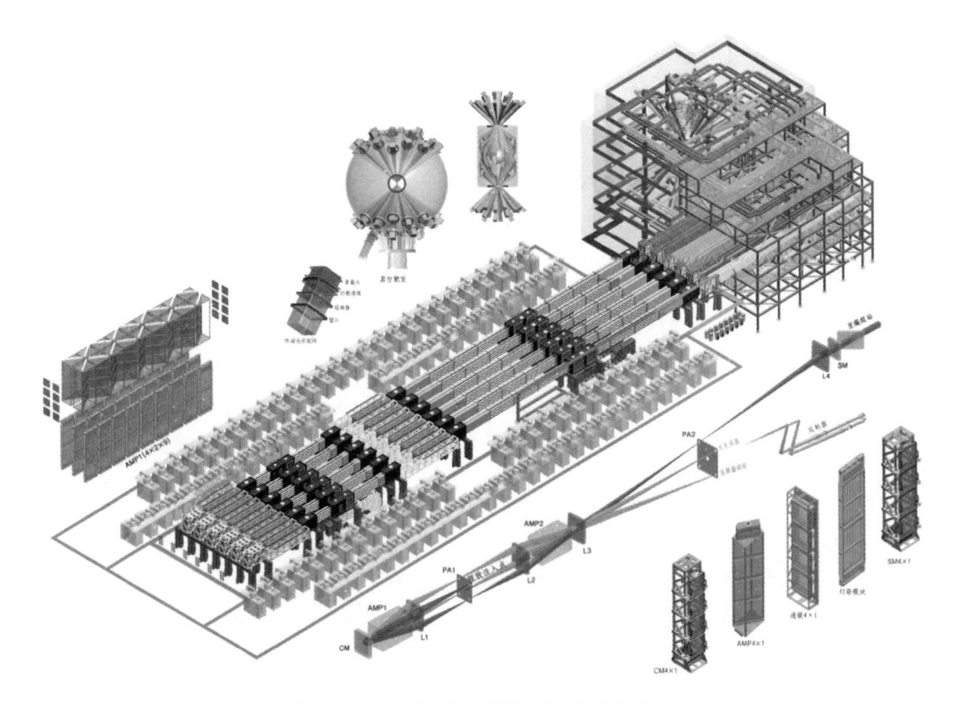

图 2-2　神光-Ⅲ主机装置结构视图

（2）预放大系统。

预放大系统的设计功能主要是实现 ns 量级主激光脉冲能量的预放大，将前端输出的 μJ 量级单脉冲放大到主放大系统所需要的 J 量级；同时要求完成预放模块与主放大级的传输偶合，并根据主放大系统的运行条件，精确控制输出激光脉冲，重点是光束空间整形。系统将主要采用多程放大、主动式光束控制、激光二极管泵浦等先进技术，并采用模块化结构设计，以满足装置总体设计和排布的基本要求。预放系统将主要包括高增益 LD 泵浦放大模块、预放模块、成像传输模块和电气模块等部分。

（3）主放大系统。

主放大系统是主机装置的主体部分，其主要设计功能是将前端——预放大系统注入的激光脉冲由 J 量级放大到数千 J 量级，并保持光束质量和近场均匀性，保证在靶场系统得到较高的 3 倍频频率转换效率和靶面能量集中度。系统采用多程放大、等离子体电极开关、多束组合、光束波前主动补偿等先进技术，在确保系统具有较高增益能力的同时，具有较高的能量转换效率。主放大系统包括 8 套 4 × 2 束组，每套束组主要由 4 × 2 组合式片状放大器组件、能源组件、4×2 组合式空间滤波器组件、4×2 腔镜组件和其他辅助模块等部分组成。

（4）靶场系统。

靶场系统是开展间接驱动物理实验的主要研究平台，其主要设计功能是完成48 束激光的准直引导、频率转换、精确聚焦以及靶面光强的精确控制，并根据各类物理实验的要求，实现物理靶的精确定位，以满足各类物理实验的功能与技术要求。

靶场系统主要包括真空靶室、终端光学组件、靶瞄准定位系统、光束传输系统和辅助系统等部分。其中，真空靶室是一套直径约为6m 的球体，安装48 套终端光学组件、靶瞄准定位主要模块和各类物理诊断设备，是主机装置与间接驱动物理实验的主要耦合部位。

（5）光束控制与诊断系统。

光束控制与诊断系统的主要设计功能是在神光-Ⅲ主机装置运行期间，快速完成48 束准直和波前校正，使其满足物理实验对打靶精度与光束质量控制的基本要求；完成各子束激光参数的精密诊断和光学元件的在线检测，保证装置稳定运行。

系统主要由光路自动准直、波前校正、预放综合诊断、反转器诊断、主放大级综合诊断和光束远场诊断等系统或组件组成。其中，光路自动准直系统主要用于主放大系统，完成48 束激光的快速准直；波前校正系统主要用于补偿主放大系统内低频波前畸变误差，提高系统输出光束质量，以便满足高效率3 倍频和提高靶面可聚焦功率的基本要求；预放综合诊断、反转器诊断和主放大级综合诊断等模块作为装置常规激光参数诊断单元，将在装置运行期间完成主要激光参数的常规诊断，为装置安全运行和物理实验提供必需的参数；光束远场诊断系统是主机装置输出激光束的精密诊断单元，在主机装置运行期间，将定期抽检主放大系统输出激光束，以便判断系统工作状态。

（6）计算机集中控制系统。

计算机集中控制系统的主要功能是将主机装置各大系统的控制集中起来，形成一个集中的、完整的操作控制系统，完成装置正常运行、维护及管理所需的监测、控制和数据采集、分析、管理等任务。整个系统主要包括总控服务器、集中控制平台、网络及数据库、集中同步和终端控制等。

2.2　神光-Ⅲ项目和项目管理特点

2.2.1　神光-Ⅲ项目特点

（1）神光-Ⅲ项目是一项综合型大科学工程。

神光-Ⅲ项目，是面向国家科技发展和国防建设战略需求的大科学工程项目。项目经费投入大，具有明确的任务目标与科学目标，处于国际科学技术研究前沿，可以为我国科技发展、国防建设做出战略性贡献，同时在国际相关学术领域中占有重要地位。

在神光-Ⅲ项目全生命周期内，科学技术研究、验证、试制等活动贯穿于工程建设的全过程，这使得项目建设过程中诸多关键技术均包含着大量原始性创新要求，因此对项目的组织管理实施极具挑战性。

神光-Ⅲ激光装置相当于一个足球场大小，由许多分项、系统、子系统、组件组成，使用约 2 500 件大口径高精度光学元件和 10 000 件以上的小口径元件，由逾 500 家单位合作完成。整个装置建设规模庞大、结构异常复杂、高度集成，每个系统、子系统、组件、元件必须密切配合才能实现相应的功能。建成后，它是世界第二、亚洲最大的光学精密工程。

结合神光-Ⅲ项目大科学工程的性质，神光-Ⅲ项目具备以下特点：

1）该项目是一项技术密集、研制规模大、投资高、建设周期长、工程风险高的大型科学工程。

2）该项目是一项总体研制目标确定，总体技术路线明确，总体技术方案需通过关键技术预研滚动完善的研究型科学工程。

3）该项目是一项涉及多学科、多单位以及多层面、多项批量项目群的综合型科学工程。

4）该项目是一项创新要求高、使用新技术多、预研不充分，必须采取边预研、边设计、边施工模式的探索型科学工程。

5）该项目是一项需求资源多而广，缺乏现成条件支撑，合作关系复杂的协同攻关型科学工程。

上述特点充分说明了神光-Ⅲ项目管理的高度复杂性。一方面，项目建设对相关科学技术研究提出了极高要求，所需要的科技水平是目前科学技术的极限；工程规模庞大，耗资巨大，工程元器件数量多、精度高；对生产工艺和生产过程有较高的要求。高质量和数量庞大的要求，决定了该大型科学工程建设所需要的工程元件，必须基于成熟稳定的生产工艺和对生产过程的严密监控；对超洁净、耐强光辐射、热平衡、抗振动、驱动精度等方面有着特殊要求。另一方面，项目建设的需求特点也决定了神光-Ⅲ项目建设组织管理活动的多样性。因此，需要对项目建设组织管理的方方面面进行科学合理的设计与策划，才能保证项目各项建设任务的圆满完成。

（2）神光-Ⅲ项目是一项超大型固定资产投资项目。

神光-Ⅲ项目作为一项大科学工程，工程建设不仅涉及规模庞大、技术复杂的建筑安装工程实施，还需要完成数千台套工艺设备的非标外协研制、安装集成、系统调试与联合试运转。该项目的建设管理已经不再是简单的项目管理，而是具有复杂大型项目与项目组合管理的显著特征。在现代项目管理技术发展过程中，项目组合的管理是项目管理发展的高级阶段，因此需要管理项目组合的经理具备高超的项目管理能力。神光-Ⅲ项目符合大型复杂固定资产投资项目的特征，被列入国家固定资产投资项目序列进行管理。

近年来，国家有关部门就固定资产投资项目的管理先后出台了一系列制度性政策法规和管理办法，这些文件的颁布一方面对固定资产投资项目的全过程实施起到了积极的指导作用；另一方面，也对固定资产投资项目建设规范管理提出了更高的要求。固定资产投资项目管理与实施是一项重要、复杂且烦琐的系统工程，其管理行为具有程序性强、系统性强、专业性强等显著特点。

2.2.2 神光-Ⅲ项目管理特点

从本质上讲，神光-Ⅲ项目是科学、技术和工程相互交织而成的严密而复杂的系统工程。

（1）项目建设周期长，处于动态管理状况。

神光-Ⅲ项目自立项以来，项目建设总体上经历了国家4个5年发展规划周期。从项目建设流程角度来说，项目全生命周期先后经历了可行性研究、初步设计、项目工程设计（含关键技术研究与验证）、施工、安装集成、联合调试、试运行与验收交付等项目阶段。在上述阶段任务实施过程中，不可避免地面临项目技术、供货等变化及其对工程建设的影响，因此需要项目管理团队提前制定预案并及时处理。

（2）技术风险大，技术状态管理非常重要。

作为高精度的科学实验装置，神光-Ⅲ主机装置主要技术指标及单元组件性能指标要求极高，很多在国内已达到一种极限状态。总体上讲，其精度体现在3个方面：主要光学元件的精度要求接近加工极限；强激光束的光束质量要求接近物理极限；为了满足物理实验期间激光到靶一致性的要求，对激光器输出光束同步控制精度及焦斑控制精度均要求极高。

由此导致神光-Ⅲ主机装置是一项技术复杂，接口关系多，需要开展多项目研究验证的光学工程。项目建设过程中的大量主工艺设备制造基本为“非标研制”，探索研究性强，项目实施过程中存在较大的技术风险。如果关键技术不能突破，有可能带来进度滞后、质量指标下调、费用超支等连锁反应。因此，项目技术状态管理是确保神光-Ⅲ主机装置建设在设计、研制、集成、试运行等阶段各项工作顺利进行的重要管理内容，特别是主机装置工程设计阶段的管理十分重要。

（3）投资巨大，费用管理难度高。

神光-Ⅲ项目投资额大，周期长，项目技术风险又很高，因此对于项目费用管理提出了比较高的要求。对费用控制影响较大的主要有以下几点：一是神光-Ⅲ项目属于边设计、边建设、边运行特征的项目，在项目实现过程中需要根据激光约束聚变技术的发展对项目性能指标进行调整，包括光束口径的变化和光束束组的变化；二是神光-Ⅲ项目涉及很多的非标设备和高精密的光学元件，而这些供应商较少，并且还存在国外封锁、限制购买等问题，因此在价格谈判时较为困难；三是神光-Ⅲ项目周期跨度时间很长，从项目立项到验收经历了十几年的时间，受经济发展和工程建设市场环境等影响较大，批复项目投资的准确度难以衡量；四是神光-Ⅲ项目建设过程中经历了2008年汶川大地震，而地震对已建成的实验室等造成了一定程度的破坏，修复产生的费用未在预期内。

（4）学科涉及面广，接口关系繁多，外协管理复杂。

神光-Ⅲ项目的建设涉及强激光技术、光学工程、脉冲功率技术、超快光电技术、自动控制、环境工程、精密机械、精密光学加工工艺、精密光学检测、建筑工程、工业设计等多门学科或专业，是一项综合性极强的大型科学工程。同时，其建设是瞄准科技最前沿的目标。在装置建设过程中，需要解决常规工程、工艺的可行性问题，解决在建设过程中存在的诸多不确定性。

因此神光-Ⅲ项目建设需要综合利用各个领域的优势资源来解决相关问题，这就涉及大量的内外部单位协作。

2.3　神光-Ⅲ项目与项目管理成效

2.3.1　神光-Ⅲ项目取得的成绩

（1）大科学工程项目总体建设能力进步显著。

神光-Ⅲ项目先后完成了神光-Ⅲ主机装置各束组单元组件的工程设计、外协研制、加工制造与现场集成；完成了神光-Ⅲ主机实验室、精密装校系统、光学元件供货网络、精密光学制造车间的建设与运行任务；实现了“真空靶室吊装就位”“首束组首束出光”“六束组物理磨合试验”等一系列具有里程碑意义的节点目标。这些任务的顺利完成标志着我国已经成为世界上继美国之后具备独立开展从激光聚变元器件材料生产到大型复杂研究型科学工程项目设计制造、建设能力的国家，为同领域后续工程的建设与实施打下了坚实的基础。

（2）激光驱动器科学技术研究实现重大突破。

基于神光-Ⅲ主机装置10万J量级实验平台，我国科学家首次开展了高功率激光惯性约束聚变研究相关物理过程的规律，物理实验取得前所未有的新突破。这标志着我国已经全面掌握大型复杂激光驱动器建设关键科学技术研究成果。

（3）高功率激光驱动器关键技术取得重大进展。

基于神光-Ⅲ主机装置工程建设任务的实施，我国已经掌握了具有独立自主知识产权的全光纤全固化集成前端控制技术、具有中国特色的复杂激光驱动器四程传输与放大技术、甚多束激光束精密化同步控制技术、高精密光束近场补偿与控制技术、大口径高通量谐波转换与靶瞄准定位技术以及巨型激光驱动器甚多束激光集中控制技术等。这些关键技术的突破与实现标志着我国在这一领域内取得的较高成就，使得我国在高功率激光驱动器的建造与研究能力方面处于国际先进水平。

（4）关键元器件制造技术得到空前发展。

光学元器件是大型激光驱动器的重要组成部分之一，光学元器件的加工制造水平决定了装置的最终输出能力与技术水平。基于神光-Ⅲ项目配套建设任务的实施，以大尺寸楔形非球面聚焦透镜、晶体、离轴抛物镜、400mm 口径连续位相板等元件的设计，精密制造技术与研究等方面取得显著进展。其中，大口径离轴非球面元件的加工制造引入了红外干涉测量、小磨头数控抛光技术，突破了 mm 量级非球面度离轴非球面加工工艺，达到了国内先进水平。楔形非球面聚焦透镜的加工制造创新性地提出了“非球面超精密磨削+确定性抛光”主工艺路线的非球面超精密高效制造技术，元件加工制造达到国际先进水平。大口径晶体加工制造实现了大口径超薄晶体元件面形高精度控制加工、透射波前高精度控制、晶体表面微缺陷精密修复和金刚石刀具检测等关键技术的突破，达到国际先进水平。部分元件的技术指标与美国 NIF 相当，达到国际先进水平。

（5）支撑技术得到充分发展与加强。

依托于神光-Ⅲ主机装置主线任务的实施与牵引，建立了大型复杂激光驱动器建造与总体集成流程与系列化工艺，使得相关支撑技术得到充分发展与加强；建立了神光-Ⅲ主机装置现场集成安装基准体系；以光机模块洁净精密装校、全流程洁净装配与控制技术为核心，实现了光机模块离线精密装配与在线精确复位。这些都标志着我国在大型复杂激光设施集成安装领域取得的新成就，显示了前所未有的工程建设能力，具有举世瞩目的重要意义。

2.3.2 神光-Ⅲ项目建成的意义

核能技术的发展给人类带来了众多益处。如果人类通过激光惯性约束聚变实现了核能的可控，就可以为核能技术的发展贡献更大的智慧和力量，解决人类社会发展与进步过程中的诸多难题。神光-Ⅲ主机装置的建设是实现这一目标的关键路径之一，也是我国科技创新工程的一个典范。

（1）提升国际地位。

当今，世界各发达国家在发展战略上都把综合国力的持续增强作为首要目标，其核心是发展高科技，而激光惯性约束聚变研究正是高科技的主要内容之一。神光-Ⅲ项目正是集科学原理与诸多科学技术于一身的大型科学工程，建成后是世界上继美国国家点火装置之后第二个投入物理实验运行的甚多束激光驱动器。国家实施这样的大科学工程建设项目，既能充分体现其综合国力的强盛，又能极大地增强民众的民族自豪感、振奋民族精神、增强全民的凝聚力。

（2）促进了我国科技事业的发展。

神光-Ⅲ项目具有科技密集性和综合性的特点。工程建设体现了现代科学技术多个领域的最新成就，同时又向现代科学技术多个领域提出了新的发展需求，从而促进和推动我国整个科学技术的发展。该项目建设反映了我国的整体科学技术和高技术产业水平，如系统工程、自动控制、机械制造、环境控制、支撑技术、精密测试与光学制造等。项目建设成功后，可以帮助我国科学家进一步自主研究超高能量与密度辐照场环境条件下激光与等离子体作用的物理现象和规律，使其研究成果进入世界顶尖水平，因此可以极大地提升我国在世界尖端科学技术领域的影响力。

（3）探索清洁能源，造福人类。

解决人类社会能源问题是激光惯性约束聚变的持久奋斗目标。核能是一种清洁无污染的新型能源。科学家们已经为我们描绘了利用海水中氘、氚实现聚变能发电的美好愿景。探索是人类立足于战略高度，面向更广阔的视野，着眼更长远的愿景，而进行的对自然界未知的追求和揭秘活动，其功效是潜在的、深远的，可能为人类社会的发展开辟新的能源解决途径，发现新的机遇，带来新的希望。激光惯性约束聚变研究是实现上述愿景的路径之一。通过科学家们不断的研究和努力，可以为人类社会发展实现更高层次的跨越，进而造福未来的生活。

2.3.3 神光-Ⅲ项目管理创新应用

面对如此庞大的系统性项目，神光-Ⅲ项目的决策者们前瞻性地提出了运用现代项目管理技术对项目进行综合管控的实施思路。基于此，神光-Ⅲ项目单位成立了项目管理部，组建了专业的项目管理团队。

激光聚变领域大型科学工程项目管理方面的理论和实践较少，有些虽有先例，但由于项目所处的环境、管理体制、文化背景、科技整体水平不同以及保密等因素，造成管理借鉴性不高。神光-Ⅲ项目管理需要项目管理团队依据所处的环境和项目的进展不断探索、实践、改进，解决好项目建设过程中面临的科学技术、工程技术与组织实施管理问题，解决好在规定的进度、质量以及投资要求边界条件下完成项目建设任务的问题。

在神光-Ⅲ项目建设过程中，项目管理团队吸收了国内外各种项目管理理论的精华，借鉴了国内外国防和航天领域项目管理的宝贵经验，在秉承“一次成功，合格工程”的理念基础上，结合自身所处环境的特点，在多个管理维度上进行了理论应用与管理创新实践，使得神光-Ⅲ项目管理始终走在正确的道路上。具体经验总结主要包括如下几个方面。

（1）全系统项目管理体系的搭建。

神光-Ⅲ项目涉及单位众多，项目实现过程复杂，需要重点管理的要素较多，同时完全采用现代项目管理方式管理一个大科学工程在项目单位也是首创之举，即没有可参考的管理样本也没有相关的管理运行机制。因此，神光-Ⅲ项目管理团队需要在充分理解国内外项目管理理论和实践的基础上，结合本项目特色，建立一套完善的项目管理模式。神光-Ⅲ项目管理体系的搭建既要充分考虑项目单位的管理基础，又要结合大科学工程的项目特征，并严格遵守国家固定资产投资项目管理要求。基于此，神光-Ⅲ项目管理团队有针对性地构建了贯穿全部组织管理层级、覆盖全生命周期和全部重点管理领域，包涵项目技术研究体系、支撑保障体系、知识工具体系等支撑体系的全系统项目管理模型。全系统项目管理模型建立后，经过在神光-Ⅲ项目中的长时间磨合与运用，在持续改进与优化的基础上，确保了项目建设各个阶段的顺利执行。

（2）项目组织层级的顶层策划。

项目组织是指由一组个体成员为实现具体的项目目标而组织的协同工作的队伍。项目组织的根本使命是在项目经理的领导下，协同工作、共同努力，增强凝聚力，为实现项目目标而努力工作。项目组织设计的合理性直接影响项目目标的实现。

神光-Ⅲ项目是项目单位首次系统采用现代项目管理方式进行管理的大科学工程。在项目实施之初就明确了以技术和管理两条线路为基础，建立了纵向贯穿决策层、管理层、实施层的三级项目管理组织体系。在决策层，设立以项目总指挥系统、项目总师系统为代表的项目“两总”系统；在管理层，以矩阵式方式组建专职化的项目管理部负责项目全面管理；在实施层，要求外协单位成立专门的项目管理组织进入实施层，内部研究室按照项目任务要求安排专门的系统工程师作为技术负责人参与项目。三级项目管理组织体系在神光-Ⅲ项目实现过程中根据项目阶段的不同采用动态调整机制，如项目工程设计阶段单独设立技术状态管理办公室，到集成调试阶段将技术状态管理办公室合并到质量管理办公室等。经实践检验，科学合理的项目组织设计和运行良好的动态调整机制，是提升神光-Ⅲ项目建设效率的成功举措。

（3）完善的项目制度体系建设。

项目单位的管理模式一直是以传统的职能式科研项目管理模式为主，因此项目单位内缺少矩阵模式下的项目管理制度。为了指导和规范神光-Ⅲ项目管理工作，项目管理团队在神光-Ⅲ项目中，结合项目单位质量管理体系建设，根据项目实施要求，经过多年的研究、实践总结与积累，形成了一套具有独创性的项目管理理论与系统化的方法，并据此形成了包含时间管理、质量管理、技术状态管理、投资与经费管理、外协管理等内容的项目管理制度，形成了专用管理制度体系。

（4）技术和管理充分融合的理念。

基于国内激光约束聚变技术现状，神光-Ⅲ项目管理团队确定以“总设、总成与总控相结合”的理念为基础，耦合国内优势单位技术力量开展项目联合设计与技术攻关，解决项目建设技术与人力资源缺口，并按照“PDCA循环”管理思路建立项目动态监控反馈机制，及时发现问题实时处理，确保各个阶段任务顺利推进。

在神光-Ⅲ项目组织管理与实施中，创造性地组建了独立的两个专家组：技术专家组与管理专家组。他们分别对项目全过程的技术和管理状况进行指导与监督，确保项目建设始终保持正确的前进方向。技术专家组与管理专家组在项目执行过程中为项目管理团队提供很多有益的建议，经实践证明，这是一种有效手段。

（5）项目管理关键要素的控制。

1）基于关键链理论与全生命周期管理思想，确立了全过程、全范围、全要素的分级计划与进度管理实施体系，使得项目建设计划与进度全面受控。

2）建立了以质量目标为导向，紧扣主线任务流程，对重点领域实施“三审、四控、五评”相结合的项目全过程质量控制方法，降低了项目建设实施风险，确保了项目建设质量目标圆满实现。

3）实施了项目投资计划全景覆盖与全过程精细控制为主要管控方法的项目投资管理实施体系。项目经费预算执行率与投资计划完成率全流程受控。

4）建立了基于战略合作伙伴供应商关系的项目建设联盟。发挥外协管理“视同己方管理”“双线控制”“全过程精细化管理”的实施理念，确保项目外协研制产品顺利完成。

5）采用了“体系化、同标准、全覆盖”的档案管理理念。设置专职岗位实施全过程档案管理与控制，切实保障了项目建设技术资料与档案管理的规范性与完整性。

第 3 章　神光-Ⅲ项目管理体系

世界上很多项目管理研究机构和组织都建立了通用型的项目管理体系，也有很多行业协会或企业建立了本行业的项目管理体系。项目管理体系可以指导项目管理实践，确保项目有效实施，是项目管理成功的有力保障。针对某类项目或某个项目建立科学的项目管理体系是一项基础性的工作，也是项目管理成熟的标志。

目前，在大科学工程特别是激光聚变大科学工程领域还未有固定的项目管理体系。在神光-Ⅲ项目实践过程中，项目管理团队在充分学习和吸收了国内外通用的项目管理体系后，借鉴国内外大型科学项目管理实践经验，结合本项目特点和项目单位的管理环境，建立了一套适合激光聚变激光装置建设项目的管理体系。项目管理体系为神光-Ⅲ项目的成功建设做出了巨大的贡献，能够有效控制项目质量、进度、经费、技术状态、外协等，使项目组织更加高效、严谨和平顺。该体系既可以作为激光聚变约束领域后续工程的管理通则，也可以作为今后大科学工程项目的指导守则。

本章首先对神光-Ⅲ项目管理体系建立的理论基础进行分析，然后结合神光-Ⅲ项目管理环境，构建神光-Ⅲ项目管理体系，为激光聚变领域后续大科学工程应用项目管理方法提供借鉴。

3.1　神光-Ⅲ项目管理体系理论基础

神光-Ⅲ项目管理体系的构建借鉴了目前在国内外知名度和通行度较高的项目管理体系理论。梳理后主要有以下几种。

3.1.1　PMBOK

项目管理协会（Project Management Institute，PMI）在 1984 年提出了项目管理知识体系（Project Management Body of Knowledge，PMBOK）的概念，并于

1987年推出了第一个基准版本。1996年PMI对PMBOK进行了改进并正式发布了《项目管理知识体系指南》（PMBOK®指南）第一版，现已发布第五版。PMBOK®指南识别了项目管理实践中普遍公认的做法，其中普遍公认是指该指南中的知识、方法和工具适用于绝大多数的项目，可以作为指导所有项目的管理纲要。目前，PMBOK®的价值和实用性已经在全球范围内得到了广泛认同。

（1）PMBOK®定义的生命周期与组织。

PMBOK®将所有项目的生命周期都划分为概念阶段、规划阶段、实施阶段和收尾阶段，每个阶段的工作内容不同。

PMBOK®将项目组织结构定义为一种事业环境因素，它可能影响资源的可用性，并影响项目的管理模式。项目组织结构的类型包括职能型、项目型和矩阵型结构。不同的项目组织形式对项目实施的影响互不相同，具体项目在充分考虑各种组织结构的特点、企业特点、项目特点和项目所处的环境等因素的条件下，选择适当的组织结构。

（2）PMBOK®定义的项目管理过程和项目管理知识领域。

PMBOK®定义了5大项目管理过程组：启动、计划、执行、监控和收尾。

PMBOK®定义了10大项目管理知识领域，包括项目整合管理、项目范围管理、项目时间管理、项目费用管理、项目质量管理、项目人力资源管理、项目沟通管理、项目风险管理、项目采购管理、项目干系人管理。

项目管理过程组和知识领域是项目管理的两个不同维度：一个是项目时间或执行维度；一个是项目管理的内容或要素维度。两个维度之间具备关联性，如图3-1和图3-2所示。

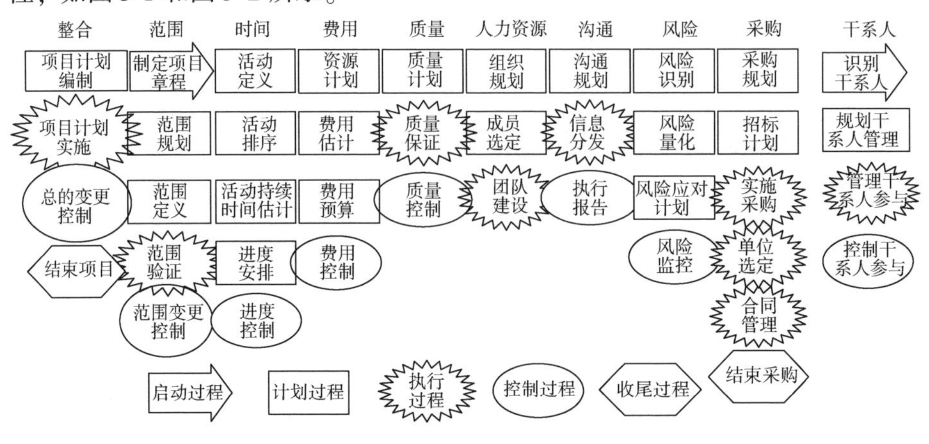

图3-1　项目管理内容维度中的项目管理过程维度

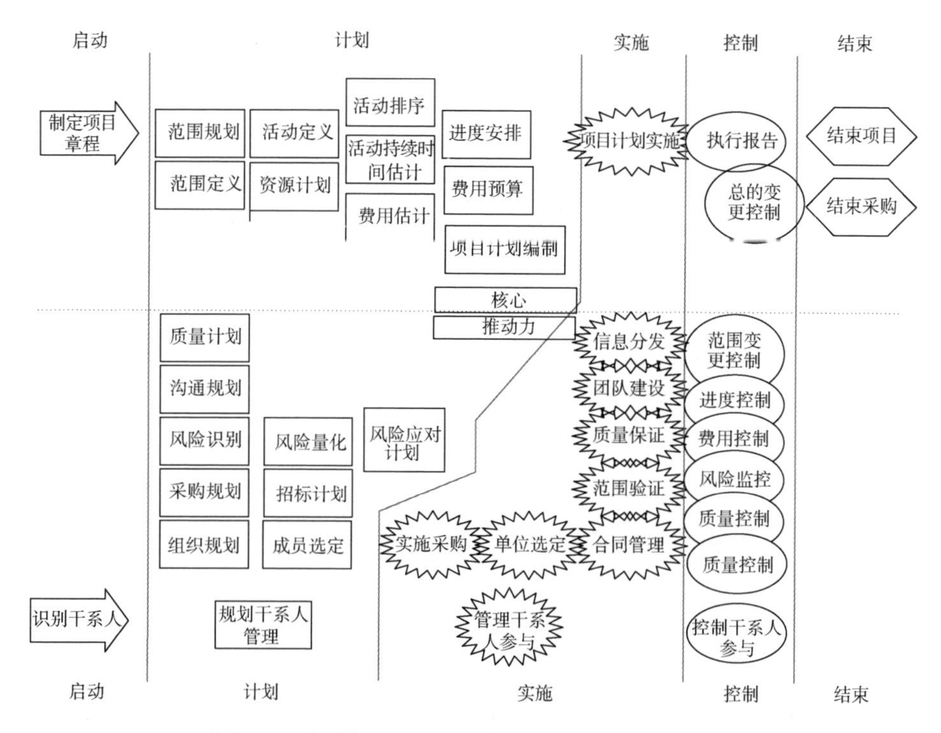

图 3-2 项目管理过程维度中的项目管理内容维度

（3）PMBOK®定义的专业知识领域

PMBOK®还定义了项目管理团队应该具备至少 5 个领域的专业知识和技能，包括：

1）项目管理知识体系。

2）应用领域知识、标准与规章制度。

3）理解项目环境。

4）通用管理知识与技能。

5）处理人际关系技能。

图 3-3 表示了上述 5 个专业知识领域之间的关系，它们既自成一体，又有重叠之处。有效的项目管理团队熟悉并掌握这 5 个专业知识领域的技能，但没有必要要求项目团队每个成员都成为所有这 5 个专业知识领域的专家。每个人都具备项目所需要的所有知识和技能事实上也是不可能的。

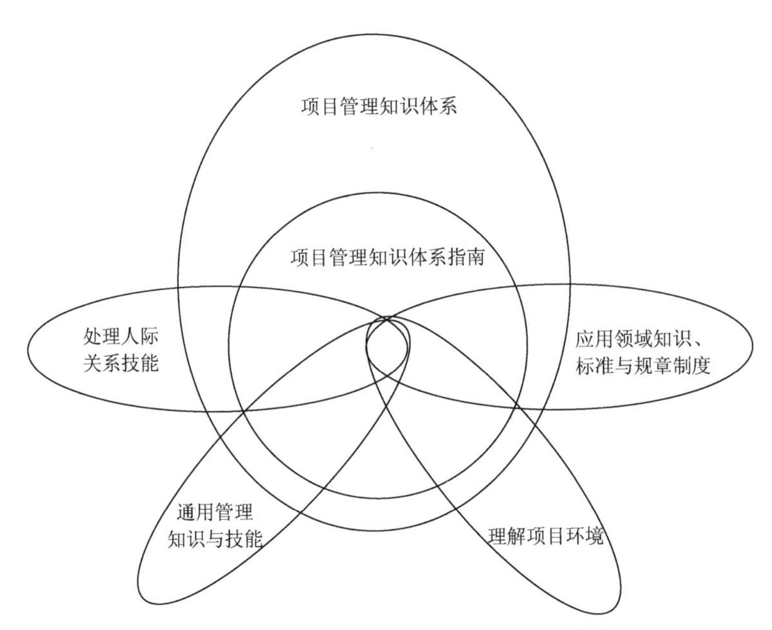

图 3-3　项目管理团队需要的专业知识领域

3.1.2　国际上其他项目管理体系

（1）ISO 21500。

2012 年 9 月，ISO 组织发布了 ISO21500 标准，这是 ISO 针对单项目管理发布的首个国际标准。ISO21500 在很大程度上是从 PMBOK 发展起来的。ISO21500 将项目管理过程同样分为五大过程组：启动、规划、实施、控制、收尾，并细分为 39 个子过程。同时将项目管理分为 10 个专题组：整合、干系人、范围、资源、时间、成本、风险、质量、采购、沟通等。

（2）ICB 3.0。

国际项目管理专业资质基准（IPMA Competence Baseline，ICB）是国际项目管理协会（International Project Management Association，IPMA）开发的一个通用的国际标准，目前最新为 3.0 版本，其对项目管理人员所应具备的能力进行了定义和评价。ICB 将项目管理人员应具备的能力定义为：知识 + 经验 + 个人素质，从技术能力、行为能力以及环境能力三大范畴中挑选出 46 个项目管理能力要素，包括：

1）20 个技术能力要素，涉及专业人员从事项目管理所进行的工作内容。

2）15 个行为能力要素，涉及管理项目、大型项目和项目组合中个人以及团体之间的人际关系。

3）11 个环境能力要素，涉及项目管理与项目环境，尤其是长期性组织间的交互作用。

（3）PRINCE2。

PRINCE（Projects IN Controlled Environments，受控环境中的项目）是进行有效项目管理的结构化方法。PRINCE2 是一个公共标准，被英国政府普遍使用，同时也被国际上许多企业广泛接受和使用。

PRINCE2 采用一套基于实现过程的方法进行项目管理，将多阶段的项目管理过程作为核心。PRINCE2 界定了项目实现过程中需要进行的管理活动，同时也描述了这些活动所包含的一些组成内容。PRINCE2 过程模型由 8 个各有特色的管理过程组成，如图 3-4 所示，涵盖了从项目启动到项目结束过程中进行的所有管理活动。

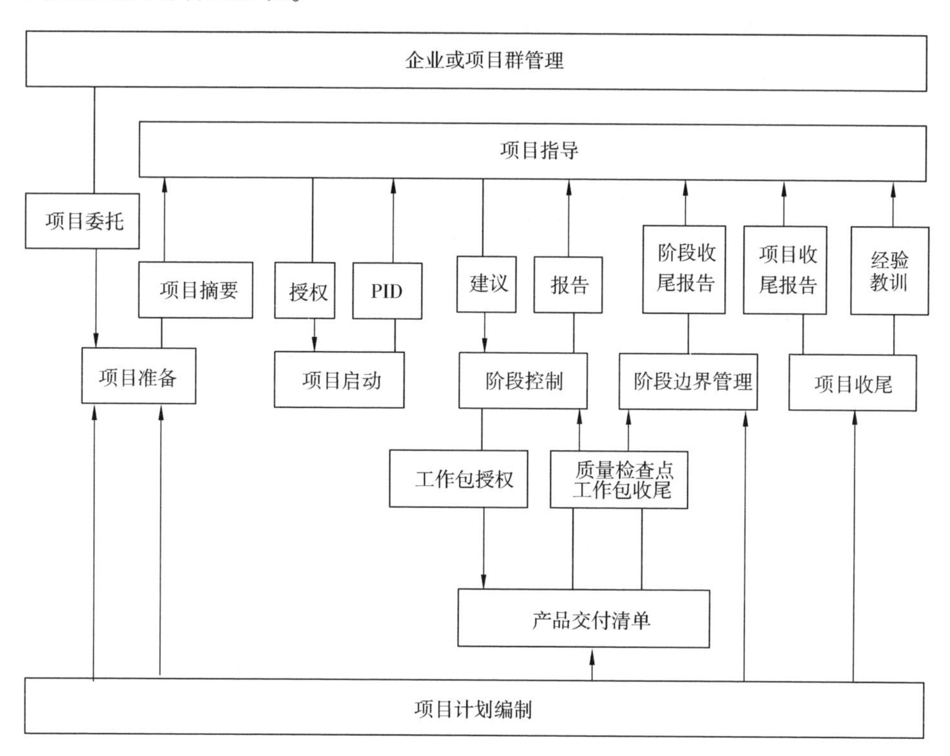

图 3-4　PRINCE2 的项目管理过程模型

3.1.3 国内项目管理体系

（1）项目管理的国家标准。

2009年中国国家标准化委员会发布了《GB/T23691 项目管理术语》《GB/T23692 项目管理框架》《GB/T23693 项目管理知识领域》3个国家标准。

《GB/T23691 项目管理术语》界定了基础术语、综合管理术语、范围管理术语、组织术语、文件术语、质量管理术语、采购术语、收尾术语等13类，为项目管理人员确定了统一沟通的平台。

《GB/T23692 项目管理框架》中确立了项目和项目管理的基本内涵，确立了项目管理的一般原则和完整过程，规定了项目阶段、项目生命期、项目管理组织。

《GB/T23693 项目管理知识领域》提出了项目管理的9大知识领域：项目综合管理、项目范围管理、项目时间管理、项目成本管理、项目质量管理、项目人力资源管理、项目沟通管理、项目风险管理、项目采购管理，并给出了每个知识领域内行之有效的、规范的行为方法和技术工具指南。

在项目管理国标中，项目过程组与知识领域之间同样存在交叉关系，如表3-1所示。

表3-1 项目过程组和项目知识领域涉及的项目管理过程

项目知识领域	过程组				
	启动	策划	执行	控制	收尾
项目综合管理	启动	项目计划制定	项目计划执行	综合变更控制	行政收尾
项目范围管理		范围策划 范围定义		范围核实 范围变更控制	
项目时间管理		活动定义 活动排序 活动持续时间估计 进度制定		进度控制	
项目成本管理		资源策划 成本估计 成本预算		成本控制	
项目质量管理		质量策划	质量保证 质量改进	质量控制	

（续）

项目知识领域	过程组				
	启动	策划	执行	控制	收尾
项目人力资源管理		组织策划 人员招募	团队建设		
项目沟通管理		沟通策划	信息分发	绩效报告	
项目风险管理		风险管理策划 风险识别 风险定性分析 风险定量分析 风险响应策划		风险监控	
项目采购管理		采购策划 询价策划	询价 供方选择 合同管理		合同收尾

（2）C-PMBOK。

中国项目管理知识体系（Chinese-Project Management Body of Knowledge，C-PMBOK）是由中国（双法）项目管理研究委员会（PMRC）发起并组织实施的。

与其他国家的 PMBOK 相比较，C-PMBOK 的突出特点是以生命周期为主线，以模块化的形式来描述项目管理所涉及的主要工作及其知识领域。在知识内容、结构上，C-PMBOK 的特色主要表现在以下几个方面：

1）采用了“模块化的组合结构”，便于知识的按需组合。模块化的组合结构是 C-PMBOK 编写的最大特色。通过 C-PMBOK 模块的组合，能将相对独立的知识模块组织成为一个有机的体系，不同层次的知识模块可满足对知识不同程度的要求；同时，知识模块的相对独立性，使知识模块的增加、删除、更新变得容易，也便于知识的按需组合以满足各种不同的需要，保证了 C-PMBOK 的开放性。

2）以生命周期为主线，进行项目管理知识体系知识模块的划分与组织。项目管理涉及多方面的工作。整个项目管理包含大量的工作环节，基于每一工作环节项目管理所用到的知识和方法都有一定的区别，这些相互联系的工作环节组合起来就构成了项目管理的整个周期。相应地，项目管理知识体系也可由其每一工作环节对应的知识构架而成，这也是 C-PMBOK 所表现出来的最基本特点之一。在 C-PMBOK 中，大多数知识模块都是与项目管理的工作环节相联系的。基于这一思路，C-PMBOK 按照国际上通常对项目生命周期的划分，以概念阶段、规划阶段、执行阶段和收尾阶段这 4 个阶段为组织主线，结合模块化的编写思路，分阶段提出了项目管理各阶段的知识模块，便于项目管理人员根据项目的实施情况进行项目的组织与管理。

3）体现中国项目管理特色，扩充了项目管理知识体系的内容。C-PMBOK 在编写过程中充分体现了中国项目管理工作者对项目管理的认识，加强了对项目投资前期阶段知识内容的扩展，同时对项目后期评价的问题列入了 C-PMBOK 中，在项目的实施过程中强调了企业项目管理的概念。

C-PMBOK 主要是以项目生命周期为基本线索展开的。从项目及项目管理的概念入手，按照项目开发的 4 个阶段，即概念阶段、规划阶段、实施阶段及收尾阶段，分别阐述了每一阶段的主要工作及其相应的知识内容，同时考虑到了项目管理过程中所需要的共性知识及其所涉及的方法工具。C-PMBOK 将项目管理的知识领域共分为 94 个模块，如表 3-2 所示。

表 3-2　中国项目管理知识体系框架

（基于项目生命周期的框架）

<table>
<tr><td colspan="4">2 项目与项目管理
2. 1 项目　　2. 2 项目管理</td></tr>
<tr>
<td>3 概念阶段
3. 1 一般机会研究
3. 2 特定项目机会研究
3. 3 方案策划
3. 4 初步可行性研究
3. 5 详细可行性研究
3. 6 项目评估
3. 7 商业计划书的编写</td>
<td>4 规划阶段
4. 1 项目背景描述
4. 2 目标确定
4. 3 范围规划
4. 4 范围定义
4. 5 工作分解
4. 6 工作排序
4. 7 工作延续时间估计
4. 8 进度安排
4. 9 资源计划
4. 10 费用估计
4. 11 费用预算
4. 12 质量计划
4. 13 质量保证</td>
<td>5 实施阶段
5. 1 采购规划
5. 2 招标采购的实施
5. 3 合同管理基础
5. 4 合同履行和收尾
5. 5 实施计划
5. 6 安全计划
5. 7 项目进展报告
5. 8 进度控制
5. 9 费用控制
5. 10 质量控制
5. 11 安全控制
5. 12 范围变更控制
5. 13 生产要素管理
5. 14 现场管理与环境保护</td>
<td>6 收尾阶段
6. 1 范围确认
6. 2 质量验收
6. 3 费用决算与审计
6. 4 项目资料与验收
6. 5 项目交接与清算
6. 6 项目审计
6. 7 项目后评价</td>
</tr>
</table>

（续）

7 共性知识			
7.1 项目管理组织形式 7.2 项目办公室 7.3 项目经理 7.4 多项目管理 7.5 目标管理与业务过程 7.6 绩效评价与人员激励	7.7 企业项目管理 7.8 企业项目管理组织设计 7.9 组织规划 7.10 团队建设 7.11 冲突管理 7.12 沟通规划	7.13 讯息分发 7.14 风险管理规划 7.15 风险识别 7.16 风险评估 7.17 风险量化 7.18 风险应对计划	7.19 风险监控 7.20 信息管理 7.21 项目监理 7.22 行政监督 7.23 新经济项目管理 7.24 法律法规
8 方法和工具			
8.1 要素分层法 8.2 方案比较法 8.3 资金的时间价值 8.4 评价指标体系 8.5 项目财务评价 8.6 国民经济评价方法	8.7 不确定性分析 8.8 环境影响评价 8.9 项目融资 8.10 模拟技术 8.11 里程碑计划	8.12 工作分解结构 8.13 责任矩阵 8.14 网络计划技术 8.15 甘特图 8.16 资源费用曲线	8.17 质量技术文件 8.18 并行工程 8.19 质量控制的数理统计方法 8.20 挣值法 8.21 有无比较法

由于C-PMBOK模块化的特点，在项目管理知识体系的构架上，C-PMBOK完全适应了按其他主线组织项目管理知识体系的可能性，如可以按照基于项目管理职能为基础的框架结构进行分类，如表3-3所示。由于C-PMBOK模块结构的特点，使其具有了各种知识组合的可能性，特别是对于结合行业领域和特殊项目管理领域知识体系的构架非常实用。各应用领域只需根据自身项目管理的特点加入相应的特色模块，就可形成行业领域的项目管理体系。

表3-3　中国项目管理知识体系（基于项目管理职能领域的框架）

项目与项目管理 2.1 项目　　2.2 项目管理			
论证与评估			工具和方法 8.1 要素分层法 8.2 方案比较法 8.3 资金的时间价值 8.4 评价指标体系
3.1 一般机会研究 3.2 特定项目机会研究 3.3 方案策划	3.4 初步可行性研究 3.5 详细可行性研究 3.6 项目评估	3.7 商业计划书的编写 6.7 项目后评价	

（续）

<table>
<tr><td colspan="4">项目与项目管理
2.1 项目　　2.2 项目管理</td></tr>
<tr><td colspan="3">论证与评估</td><td rowspan="4">8.5 项目财务评价
8.6 国民经济评价方法
8.7 不确定性分析
8.8 环境影响评价
8.9 项目融资
8.10 模拟技术
8.11 里程碑计划
8.12 工作分解结构
8.13 责任矩阵
8.14 网络计划技术
8.15 甘特图
8.16 资源费用曲线
8.17 质量技术文件
8.18 并行工程
8.19 质量控制的数理统计方法
8.20 挣值法
8.21 有无比较法</td></tr>
<tr><td>范围管理
4.1 项目背景描述
4.2 目标确定
4.3 范围规划
4.4 范围定义
4.5 工作分解
4.6 工作排序
5.12 范围变更控制
6.1 范围确认
6.4 项目资料与验收
6.5 项目交接与清算</td><td>时间管理
4.7 工作延续时间估计
4.8 进度安排
5.5 实施计划
5.7 项目进展报告
5.8 进度控制</td><td>费用管理
4.9 资源计划
4.10 费用估计
4.11 费用预算
5.9 费用控制
6.3 费用决算与审计
6.6 项目审计</td></tr>
<tr><td>质量管理
4.12 质量计划
4.13 质量保证
5.10 质量控制
6.2 质量验收</td><td>沟通管理
7.11 冲突管理
7.12 沟通规划
7.13 讯息分发
7.20 信息管理</td><td>风险管理
7.14 风险管理规划
7.15 风险识别
7.16 风险评估
7.17 风险量化
7.18 风险应对计划
7.19 风险监控</td></tr>
<tr><td>人力资源管理
7.1 项目管理组织形式
7.2 项目办公室
7.3 项目经理
7.6 绩效评价与人员激励
7.7 企业项目管理
7.8 企业项目管理组织设计
7.9 组织规划
7.10 团队建设</td><td>采购管理
5.1 采购规划
5.2 招标采购的实施
5.3 合同管理基础
5.4 合同履行和收尾</td><td>综合管理
5.6 安全计划
5.11 安全控制
5.13 生产要素管理
5.14 现场管理与环境保护
7.4 多项目管理
7.5 目标管理与业务过程
7.21 项目监理
7.22 行政监督
7.23 新经济项目管理
7.24 法律法规</td></tr>
</table>

3.1.4　通用项目管理体系的启示

综上所述，所有的通用项目管理体系共同点如下：

（1）合适的项目组织。

在多数项目管理体系中都提到了建立恰当的组织对项目管理的重要性，并明确组织形式的选择需要考虑管理环境、项目特点、组织类型的优缺点等因素。项目组织内的人员需要具备一定的能力，一些项目管理体系中界定了项目管理团队人员应该具备的能力，如 PMBOK 和 ICB 中。

因此，对所有的项目来说，在管理实践中需要建立合适的组织并配备有能力的人员去完成项目管理工作。神光-Ⅲ项目作为大科学工程项目，对项目组织的要求更高。

（2）双维度的项目管理。

几乎所有的项目管理体系中，都明确了项目管理可以从项目管理的过程维度和管理领域维度进行管理，并且两个维度不是相互割裂，而是交叉融合的。神光-Ⅲ项目也不例外，可以从两个维度出发去建立合适管理体系。

（3）项目管理体系可根据实际调整。

通用的项目管理体系适用于对复杂程度不同、规模大小不一、周期长短不等以及开展环境各异的各种项目进行管理。这种普遍适用性应用于某一个特定的项目时，需要项目管理人员根据具体情况进行一些调整，例如 C-PMBOK 中就提到可以结合行业和特殊项目的特点加入特色管理模块。作为特点突出的大科学工程项目，在神光-Ⅲ项目的管理体系构建中充分考虑了项目特点和项目单位的管理环境等实际情况。

3.2　神光-Ⅲ项目管理体系现实基础

结合 1.3 章节 NIF 项目对激光聚变领域大科学工程项目管理的启示和 3.1 章节国内外通用项目管理体系对神光-Ⅲ项目管理体系建设的启示，基本可以确定，在神光-Ⅲ项目管理体系构建中既需要重点考虑项目管理组织、项目过程维和项目管理领域（或内容）维如何设置和融合等，又需要考虑项目特点，并结合项目管理环境和管理基础。据此，首先要分析项目单位的管理环境等影响因素。

3.2.1 项目单位管理环境

神光-Ⅲ项目建设任务的实施是立足于项目单位事业发展所开展的激光惯性约束聚变研究活动，对项目的管理机制可以创新，但必须依托本单位管理环境和主流文化，不能完全脱离本单位主体文化与体制。这也是完成项目建设必须面对的客观实际情况，必须充分认识清楚。

神光-Ⅲ项目是项目单位承接的首个规模超大、时间周期跨十余年、投资规模大的大科学工程项目。在此项目之前，项目单位主要的项目类型为科研项目和一般基建项目，但通常都是相互独立的，如某个独立的课题研究项目或某个独立的生产车间建设项目等，像神光-Ⅲ项目这种兼具研制和工程特点的大项目尚属首次。

项目单位传统的管理方式为军工科研职能式管理机制，如图3-5所示。这种模式对于完成规模较小的科研项目确实起到了一定的作用。但是，对于神光-Ⅲ项目来说，其规模、复杂程度远远超出了项目单位原有项目，对这种项目的管理依托职能部门横向协调沟通效率较低。为适应这种情况，项目单位的决策者们前瞻性地提出了组建专门的项目管理部门，以现代项目管理方式实施神光-Ⅲ项目的建议。

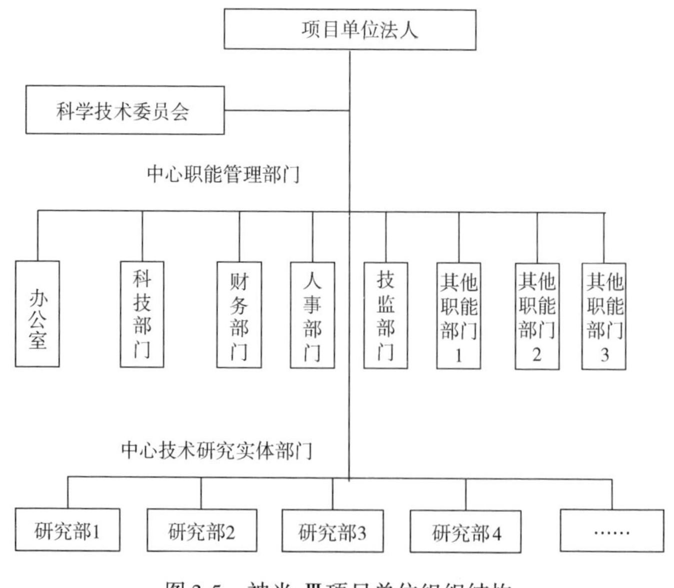

图3-5 神光-Ⅲ项目单位组织结构

3.2.2　神光-Ⅲ原型装置项目管理经验

神光-Ⅲ原型装置建设相当于主机装置前期准备阶段。通过原型装置的建设，初步培养并锻炼了一批工程技术人员和项目管理人员，在项目管理上积累了一定的经验和基础，为神光-Ⅲ项目实施提供了必需的组织保证和管理基础。

通过神光-Ⅲ原型装置建设，项目单位初步搭建了与任务要求相匹配的项目管理体系，并通过实践检验和验证，确定了神光-Ⅲ主机装置建设项目管理体系搭建时优化提升的思路。

神光-Ⅲ项目建设任务是项目单位成立以来承担的最大的工程建设任务。项目实施的难度与复杂程度前所未有，在既定的进度、经费、技术要求、管理政策等边界条件约束下，对其建设任务的项目管理极具挑战性。因此，必须最大限度地汇集项目单位和外协单位的优势，整合各方资源共同承担才能完成。神光-Ⅲ主机装置与神光-Ⅲ原型装置相比，有很多变化，因此神光-Ⅲ主机装置项目管理模型的构建既要继承神光-Ⅲ原型装置项目管理体系建设的思路，但又不能完全照搬，需要结合以下变化进行调整：

1）性能极大提高。挑战我国高功率激光驱动器工程技术极限，科学技术研究贯穿项目全周期。

2）结构重大变化。神光-Ⅲ主机装置采用了“墙、桥、厢”组合的整体布局结构。

3）全装置接口更复杂。对建设周期各阶段的技术状态管理和变更控制提出了更高要求。

4）装置规模更大。对项目技术资源整合和各专业学科的技术协作管理提出了更高要求。

神光-Ⅲ原型装置建设中积累了很多项目管理经验，但从原型装置建设项目实施的总体情况来看，项目管理也并非完美，还需要进行组织结构完善、能力提升、流程优化等。因此，在神光-Ⅲ主机装置项目过程中，充分吸取了原型装置经验，构建了项目管理体系。

3.2.3　质量管理体系建设经验

2001年，军工行业单位开始强制推行质量管理体系认证工作。经过一年的努力，在2002年12月，项目单位一次性地通过了质量管理体系认证。经过质量管理体系建设，培养了一批对管理体系认识比较深刻的人员，神光-Ⅲ项目管理团队人员也对体系的作用、结构、内容、常用工具方法等已经有了比较明确的认识。在此基础上，为构建神光-Ⅲ项目管理体系奠定了基础，特别是质量管理体系中“PDCA 循环”的管理方法体现在项目管理体系中的各个方面。

“PDCA 循环”（PDCA Cycle）的概念最早是由美国质量管理专家戴明于 20 世纪 50 年代初提出的，所以又称“戴明环”。在质量管理中，计划、执行、检查、处置不断地循环，每完成一次循环，解决一些质量问题；经过不断循环，不断总结经验，弥补不足，使质量管理进入一个新的水平。

“PDCA 循环”法不仅可以应用于项目的质量管理，而且在项目管理的其他领域中效果也非常明显。项目管理团队参照质量管理体系建设经验，建立了神光-Ⅲ项目的“PDCA 循环”管理系统，即在大循环的基础上，形成各相关方、各环节、各子项管理的小循环，直至将责任落实到人，形成了大循环套小循环，小循环保大循环的循环系统。这对项目管理的控制、预测、考核起到了周而复始的推动作用。“PDCA 循环”的管理思路体现在神光-Ⅲ项目管理的各个方面，如项目整合管理中的分级计划与控制体系，项目质量管理中围绕项目质量目标的“PDCA 循环”，项目风险管理的风险计划与控制系统，项目档案管理从档案编制到归档的循环等。

3.3 神光-Ⅲ项目管理体系建设

神光-Ⅲ项目单位在学习和理解项目管理体系理论，并分析了神光-Ⅲ项目的运行基础后，建立了适用于本项目的项目管理体系。

3.3.1 体系建设的原则

（1）通用原则。

神光-Ⅲ项目管理体系构建时需要考虑如下项目管理的通用原则，如组织规划的原则、目标统一原则、有效的管理层次和管理幅度原则、责权利平衡原则、分工协作原则、集权与分权相结合原则、环境适应性原则等。具体到操作层面，项目管理体系的构建都必须坚持以有利于项目目标实现为基本原则与出发点，实现 5 个确保：确保项目实施高效；确保指挥协调顺畅；确保资源统筹到位；确保过程控制规范；确保目标实现圆满。

（2）专有原则。

结合神光-Ⅲ项目特点，项目管理团队人员在做神光-Ⅲ项目管理体系顶层设计时还需考虑以下专有原则：

1）遵循激光装置大科学工程的特点。

从国内外激光研究领域的最新进展与总体发展趋势来看，神光-Ⅲ项目建设是我国激光惯性约束聚变研究驱动器平台建设的重要阶段性任务。从兼顾多个方面的发展诉求与工程实施自身的任务难度来看，以往已经实施的项目建设要求无法与本工程相提并论，项目管理难度极大。国内外极高的关注度与上级主管部门的总体要求都充分说明了项目的重要性。国家前期在这一领域发展过程中投入了大量的资源，如今到了对该领域研究收获成果的关键阶段，因此必须确保项目建设任务圆满完成。

2）有利于项目单位发展与能力提升。

神光-Ⅲ项目单位自成立以来，始终围绕基于激光惯性约束聚变研究为主线，适当拓展相关领域为主的发展思路，已经形成了特色较为突出的事业发展格局。神光-Ⅲ项目建设任务的开展与实施是项目单位十几年内主体任务，这一格局无论是从投入经费还是从任务体量上都已经充分体现。对该项目管理体系涉及的资源配套考虑，始终要以能够胜任任务的需求并兼顾有利于项目单位发展为基本出发点，以实现任务、学科与管理能力的可持续、综合协调发展。

3）有利于人才成长与队伍建设。

在完成这项我国史无前例的神光-Ⅲ项目建设中，人才队伍的发展始终是项目单位必须认真思考与面对的具体问题。因为项目建设周期长，建设队伍的发展好坏直接影响工程实施期间任务完成的状态与实施进度。解决了工程建设实施队伍的后顾之忧才能够充分发挥各类人才队伍的工作热情与积极性，才能够持续不断地创造奇迹。因此，在项目管理体系中需要充分注意有利于人才成长与队伍建设的关键原则。这就要求在项目管理体系中，要充分注意与项目单位所处的发展环境与体制相融合，最大限度地创造有利于人才成长与队伍建设的软环境，建立有利于人才发展的机制。

3.3.2　全系统项目管理体系框架

按照神光-Ⅲ项目管理体系构建的原则，结合项目单位质量管理体系建设和原型装置建设项目管理经验，在严格遵守国家固定资产投资项目管理制度的基础上，结合大科学工程项目的特殊要求，围绕神光-Ⅲ项目的管理目标和项目管理大纲，从项目管理组织、项目生命周期、项目管理要素 3 个维度，及 3 个基础支撑体系方面建立了“一核+三维+三基”的全系统项目管理体系（见图3-6）。

神光-Ⅲ项目管理体系是以实现项目管理目标为核心，在项目管理中围绕项目管理大纲要求，确保项目最终成功。

神光-Ⅲ项目管理体系的项目组织维度：纵向覆盖决策层、管理层、实施层等项目涉及的所有组织；横向覆盖专业的项目管理部门和协作配合的职能部门。项目生命周期维度：覆盖从“三报三批”到项目验收的全过程。项目管理要素维度：涵盖全部重点管理领域。

针对神光-Ⅲ项目的自身需求，项目管理体系需要一定的运行环境才能顺利运转，因此在神光-Ⅲ项目管理体系中还构建了3个基础保障体系，即技术研究体系、系统保障体系、管理支撑体系。

全系统项目管理体系建立后，经过长时间的实践，体系基本结构不变，体系内容持续改进与优化，因此确保了项目各个阶段的顺利执行和项目目标的成功实现。

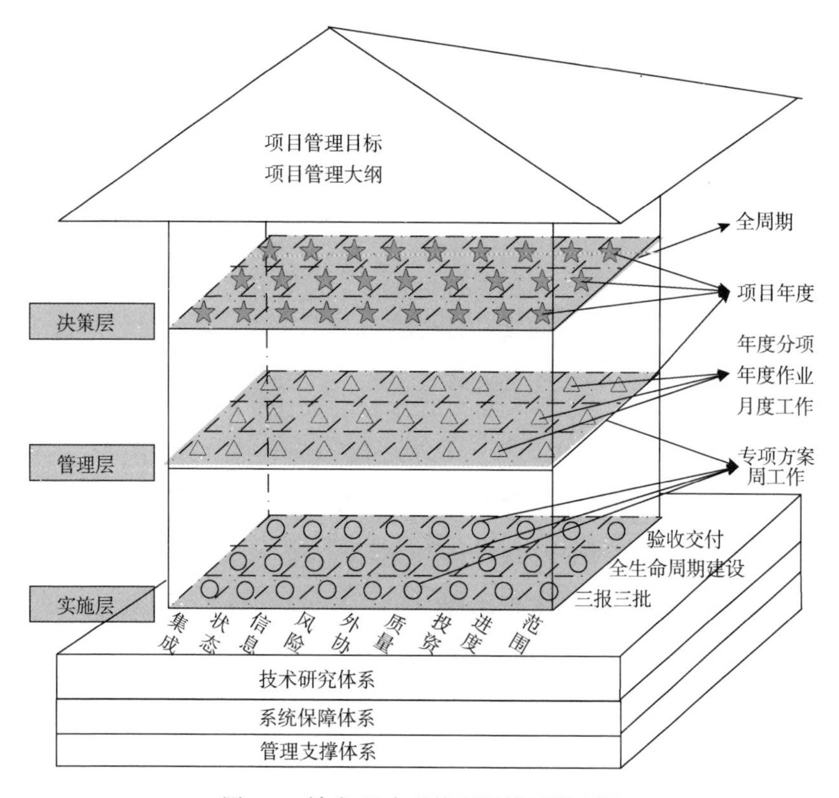

图3-6　神光-Ⅲ全系统项目管理模型图

3.3.3　神光-Ⅲ项目管理体系简介

3.3.3.1　一核

神光-Ⅲ项目立项之初就设定了科学的项目目标，并且在通过可行性研究和初步设计后，项目目标逐步深入和明确。项目管理目标也随之确立为“一次成功，合格工程”。神光-Ⅲ项目管理围绕实现项目管理的目标而进行，在具体实践中，项目单位通过项目管理大纲的形式将目标明确展示出来。

3.3.3.2　三维管理

（1）全面覆盖的项目组织体系。

神光-Ⅲ项目涉及多个项目群的并行建设，工程组成庞大，参建单位众多，系统间接口关系复杂，进度要求紧张，由此导致的项目管理过程十分复杂。为了顺利完成目标，需要完备的神光-Ⅲ项目组织体系对整个项目进行全方位的管理。

神光-Ⅲ项目组织体系纵向分为3个层级，涵盖了从项目单位法人到外协单位等的所有项目管理团队或人员，每个层级的职责各有不同。

1）决策层。

为了系统、高效地组织神光-Ⅲ项目工作，保证项目目标的顺利实现，在现代项目管理工作与职能体系的指导下，项目单位确定项目决策层由项目单位法人、项目总指挥系统、总设计师系统组成。

2）管理层。

项目管理层是项目组织体系中的机关，是项目指挥系统和反馈系统的枢纽，它负责全面统筹、高效落实项目单位法人和两总系统的各项指令，及时有效地组织和协调实施层面提出的各类问题和需求，做好项目组织实施各项统筹工作。

项目管理层由项目管理部、专项基建办和机关各职能部门组成，其中项目管理部是项目管理层的核心。

3）实施层。

作为一项超大型科学工程，神光-Ⅲ项目主工艺设备产品具有研制供货小批量、品种多且杂、技术难度高、生产周期长、设计变更多、安调周期长、试运行考核周期长及接口关系复杂等特点。在这样的情况下，神光-Ⅲ项目成为一个全国大协作的建设项目。因此，项目实施层由项目单位相关研究部和实体部门以及内外部协作单位组成。项目实施层应按照项目决策层确定的项目目标、任务分解、资源约束和其他相关决策落实相应的实施工作，并按照指令来源及时反馈。

项目组织体系的内容涉及各个方面，详见第 4 章。

（2）贯穿全生命周期的流程管理体系。

项目经理或组织可以把每一个项目划分成若干个阶段，以便有效地进行管理控制，并与实施该项目组织的日常运作联系起来。这些项目阶段合在一起被称为项目生命周期。

神光-Ⅲ项目自身的高复杂性决定了项目管理的难度，但是只要紧紧围绕项目全生命周期进行分阶段的展开与控制，还是可以有效地对项目管理活动与工作进行科学合理的分解与策划。

按照国家固定资产投资项目相关管理规定，神光-Ⅲ项目的生命周期管理分为 3 个大阶段：“三报三批”阶段、项目实施阶段、项目收尾阶段。

划分项目的生命周期只是第一步。为更好地管理神光-Ⅲ项目建设过程，需要在生命周期阶段的基础上逐级细分到三级、四级甚至是五级流程，通过流程细分，匹配项目组织体系。每一级组织可以根据管理深度确定流程层级，直到流程工作的细度满足项目管理和实施的需要。项目全生命周期流程化管理的设计详见第 5 章。

（3）基于全系统的要素管理制度体系。

神光-Ⅲ项目是典型的大型科学工程，其管理要素基本涵盖了现代项目管理知识领域的各个方面，并具有自己的特点，如该项目技术风险较大并容易引起连锁反应，项目技术状态管理是该项目非常重要的一个管理要素。因此，在确定项目管理要素时，除参考项目管理知识体系的理论以外，还必须兼顾国内发展环境的基本现状，尤其是项目单位自身的管理需求。

在神光-Ⅲ项目建设之初确定了 12 项管理要素，包括整合管理、进度管理、成本管理、外协管理、质量管理、技术状态管理、风险管理、档案管理等，如图 3-7 所示。在第 6 章至第 12 章中对重点要素管理进行了详细介绍。同时，确定了紧紧围绕项目建设目标要求，以“计划与进度、质量与技术状态、投资与经费”三大方面控制为核心要素进行组织实施管理的格局，如图 3-8 所示。

图 3-7 神光-Ⅲ项目管理领域

3.3.3.3 三基保障

（1）基础保障-技术研究体系。

神光-Ⅲ项目属于技术高度复杂的大科学研究工程，而大科学工程项目的建设带有科学研究性质。因此，它不仅要解决常规工程可行性问题，还要解

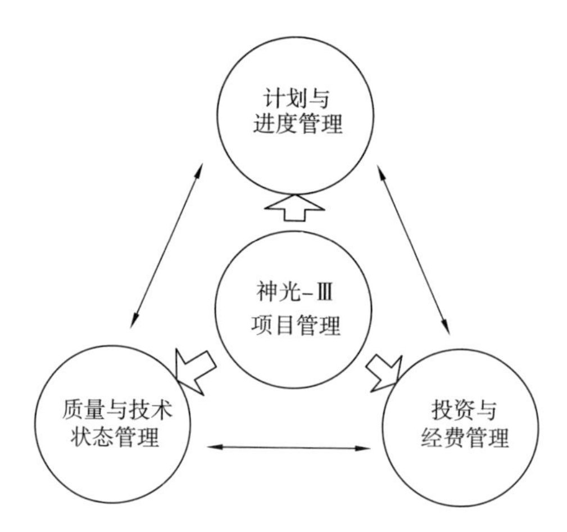

图 3-8　神光-Ⅲ项目管理核心要素

决不断论证科学技术可行性的问题。大科学工程大体包括宏观决策、预先研究、设计、建设、运行、维护等一系列研究开发过程。从国内外大科学工程实践过程来看，大科学工程属性可归纳为以下 3 个方面：

1）大科学工程是具有研究属性的科学研究事业。这类科学研究事业中的某些项目是建立在高度复杂的综合性研究设施基础上。要建立这样的研究能力，本身就历经复杂的研究过程，而这类研究过程，往往既是大科学工程的决策前提，也是大科学工程技术指标确立的输入依据，有时还是大科学工程实施过程中遭遇的工程技术问题的解决基础；同时，阶段性的研究拓展所形成的平均技术水平，决定本阶段大科学工程项目所能够达成的总体能力。

2）大科学工程具有内在的发展属性要求。大科学工程实施总是与一定水平的大科学研究设施能力相对应的。大科学工程是大科学研究的一种表现形式，也是其研究的组成部分。鉴于科学研究的特点，经过一定的研究周期，随着大科学研究的深化，必然出现对大科学设施能力的提升性要求，以适应科学研究的新需求，因而这种持续发展属性正是大科学工程项目的内在要求。

3）大科学工程具有一般工程项目的普适性属性要求。普适性属性要求包括目标明确、经费约束、周期限定等。总体而言，这种普适性的工程属性，可概括为基于有限资源，解决有限工程技术问题，实现有限工程目标的梯级发展过程。

因此，建立与大科学工程实施相匹配的项目建设技术研究体系是开展大科学工程建设项目的重要前提与基础。该体系的建立技术与研究水平直接决定了大科学工程建设项目能否顺利实施，这是国内外大科学装置建设必须高度重视的问题。与一般大科学工程建设项目相比，建立神光-Ⅲ项目技术研究体系的主要目的是解决激光聚变装置建设将要面临的主要科学技术与工程问题，包括激光科学技术与工程、先进光学制造技术与工艺、先进光学装校技术与工艺等。该体系的主要研究内容包括以下几个方面：

①甚多束高功率固体激光驱动器总体技术研究；

②激光驱动器诸多系统关键技术研究；

③先进光学制造技术与工艺研究；

④超大型激光驱动器工程技术研究。

面对神光-Ⅲ项目建设技术研究体系的建立需求，项目单位先后组建了激光技术工程部、光学元件生产工艺研发部、工程光学部、标准化与检测中心等多个研究实体，分阶段系统开展上述技术研究工作，以支撑项目建设各领域科学技术研究要求。

（2）基础保障－系统保障体系。

根据系统工程实施理论，对大型科学设施的建设与运行保障始终是这类项目建设必须同步考虑的重要方面。对于大型复杂项目的工程建设，为确保项目建设之后的顺利投产运行，与之相配套的工程建设保障体系也必须进行系统化的设计与考虑。与一般大科学工程建设项目相比，神光-Ⅲ项目建设支撑保障体系的建立需要重点考虑如下几个方面：

1）建立先进光学生产制造支撑保障体系。可以有效地保障项目建设期间所必需的光学元器件的生产与供货，从而保障主机装置光机模块的精密装校与运行维护。

2）建立洁净工程支撑保障体系。主机装置运行对环境的特殊要求，需要整体环境处于高度洁净的氛围中。通过建立洁净工程支撑保障体系，可以确保装置建设所需要的组件达到必需的洁净程度，以延长核心光学元器件与组件的使用寿命，从而降低装置的运行费用。

3）建立先进激光实验室、运行与维护保障体系。可以有效地开展设施运行及维护工作，降低装置非预期损坏，延长装置使用寿命。

（3）基础保障－管理支撑体系。

神光-Ⅲ项目建设期间，项目单位特别是项目管理部在各阶段工程任务实施中，普遍应用项目管理工具方法体系实施项目管理，如综合应用了系统学、控制论、运筹学、系统工程、并行工程、价值工程等理论。这充分体现了多学科知识与技能的熟练融合。

神光-Ⅲ项目管理中主要应用了理论模拟计算分析、数字化仿真技术验证、项目全生命周期与里程碑计划、工作分解结构、责任矩阵、软件工程化技术、关键链路径方法、网络计划技术、甘特图、挣值管理技术、数值分析技术、数理统计、偏差分析法、鱼骨刺图、直方图等现代项目管理工具方法。

在现代项目管理知识体系与项目管理工具方法体系的指导下，神光-Ⅲ项目管理团队在有效推进各个阶段的工程建设任务的同时，始终保持项目建设组织的系统化、科学化、专业化的特征，这不仅成功地完成了全部项目建设任务，而且对大型科学工程建设应用现代项目管理技术的系统化方法进行了有益的探索与实践。

3.4 小结

项目管理体系的建设可以为一个组织内的同类项目提供规范化、标准化的管理指南。目前，很多项目单位已经认识到了项目管理体系建设的重要性。

建设项目管理体系可参考的通用标准很多，如本章所介绍的国际通用标准都可以作为依据。但是，通用标准如何结合单位实际情况，如何确保项目管理体系的可操作性等是每一个按项目进行管理的组织所面临的首要问题。只有不断更新管理思想、管理理念、管理模式，完善管理策略和思路，明确责权关系，注重可操作性，并建立合理的组织内部机制，才能有效建立一个适用的项目管理体系。

神光-Ⅲ项目管理体系是一个系统的有机整体。整个体系由一个核心，3个维度管理子体系，3个基础保障子体系组成，而子体系又由若干更小的组织体系组成，这充分体现了系统的特征。模型中各个体系互为依托，而不是单一的个体，从而保证了整个系统的有效运行，保证了神光-Ⅲ项目的管理成功实施，确保了神光-Ⅲ项目任务的顺利完成。

神光-Ⅲ项目管理体系对激光惯性约束聚变领域的项目管理工作起着关键性的作用。它规范并指导着管理过程，提供一致的项目管理方法和通用的项目管理术语，同时提供了可预见的项目实现保证以及有效的项目累积经验，可以作为今后类似大科学工程项目组织管理实施模式建立的基础。

第4章　神光-Ⅲ项目全系统组织体系

项目组织是项目的实际管理者和实施者，对项目的成败有很大的影响。由于项目一次性、动态性等特征，使得项目组织具有较大的灵活性与柔性。在神光-Ⅲ项目中，组织设计既要符合项目组织设计的基本原则，也要适应神光-Ⅲ项目特点，并匹配项目建设情况进行动态柔性化调整。

4.1　项目组织管理理论

4.1.1　项目组织的概念

组织就是指为达到某种共同的目的而进行合作的一群个体或者团队的组合。项目组织是指为了某个具体项目而由不同的部门、不同专业的人员所组成的一个特别的工作组织。项目组织具有以下特征：

(1) 组织目标单一，但工作内容繁杂。

项目组织的目标很明确，即进度快、质量好、费用省。为实现这一目标，需要进行的工作内容却十分繁杂，它是一个纵横交错的系统工程。从纵的方向看，项目组织既要与上级主管部门保持联系以取得指导和支持，又要对下属单位进行合理组织、安排，协调好工作；从横的方向看，项目组织要妥善处理各方关系，如项目单位、设计单位、监理单位、施工单位、供货单位以及提供水、电、气、土地等有关部门，甚至还要与司法、保卫、安全、绿化等政府部门打交道。

(2) 项目组织是一个临时性机构。

项目组织因项目而设立，项目完成后，组织的使命结束，项目组织随之解散或转入新的项目中。

(3) 项目组织精干高效。

项目组织成员少、实效高，需要广纳各方面的具有一定能力的优秀人才，以此形成合理结构，使项目管理团队迸发出巨大的能量。

项目管理工作高度依赖于项目组织的高效运作。每个组织都有独特的文化，并体现组织人员的理念、价值观、处事方式、道德、态度、环境等方面。

4.1.2 项目组织设计原则

为了实现项目目标，使项目组织能够高效率、低成本地完成使命，必须进行组织设计，建立与项目相适应的组织结构。组织设计的一般原则是将需要完成的工作进行分解，然后汇总分类，形成组织机构。项目组织设计一般应遵循以下原则：

（1）目标导向的原则。

项目组织根本目的是实现项目目标。以目标为导向，设计出一套健全有效的组织结构，制定一套能够程序化的管理方法、控制措施和管理文件体系等，以形成科学的运作机制。

（2）动态和柔性原则。

项目所处的环境是不断变化的，尤其是对于时间周期特别长的项目，因此，项目组织结构既要相对稳定，又要具有适应性和可塑性。健全的项目组织是开放、动态和柔性的。

（3）管理层级、权限、责任相匹配原则。

在设计项目组织时，必须使项目管理层级与权限设置和责任分配相符，要从组织的各个层次或所有干系人的角度将权责对等，避免有权无责、有责无权的现象。

（4）运行机制清晰原则。

在设计项目组织时，必须建立清晰的上下级关系和运作机制，确保项目指令和反馈等各种信息流在组织内及时顺畅的流通。

4.1.3 项目组织结构类型

项目组织结构形式是影响项目成败的重要因素。常见的项目组织结构形式主要有以下几种。

（1）职能式组织结构。

职能式组织结构基本形式如图 4-1 所示。它是基于职能型组织结构下对项目加以管理，项目任务被分解到各职能部门承担，各单位负责完成其分管的项目内容。

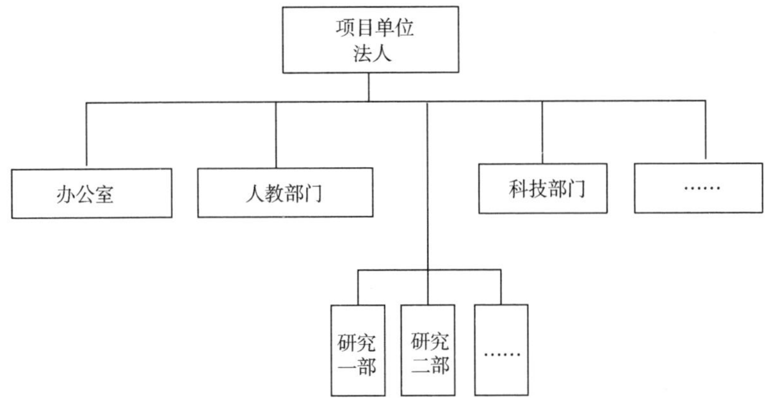

图 4-1　职能式的组织结构

职能式组织结构的优点：首先，人员使用灵活。只要选择了一个合适的职能部门作为项目的上级，该部门就能按照组织中各个项目的需要提供相应的专业技术人员，而且每一位人员可以同时承担多个项目的任务。其次，组织稳定。部门中的人员在离开项目或者离开公司时，职能部门仍然存在于组织构架中，可为项目提供持续性的保障。最后，职工发展道路清晰。每一位专业人员都可以沿着职能部门的专长方向不断地得以晋升。

职能式组织结构的缺点：一是项目可能因为职能部门的本位主义不受重视，职能部门可能在项目实施过程中因更加关注其核心常规业务，忽视了在项目中应该承担的责任；二是由于职能工作过于专业，在各负其责的文化环境中，跨部门之间的横向合作与交流会存在一定困难，容易导致项目只能局部优化，而不能保证使项目整体最优化；三是项目参与者容易将项目理解为一项额外的负担，对他们的职业发展和提升贡献不够显著；四是项目职责体系不够完善，缺少对项目整体效果负责的角色，因而导致整体协调会经常陷入困境。

综上，职能式组织形式具有的最大优点是有利于专业化水平的提高，有利于集权管理，但是这种组织形式也存在一定的缺陷。

（2）矩阵式组织结构。

矩阵式组织结构的基本形式如图 4-2 所示。它是在常规的职能层级结构之上，增加了一个横向组织维度，即项目维。由职能维度和项目维度交叉而形成矩阵式组织结构。通常两个维度的控制力度会因为项目特点不同而不同，如职能维度的控制力明显大于项目维度的控制力，称为弱矩阵式结构；如项目维度的控制力明显大于原有职能维度的控制力，则称为强矩阵；而介于两者之间的则称为平衡矩阵。

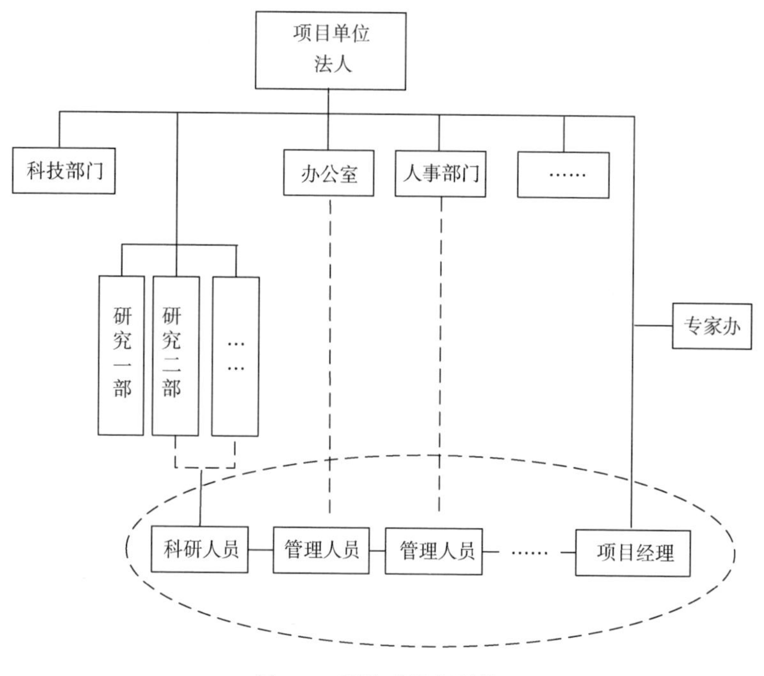

图 4-2 矩阵式组织结构

矩阵式组织结构的优点：一是资源共享程度高，它能够和职能式组织结构一样将有限资源共享到多个项目中去，减少项目人员的冗余；二是项目团队成员工作的焦点在项目上，项目经理会督促各位项目成员给予项目更强的关注；三是在多个项目同时进行的情况下，企业可以通过平衡项目间的资源以保证各个项目足以能够达到各自的进度、费用及质量要求；四是项目组成员对项目结束团队解散后的去向担忧相对项目式的组织大幅减少。他们一方面直接履行项目职责；另一方面，也能从职能部门获得支持。

矩阵式组织结构的缺点：一是可能在沟通合作技巧不高的情况下，会加剧职能经理和项目经理之间的矛盾；二是在跨项目分享设备、资源和人员时，容易导致冲突和恶性竞争；三是在项目实施过程中，大多数事项需要项目经理和职能经理共同协商，从而导致决策效率大大降低；四是矩阵管理导致了多头领导，与统一指挥的管理原则相违背。

归纳来说，矩阵式组织结构比较适用于以下 3 种情况：一是存在产品或项目机会多而资源相对稀缺的组织；二是组织发展需要两种或多种生产形式的存在，比如组织可能需要提高其技术能力，同时又要研制一系列新产品；三是组织环境是复杂的、动态的，主要因为当组织面临复杂与快速变化双重压力时，矩阵结构能够促进职能部门间的信息交换与协调。

“三师”系统是我国国防大科学工程项目管理中常用的组织模式。“三师”系统是在国防大科学工程项目中针对行政、技术/质量和费用，建立相应的行政总指挥系统、技术总指挥（总设计师）系统和总会计师系统。行政总指挥是项目的总负责人，对项目负全责；技术总指挥（总设计师）系统作为行政总指挥在技术上的助手，是项目的技术负责人，行政总指挥应支持其在技术上的决策，并保证其得以实施；总会计师在行政总指挥的领导下，作好项目经费的管理与控制工作。

“三师”系统中以行政总指挥系统和技术总指挥系统这两条线的“两总”系统最为鲜明，这两个系统通过图 4-3 所示的横纵两个维度组成矩阵式组织进行管理。神光-Ⅲ项目作为典型的大科学工程项目也借鉴了国防大科学工程项目中的“两总”系统的设置，以加强对技术和管理两条线的协调。

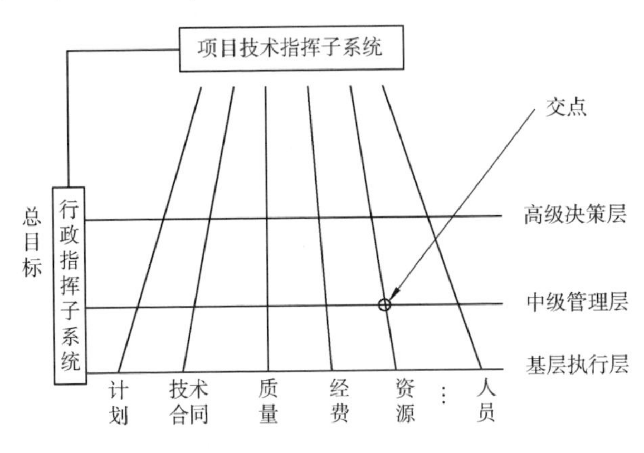

图 4-3　二维矩阵式项目组织

（3）项目式组织结构。

项目式组织结构的基本形式如图 4-4 所示，其实质就是为项目创建独立团队，这些团队的工作和职责不再隶属与组织中原有部门。每个项目实施组织有明确的项目经理或项目负责人，责任明确，对上直接接受企业主管或大项目经理领导，对下负责本项目资源的运用以完成项目任务。在这种组织形式下，项目团队可以直接获得系统中大部分的组织资源，项目经理具有较大的独立性和对项目的绝对权力，项目经理对项目总体实施效果负责。

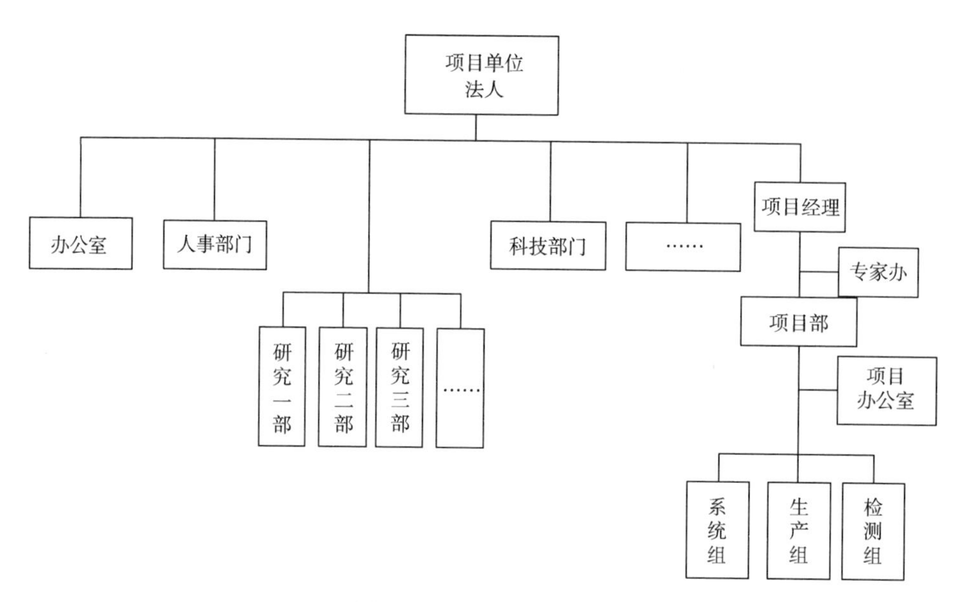

图 4-4　项目式组织结构

项目式组织结构的优点在于：一是项目经理对项目全权负责，项目团队能够将重点集中在项目上，项目团队工作者的职责就是完成项目并只对项目经理负责，避免了多重领导；二是项目团队的决策迅速，反应时间快；三是项目成员的动力强、凝聚力高，参与者目标和责任明确。

项目式组织结构的缺点在于：一是随着企业的发展，当出现多个项目时，为每个项目都建立一套独立的班子，将导致不同项目的重复投入和规模经济的丧失；二是独立的项目团队容易削弱项目团队与企业母体之间有效融合；三是创建自我控制的项目团队容易形成自我封闭，在专业上交流会减少，阻碍了用最好的技术来解决问题；四是项目组成员缺乏事业的连续性和保障，项目结束后，返回原来的职能部门会比较困难。

（4）项目组织类型的对比。

综合来看，任何一种组织形式都有它的优点和缺点，没有一种组织形式是能完全适用于所有企业和所有项目，甚至就是在同一个项目的生命周期内也可以为适应不同发展阶段的不同要求而改变项目组织类型。项目组织具有动态性，随着项目工作变化而变动；工作变了，项目组织结构也应跟着改变。

不同的项目组织形式对项目实施的影响互不相同，表 4-1 列出了主要的组织结构形式及其对项目的影响。

表 4-1　项目组织结构形式及其对项目的影响

特征 \ 组织形式	职能式	矩阵式			项目式
		弱矩阵	平衡矩阵	强矩阵	
项目经理的权限	很少或没有	有限	小到中等	中等到大	很高甚至全权
全职工作人员的比例	几乎没有	0 ~ 25%	15% ~ 60%	50% ~ 95%	85% ~ 100%
项目经理投入时间	兼职	半职	全职	全职	全职
项目经理的常用头衔	项目协调员	项目协调员	项目经理	项目经理	项目经理
项目管理行政人员	兼职	兼职	半职	全职	全职

在具体的项目实践中，需要充分考虑各种组织结构的特点和各种影响因素，然后才能做出较为适当的选择。

4.1.4　影响项目组织结构的因素

（1）项目外部环境影响。

项目组织是要依赖于外部大环境，这个环境包括社会文化、政治、经济和科学技术、项目所在单位的组织结构、管理机制、管理体制和管理文化等因素。这些因素本身带有动态和不确定性，而其对组织的生存和发展又有致命的影响。因此，在组织设计时必须考虑项目组织能主动适应或灵活适应环境的变化和需求。组织面临的环境越不确定，其内部各部门之间组织结构的差异化程度也会越大。

（2）项目规模影响。

首先，项目的组织结构设计受到项目规模的影响。项目规模对组织的影响最直观地表现在项目组织的人员数量、特别是专职人员的数量上；规模大的项目肯定需要相对比较多的人员参与和管理。其次，项目规模对项目组织类型的选择也有影响。对于企业内规模较大项目一般更倾向于采用矩阵式项目组织结构或项目式项目组织结构。

（3）项目技术影响。

项目技术需求对项目组织也有影响，如在美国著名组织学家查尔斯 · 佩罗的研究中，使用任务多变性和技术不确定性这两个维度变量，构建了一个技术类型矩阵，如图 4-5 所示。他将技术类型分为 4 类，常规技术、工程技术、手艺技术和非常规技术。佩罗的结论是：控制和协调方法必须因技术类型不同而异。越是常规的技术，越需要高度结构化的组织；越是非常规的技

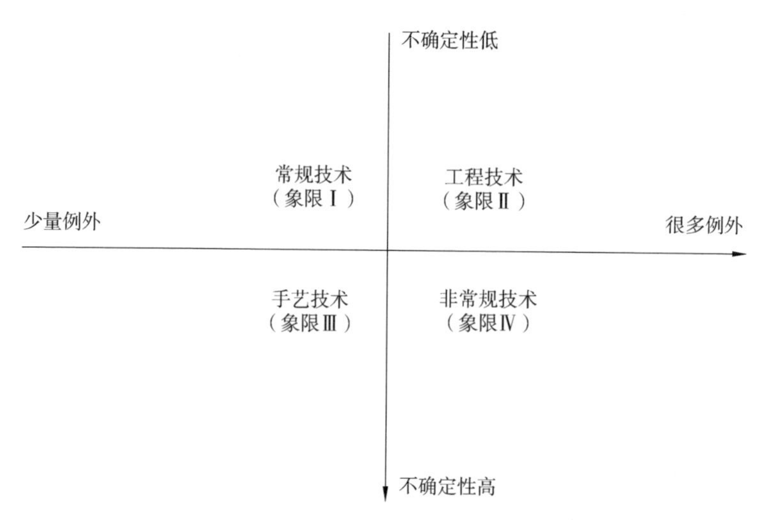

图4-5　项目技术类型矩阵

术，要求更大的结构灵活性。如果在一个项目中技术的不确定性非常高，并且解决技术问题的方式需要探索和研究，即属于象限Ⅳ非常规技术，则项目组织结构的灵活性要求就会更高。

（4）影响因素汇总。

在项目组织设计时，除了要考虑项目外部环境、技术、规模等，还需要考虑复杂度、不确定性等因素，如表4-2列出了一些可能的因素与组织形式之间的关系。对照神光-Ⅲ项目的不确定性高、技术复杂且新、复杂程度高、规模大、持续时间长等特点，神光-Ⅲ项目应该采用矩阵式或项目式的组织结构。

表4-2　影响组织选择的关键因素

组织结构 / 影响因素	职能式	矩阵式	项目式
不确定性	低	高	高
所用技术	标准	复杂	新
复杂程度	低	中	高
持续时间	短	中	长
规模	小	中	大
重要性	低	中	高
客户类型	各种各样	中	单一
对内部依赖性	弱	中	强
对外部依赖性	强	中	弱
时间限制性	弱	中	强

4.2 神光-Ⅲ项目组织设计

神光-Ⅲ项目是一个极为庞大、复杂的系统性大科学工程。在项目组织管理实施的过程中，涉及多个项目群的并行建设。工程组成庞大，协作单位众多，系统间接口关系复杂，进度要求紧张。为了全方位、全过程地对资源进行有效配置、合理安排、整合和管理，需要一个与其对应合理的项目管理组织结构。神光-Ⅲ项目管理组织结构的建立主要依据以下几点。

4.2.1 神光-Ⅲ项目组织设计基础

(1) 基于项目单位的组织结构。

神光-Ⅲ项目的组织框架结合项目单位组织结构设计为三级管理结构，分别为决策层、管理层和实施层。决策层的两总系统的组成与现有组织机构间有耦合关系；管理层的项目管理部与职能部门之间存在耦合关系。因此，在项目组织设计中，依照神光-Ⅲ项目对于工作内容和权限的要求，厘清职能部门和项目管理部门之间的职权范畴和汇报关系尤为重要。

(2) 基于神光-Ⅲ项目的特殊性。

神光-Ⅲ项目对于光学领域的参数技术有高要求、高标准，对于机械制造的精密度也有很高的要求。所以神光-Ⅲ项目需要严格的制造工艺、精度、空间洁净度等做保障。在组建项目管理部门的时候，也需要考虑到对这些技术的把关和环境的保障。因此，本项目设置了技术和管理两条线，一方面体现在管理专家组和技术专家组分别对项目的管理工作和技术工作进行监督和指导上；另一方面，体现在项目总指挥系统和项目总设计师系统分别负责项目管理工作和项目质量/技术管理工作上，并且项目总设计师直接对项目总指挥负责。

(3) 基于项目管理的内容和要素。

根据神光-Ⅲ项目管理模型，本项目管理的重点内容为整合管理、范围管理、时间管理、成本管理、外协与采购管理、质量管理、技术状态管理、人力资源管理、风险管理、沟通管理等10项，因此在项目组织结构设计特别是管理层的组织机构设计时必须依照管理内容进行设计。由于神光-Ⅲ项目是国家科研性质的大科学工程项目，所以把计划与进度、质量与技术状态、投资与经费等要素作为核心进行把控。在项目管理组织机构的设置上，也为这些核心要素配备了相应的办公室并赋予了相应的职能和权限。

（4）基于项目建设内容与范围框架。

神光-Ⅲ项目属于大型的大科学工程项目，包含基础设施建设、主机装置制造、光学元件供应等主要任务。项目组织机构的设置需要满足这些项目任务和范围的需求。比如在管理层，在项目外协采购比较集中的周期内，针对装置设备的建造，设立了外协管理办公室；针对光学元件生产和采购，设立了专门的光学元件管理办公室。

4.2.2 神光-Ⅲ项目组织架构

神光-Ⅲ项目实质上是由多个类型项目构成的项目群，结合4.1章节对项目组织管理理论和对神光-Ⅲ项目的分析，项目单位在神光-Ⅲ项目建设之初，建立了强矩阵式的项目组织，并从纵横两个维度搭建项目组织。

（1）项目的纵向层级。

项目组织在纵向维度采用分级分层设置，涵盖了决策层、管理层和实施层，如图4-6所示。

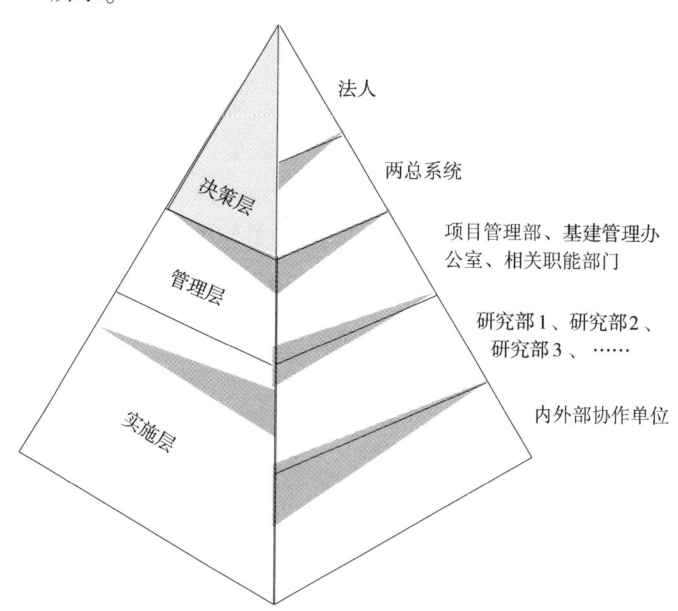

图4-6 神光-Ⅲ项目纵向组织层次

1）决策层。

决策层由项目单位法人和项目总指挥系统、总设计师系统的“两总”系统组成。

法人是神光-Ⅲ项目建设的第一责任人。项目总指挥是项目管理的第一责任人，负责项目框架下的最终决策，对项目的执行效果向项目建设第一责任人负责。项目总师作为项目技术负责人，负责组织实施项目技术管理工作和产品实现过程的质量控制工作，并对技术与质量实现情况向项目总指挥负责任。

项目总指挥系统由项目总指挥、光学元件专项工作负责人、基建专项工作负责人组成。项目总师系统由项目总师、光学副总师、结构副总师、电气副总师和装校集成副总师组成。

2）项目管理层。

项目管理层由项目管理部、专项基建办和机关各职能部门组成。

项目管理部是项目管理层的中心，全面负责本项目的管理。包括负责项目信息的出入口管理；负责支撑与配合管理层其他部门落实其职能管理责任；负责各层面、各部门项目工作的协调沟通；负责各类指令和反馈信息的统筹和处理；负责项目实施与管理整体情况的汇总分析。

3）项目实施层。

项目实施层由项目单位内部研究部和外协单位共同构成。

激光聚变研究中心是工程建设的总体单位，担负着项目“总体设计、总体集成、总体管理”的任务。因此在实施层上，项目单位内的研究部和实体部门主要承担“总体设计、总体集成”任务，然后根据专业和功能要求，对相关模块进行归类和划分，采用联合研制、相关单元组件外包和供货任务模式，牵引、耦合国内的相关优势单位进入项目实施层；并要求外协单位明确适合神光-Ⅲ项目的管理思路，具体可归纳为“总体策划，分类实施；对称体系，全程控制；风险共担，成果共享”。由此形成了项目外协实施联盟。

通过建立全面覆盖的项目组织体系，在项目单位的总体牵引下，组建了满足神光-Ⅲ项目建设需要的管理队伍、研制队伍和实施队伍，系统解决了甚多束激光驱动器总体设计、各系统与单元模块设计、激光驱动器总体集成实施、大型复杂光机组件生产与加工制造、光机模块精密装校与检测等诸多工程技术问题，保障了项目建设的顺利进行。

（2）项目管理团队的横向设置。

为保障神光-Ⅲ项目实施，项目单位在现有组织体系下，按照项目强矩阵组织模式构建了完整项目横向组织体系，如图 4-7 所示。

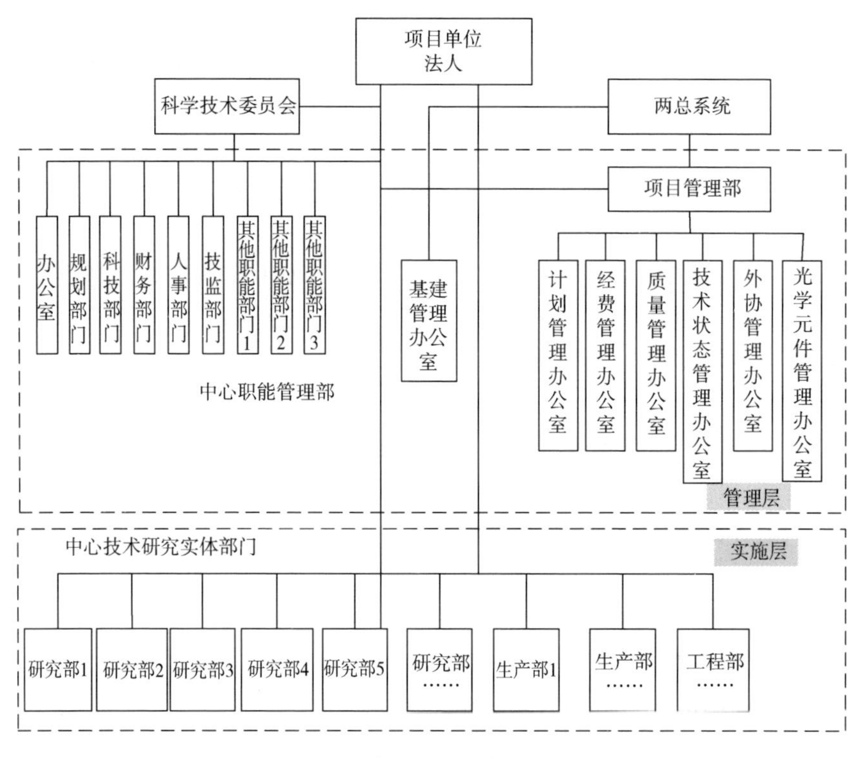

图 4-7　神光-Ⅲ项目管理组织

在项目管理层，增设了专门的项目管理部。项目管理部独立建制，配备了二十余名专职员工负责项目的整体协调管理、计划管理、质量管理、技术管理、经费管理和外协管理等。同时赋予了机关职能部门相应的项目管理责任，由项目管理部牵头协调。相关职能部门负责项目对上级主管单位的信息出入、项目保密监管、外协采购监管等职责。在项目全生命周期内，还根据项目阶段工作的不同，对项目组织结构类型进行调整，即动态调整相关单位的管理深度和责任大小，既保证了项目受控程度，又保证了各参与方的积极性，从而保证了项目实施的效率。如进入项目调试运行阶段后，项目组织结构形式由强矩阵调整为弱矩阵，为后期顺利交付运行打下基础。

在项目实施层，赋予项目单位的研究部门具体的项目实施责任，并在每个实施部门内按照项目管理方式进行管理。如某研究部承担某一关键技术研究时，在研究部内设置系统工程师作为系统负责人，全面负责本系统的实施和管理。另外，如需外协，则由管理层外协管理办公室设置一名子项目经理配合系统工程师完成，实现管理和技术两条线控制。

4.2.3　神光-Ⅲ项目组织分工

（1）法人职责。

法人是项目建设第一责任人，负责项目单位整体管理工作的策划、部署和运作管理，对项目执行效果负总责。具体包括：

1）负责提出项目总指挥、项目总师和重要岗位人员任免建议，并在党委任免后进行书面授权和收权。

2）负责组建项目两总系统，批准项目两总系统成员构成和职责分工。

3）负责组织对项目级组织体系无法决策的事项进行决策。

4）负责为项目组织体系提供项目范畴外的资源保障。

（2）项目总指挥职责。

项目总指挥是项目总体管理的第一责任人，对项目的执行效果向项目建设第一责任人负直接责任。具体包括：

1）负责项目两总系统其余人选与分工建议和工作制度建立。

2）负责组织策划和建立项目职能管理体系，负责划分和协调各管理主体的职责界限和相互联系。

3）负责提出项目管理层重要岗位人员的任免建议。

4）负责领导和组织项目级职能管理工作。

5）负责考核项目管理层的工作业绩。

6）负责项目级和分项级总体技术方案、大纲的指导与审批。

7）负责超目标范围技术方案的组织决策。

8）负责向法人汇报与请示项目级组织体系无法决策的事项。

9）负责组织与项目级体系外相关方的沟通与协调。

（3）项目总设计师职责。

项目总设计师是项目技术负责人，负责组织实施项目技术管理工作和产品实现过程的质量控制工作，并对技术与质量实现情况向项目总指挥负责。具体包括：

1）负责总师系统的有效运行。

2）负责组织技术研究、攻关和各级技术方案的制定，并在计划目标范围内进行技术方案的独立决策，同时备案至项目总指挥系统。

3）负责超目标技术方案的充分论证，并提请项目总指挥组织决策。

4）负责组织落实技术实施工作和各层面各阶段技术工作的沟通、协调与控制。

（4）项目管理部职责。

项目管理部在项目单位负责人和两总系统的领导下，具体落实项目计划、技术、质量、进度、经费以及外协与合同管理工作。具体包括：

1）作为项目管理工作的枢纽，负责配合、支撑项目管理层其他部门落实相应的职能管理职责。

2）负责用计划管理手段统筹项目建设与管理工作，并监控整体实施情况。

3）负责项目级体系信息出入口管理和内部信息管理。

4）负责项目进度、质量、经费、技术状态、外协与采购、档案、风险管理等。

5）负责光学元件全寿命管理。

6）负责组织建立项目建设所需各项规章制度。

（5）基建管理办公室职责。

基建管理办公室负责组织项目基建分项级项目管理工作，重点包括基建分项的计划、质量、进度、经费和安全的实施管理。

（6）职能部门职责。

神光-Ⅲ项目涉及的职能部门包括所办、科技处、财务处、人教处、技监处、综合处、政治部和保密处。对于神光-Ⅲ项目，各职能部门都承担各自相应的职责。具体包括：

1）办公室负责项目中与地方政府的沟通和协调，负责项目的综合目标管理与考核。

2）科技部门主要负责项目初期组织项目建议书、可研报告的编制和报批工作；负责项目计划的评审和控制，还有项目对上级主管部门的接口工作和申请项目经费。

3）财务部门主要负责项目的财务管理和经费使用的监督审核，保障经费使用的合法性、合理性和安全性。

4）人事部门主要负责项目的人力资源管理工作，包括项目组织的设计、薪酬管理、组织培训等。

5）技监部门主要负责项目技术基础的规划和实施，技术状态管理的改进，项目安全、环保、质量、可靠性评审和监督工作。

6）其它部门主要负责项目固定资产的全过程管理和为项目提供各种基础性保障条件，如水、电、气、暖通空调等。

（7）研究部职责。

各研究部是项目具体实施工作的责任部门，负责按照计划要求组织落实责任范围内的项目建设任务，并对结果满足上级计划要求负直接责任。具体包括：

1）负责项目初步设计方案制定工作和实施阶段相关技术方案的制定工作。

2）负责落实实施过程中的技术控制与质量控制工作。

3）负责编制与审核技术大纲或方案，并组织落实。

4）负责外协工作的前期调研、技术交底、合同谈判的技术支持以及合同实施的技术管理和验收过程中的技术支持。

5）负责实施技术攻关工作。

6）负责协助开展项目技术基础研究工作。

4.2.4　神光-Ⅲ项目智库管理

神光-Ⅲ项目针对其工程建设复杂的特点，创造性地组建了独立的技术专家组与管理专家组作为项目智库。他们对项目建设全过程进行指导与监督，确保项目建设始终保持正确的前进方向。

技术专家组和管理专家组由中国科学院院士、行业知名专家与其他专业人员构成，其职责是对项目的建设过程、重大节点、质量实现情况进行监督和指导，同时针对项目建设中的重大问题给出明确建议和解决思路。

在项目执行过程中，建立了明确的技术专家组与管理专家组工作机制，包括每季度一次的专家会议和随时了解机制。专家会议由上级主管部门负责组织，项目单位集中向两组会专家汇报项目进展情况，接受两组会专家的质询。同时，项目在执行过程中，两组会专家可随时对项目建设的情况进行了解和督促，确保项目目标实现。

4.2.5　神光-Ⅲ项目组织动态调整机制

神光-Ⅲ项目组织结构不是从一开始就设置好，然后贯穿整个项目一成不变的。它是随着项目全生命周期中对项目管理认识的提升，项目管理成熟度的变化，以及项目管理的需求程度的改变等而进行不断调整的。

项目建设初期，根据当时项目的需求和对项目管理的认识，项目管理部下设计划调度办公室、质量管理办公室、外协采购办公室、光学元件管理办公室、技术状态控制办公室。这些组织部门能够对项目的计划、质量、进度、技术、经费以及外协采购、光学元件生产管理等工作进行全面的管理和把控。

随着项目的推进，项目建设过程中各阶段重点关注的要素发生变化，结合项目的总体情况、团队的建设情况、项目管理成熟度等因素，项目管理组织结构也相应地做出了适当的调整。如项目调试运行时，神光-Ⅲ项目管理组织模式从强矩阵式过度到了弱矩阵式。

4.3 小结

神光-Ⅲ项目在多年的项目管理实践过程中，获得了一套独有的大科学工程项目的组织结构建设经验，其中有很多值得继承和发扬的成果。

(1) 针对神光-Ⅲ项目，组建了专门的项目管理部门，并基于神光-Ⅲ项目的特点专门设立对应要素管理办公室。项目管理组织架构比较完善，各层次、各岗位的职能、职责比较明确。

(2) 强弱矩阵结构动态调整。基于神光-Ⅲ项目生命周期中不同阶段工作的需求，组织结构动态调整，为适应当时的环境，经历了由强矩阵到弱矩阵的转换。

(3) 针对神光-Ⅲ的大科学工程项目属性，设立了两总系统，明确了项目的总指挥和项目的总设计师，对项目管理和技术负责。创造性地组建了技术专家组与管理专家组，以此对项目建设的状态进行监督和把控。

(4) 从组织层次来看，神光-Ⅲ项目的实施层已经尝试向外部延伸至外协单位，将外协单位纳入项目管理体系中一并考虑。

第 5 章　神光-Ⅲ项目全生命周期流程化管理

流程管理是管理上的重要工具和方法。在项目管理上，流程管理也占有重要的一席之地，如网络计划技术中，项目分解后的工作先后关系的确认是重要的一环，而先后关系的确认可以说与流程管理的思路同出一辙。神光-Ⅲ项目的高度复杂性决定了项目管理的难度，但只要以项目全生命周期为基础，以项目工作分解结构为工具进行展开，并确认工作的先后关系，就可以为项目管理团队提供明确的项目管理和实施的工作指南，进而指明前进方向。本章是在梳理与项目生命周期和流程有关的理论后，介绍神光-Ⅲ项目如何从生命周期阶段的基础上逐级细分到可操作、满足管理需要的流程细度。

5.1　理论基础

5.1.1　项目生命周期相关理论

（1）项目全生命周期定义。

项目生命周期是项目管理理论的重要组成部分。通俗来说，项目生命周期可以定义为：项目组织可以把每一个项目划分成若干个阶段，以便有效地进行管理控制，并与实施该项目组织的日常运作联系起来，这些项目阶段合在一起称为项目生命周期。

（2）项目生命周期阶段。

一个具体的项目可以根据其所属专业领域的特殊性和项目的工作内容等因素划分成不同的项目阶段。对于一般意义上的项目而言，一般都会经历概念阶段、规划阶段、实施阶段、收尾阶段，图 5-1 为一般项目管理生命周期的划分，它展示了每个阶段投入的资源、费用、人力以及该阶段所耗用时间的情况以及各个阶段的工作内容。

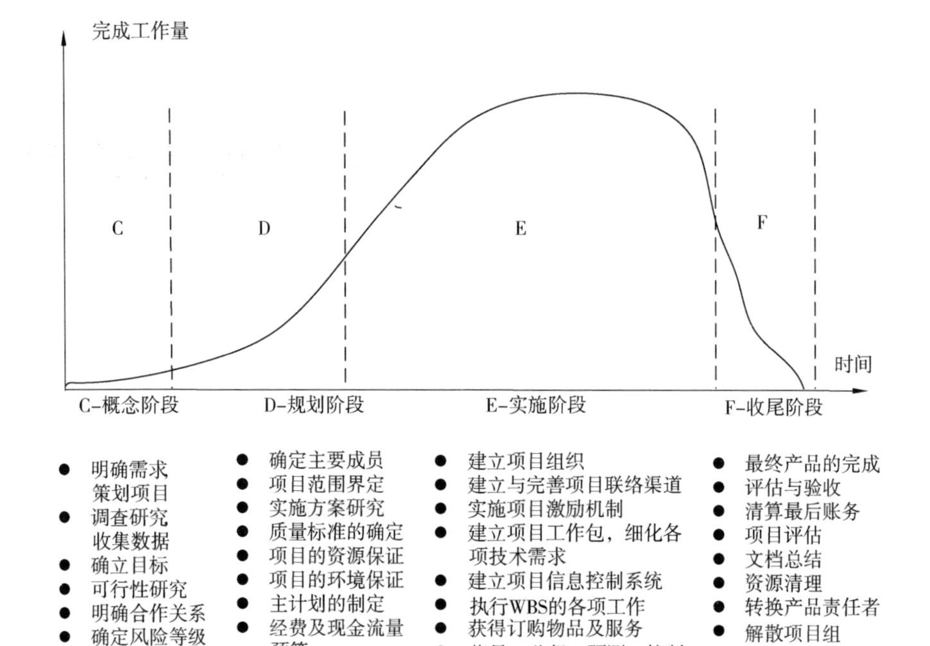

图 5-1　项目的生命周期

（3）国内外项目生命周期管理。

项目生命周期的阶段划分，不同的行业领域会有所不同，有的划分成 3 个或 4 个阶段，有的甚至划分成 9 个、10 个阶段。即使在同一应用领域内，不同的组织、不同的项目之间也有可能存在很大差别，如表 5-1 体现了不同属性项目的一般阶段划分。

表 5-1　不同属性项目的一般阶段对比

通用项目	科技项目	科研项目	固定资产投资项目
概念阶段	立项	项目启动阶段	三报三批
规划阶段	实施管理	方案评审阶段	项目建设阶段
实施阶段	结题验收	项目实施阶段	
收尾阶段	成果转化	项目验收阶段	项目验收阶段

目前，国内外典型的大工程项目均有一套独有的、符合自身特点的生命周期阶段划分体系。以神舟七号飞船为例，生命期分为 8 个阶段，如图 5-2 所示。

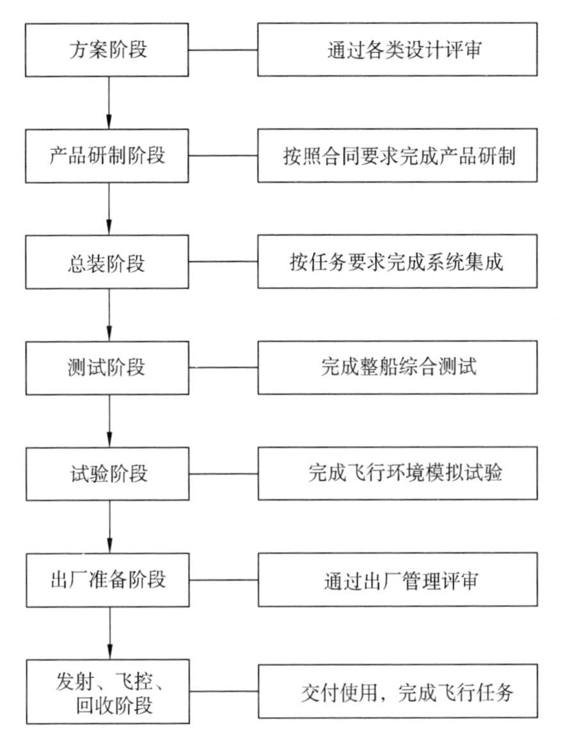

图 5-2　神舟七号生命周期阶段划分

5.1.2　流程管理相关理论

项目生命周期阶段划分完成后，只能作为项目顶层设计和管理控制的基准。如果要作为项目中基层管理者和实施者的工作基准，还需要进一步细分，形成完整的流程化管理体系。

（1）流程的定义。

流程是一个或一系列有规律的行动，这些行动以确定的方式发生或执行，导致特定结果的出现——单个或一系列连续的操作。简单地说，流程就是将输入转化为输出的一系列活动。

企业的流程体系通常由几个主要流程和若干子流程构成。例如企业合同管理流程是一个主流程，由主流程可以衍生出合同审批流程、合同档案管理流程等子流程。当流程需要以某种形式固定下来，并需要企业每一位员工必须遵照执行时，就形成了流程文件。流程文件可以是流程图，也可以用文字的形式来表现。

项目生命周期流程化管理，是指以项目立项为起始点，通过有效的管理、严格的技术运用、适当的维护方法，对项目从立项到应用的各个环节进行全流程管理，并明确每个环节的工作重点，界定每个环节的工作范围，明确每个环节的输入和输出，使项目在生命周期的各个流程环节过程中满足进度、经费、质量等目标的一种综合规划和优化的设计理论。

（2）阶段分解的工具－WBS。

阶段分解的工具为工作分解结构（Work Breakdown Structure，WBS）。WBS作为项目管理的核心工具之一，主要应用于项目的范围管理，通过一定的方法将项目划分为更容易管理的项目单元，通过控制这些单元的费用、进度和质量目标，使它们之间的关系协调一致，从而达到控制整个项目目标的目的。

WBS的分解思路有很多种，如按照交付物的构成分解或按照实施过程分解等。神光-Ⅲ项目全生命周期流程化管理中正是采用以交付物为目标基于项目过程工作进行分解的思路，如图5-3。

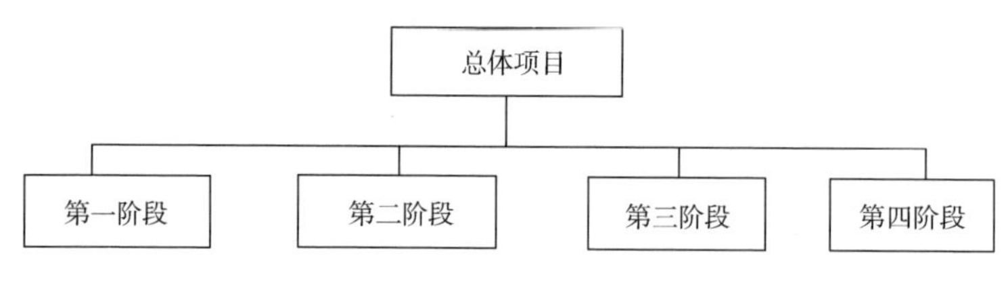

图5-3　基于工作过程的分解结构

（3）每一级流程的形成-工作先后关系确认。

项目WBS每一级上都有若干项工作和活动。在项目管理术语中，这些工作和活动在时间上的先后顺序称之为紧前紧后关系。紧前紧后关系可分为两类，其一为客观的、内在的、无法改变的先后关系，称之为逻辑关系。例如，研制项目，首先有设计才有试制。其二为可以人为变更的先后关系，称为组织关系。这类先后关系随着人为约束条件的变化而变化，如跟随实施方案、人员调配、资源供应条件的变化而变化。例如，A、B两项工作，假使A、B之间不存在逻辑关系，A、B的先后关系有多种不同的方案，如可以串行、并行或交叉进行。虽然不同的方案最终都能实现该任务，但效果可能大不相同。在确定工作关系时，首先应确定逻辑关系，然后再分析组织关系。

在 WBS 的每一级别上确定工作包的先后关系，就能够形成本层级的流程。

5.2　神光-Ⅲ项目全生命周期管理

5.2.1　激光聚变领域大科学工程的生命周期

从 5.1.1 章节对项目全生命周期的理论分析中可以看出，项目生命周期的阶段划分并不唯一。在不同的项目生命周期管理中，根据项目自身特点可以对项目生命周期进行灵活的划分，这也是项目生命周期管理的主要特征。

对激光聚变领域的大科学工程来说，这类项目兼具科学与工程两大特征，其项目生命周期可以划分为如图 5-4 所示的阶段。

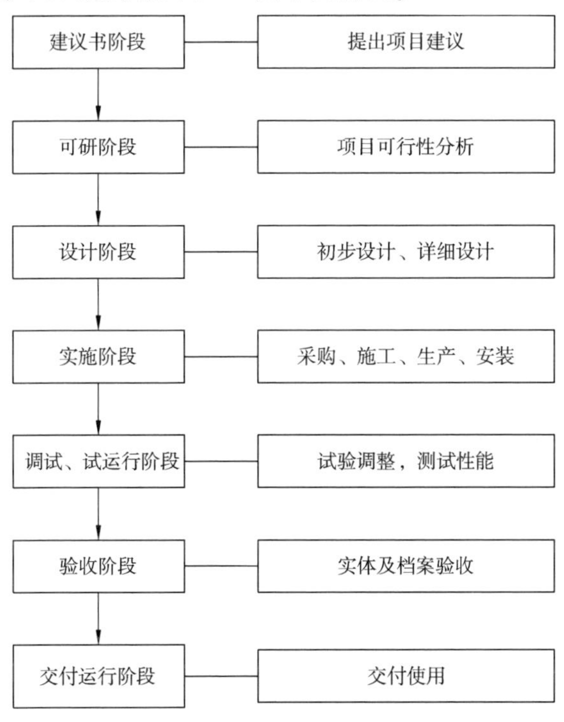

图 5-4　激光聚变领域大科学工程生命周期

5.2.2 神光-Ⅲ项目生命周期阶段划分

我国激光惯性约束聚变研究领域的神光系列激光装置建设项目是典型的大科学工程项目。过去数十年来，在不同物理目标牵引下的驱动器工程实践，大体分为两类：一类是遵循国防科研项目管理轨道的项目生命周期管理，其典型项目是神光-Ⅲ原型装置工程研制。该项目生命周期是由前期论证、设计、外协研制、集成安装与实验、试运行、项目验收等若干分解过程所组成。另外一类是遵循国家固定资产投资管理轨道的项目生命周期管理，其典型项目是神光-Ⅲ主机装置建设项目。该项目的生命周期是由“三报三批”阶段、实施阶段、收尾阶段组成。

从两大装置工程实践看，项目生命周期的各阶段组成及遵循的政策规范虽然存在一定的差异，但归纳而言，项目生命周期的界定并不存在本质性的区别。回归到项目生命周期的理论结构，神光-Ⅲ项目的阶段划分如图 5-5 所示的 3 个大阶段、10 个小阶段。各个阶段之间基本是以串行方式构成了本项目的一级流程，形成了具有可操作、可控制、贴合项目实际实施情况的生命周期流程化管理的基础：

1）项目起始阶段，即“三报三批”阶段，包含项目立项、可行性研究、初步设计 3 个小阶段；

2）项目实施阶段，即项目全周期建设阶段，包含工程设计、外协加工制造、安装集成调试、试运行 4 个小阶段；

3）项目收尾阶段，即项目验收、投入运行，包含验收、运行交付、后评价 3 个小阶段。

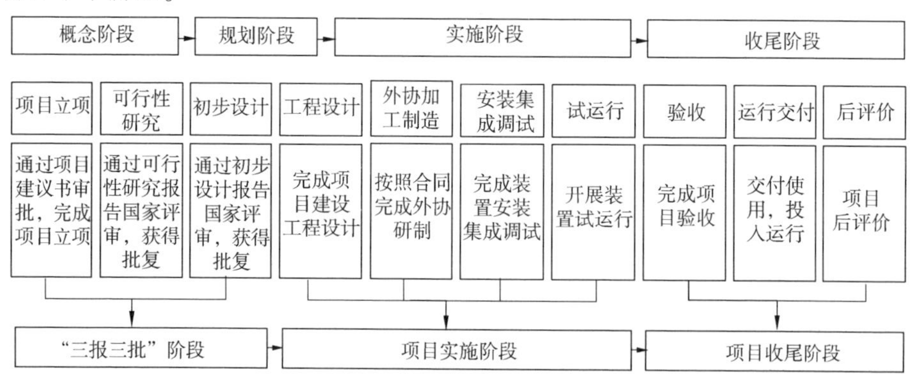

图 5-5　神光-Ⅲ项目生命周期划分

鉴于激光聚变研究领域所面临的复杂科学技术和工程问题以及独特的最终用户需求，神光-Ⅲ项目生命周期管理实践中，也具有一般通用工程项目生命周期的所有共性特征。图 5-6 表示了神光-Ⅲ项目生命周期各阶段对质量、经费等项目控制目标之间的影响关系。

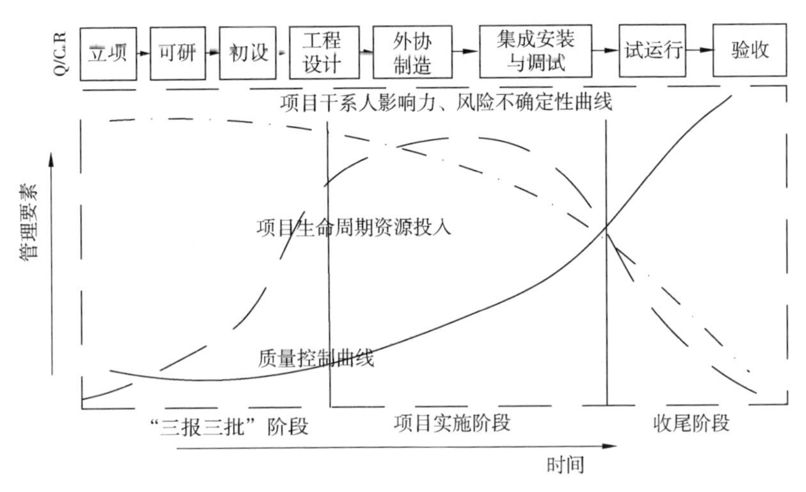

图 5-6　神光-Ⅲ项目生命周期与要素控制关系示意图

1）在神光-Ⅲ项目“三报三批”阶段，以及确定本项目重大工程目标、装置关键性能指标、工程实施与发展策略等重大问题上，项目没有可遵循的成熟参照系与遵循标准。基于独立自主研究探索积累的阶段成果是该项目重大决策的主要基础。随着项目的推进，工程技术路线逐步成熟，项目风险逐步降低。

2）神光-Ⅲ项目生命周期所需要的资源投入，随着项目的推进逐步增加。虽然项目前期资源投入较少，但是前期确认的激光装置重大工程目标、重大技术路线、关键性能指标等确是决定整个项目最终投资影响最大的阶段。

3）神光-Ⅲ项目生命周期呈现出很强的整合管理要求，尤其是在涉及质量（风险）、进度、费用等关键项目管理要素方面，具有很强的内在关联关系。关键管理要素之间存在非同一般项目的复杂整合管理要求，它既有技术的，也有管理的，还有技术与管理相结合的。

5.3 神光-Ⅲ项目全生命周期管理实践

按照5.1.2章节介绍的项目管理工具和方法，对神光-Ⅲ项目生命周期的阶段进行细分并在每个级别上确定工作先后关系，形成不同层级的流程体系。

5.3.1 项目立项阶段

立项管理是在国家层次，对提出项目建议或申请的单位进行审理，决定是否立项的官方程序。它是确立项目实施输入依据的起点。我国国防科技领域大科学工程项目的立项管理通常有两条不同的渠道，即科研管理和固定资产投资管理渠道。

2002年，项目单位向国家主管部门提出了神光-Ⅲ项目的基本建设目标、规模、经费估算、项目建设地址的初步建议等。2002年底，神光-Ⅲ项目获得国家正式批复立项，以此为起点，展开了历时十余年的神光-Ⅲ项目建设过程。

项目立项阶段的交付物是《神光-Ⅲ项目建议书》以及国家批复意见。按照交付物实现过程立项阶段工作的WBS，包括国家需求分析、项目策划、项目建议书编制、项目申报、项目建议书批复等，各项工作之间依串行方式形成了项目立项阶段的二级流程。在二级流程执行过程中，也存在更新迭代的过程，如项目建议书编制过程中经历了建议书初稿编制、内部审核、修改、内部审批等工作。

5.3.2 项目可行性研究阶段

可行性研究工作是固定资产投资项目的重要管理程序之一。它是以立项批复为输入依据，由项目建议书的提出单位，按规定程序对建设项目所涉及的需求背景、建设目标、建设规模、建设方案、技术路线、进度安排、经费估算、效益、风险以及环境、安全评价等所有规定要素进行审慎客观的研究分析，形成结论、编制成册，并提交国家主管部门评审。

2003年，神光-Ⅲ项目的可行性研究工作正式展开。项目论证工作由7部分组成，包括总体部分、神光-Ⅲ主机装置总体技术方案、神光-Ⅲ主机实验室、神光-Ⅲ主机精密装校能力建设、神光-Ⅲ主机光学元件供货网络建设、神光-Ⅲ主机选址论证、环境影响评价、设施安全论证等。其中，重点之一是神光-Ⅲ主机装置的主要功能配置、关键性能指标、总体技术路线、建设规模、建设周期、经费估算。重点之二是基于神光-Ⅲ主机装置工程需求，研究论证光学元件流程线扩建技术方案、精密装校产能配套及精密光学检测能力建设技术方案、主机实验室环境条件保障方案等。

按照流程化管理的思路，以可行性研究阶段的交付物《神光-Ⅲ项目论证报告》和国家批复意见为目标，项目单位管理团队应用 WBS 工具对神光-Ⅲ项目可行性研究阶段的工作进行了分解。

神光-Ⅲ项目可行性研究论证的二级工作流程，遵循从总体到具体、从一般到个别的总体流程方法：从神光-Ⅲ主机装置总体技术方案论证入手，牵引其他各项论证工作；以神光-Ⅲ主机装置总体技术方案所确立的总体构型、主要功能配置与性能要求、建设规模等为输入条件（一条主线），并行开展主机实验室、主机精密装校、光学元件供货网络等关键支撑保障条件能力建设论证（支撑保障线）。最后形成了神光-Ⅲ项目论证报告，并于 2004 年提交并通过国家级评审。

5.3.3　项目初步设计阶段

初步设计是国防科技领域固定资产投资项目“三报三批”管理程序中的关键步骤。项目初步设计勾画出了实施对象的基本蓝图。这一蓝图，虽未达到项目技术上的完全固化状态，但已经初步确立了项目实施对象的总体框架、主要功能配置与性能指标；与此同时，推进项目实施的相关管理策划与组织体系，也基本确立并准备到位。初步设计阶段的各项输出结果，是项目单位步入项目生命周期实施阶段的基础。

神光-Ⅲ项目初步设计的主要目的是研究制定激光装置以及相关支撑保障条件的建设蓝图，并获得国家正式批复的项目文件，为项目提供正式实施依据；同时开展相关管理策划工作，确定项目全周期实施安排，并制定管理流程、制度、完善项目组织等。

依据初步设计阶段的目的，项目初步设计阶段的阶段交付物包括初步设计报告文件 7 卷，分别由项目初步设计总报告、主机装置、主机实验室、主机精密装校系统、主机光学元件供货网络、主机精密光学制造车间等初步设计报告组成。同期形成的项目管理实施策划文件，主要包括《神光-Ⅲ项目管理大纲》、《神光-Ⅲ项目全周期计划》、神光-Ⅲ项目相关实施规范与遵循标准等。

以初步设计阶段交付物为目标，应用 WBS 工具，神光-Ⅲ项目的初步设计工作分为项目总体部分，包含项目依据、项目范围、设计目标、遵循原则、厂址选择、规模、设计要点、环保、安全、经费预算、主工艺设备设计方案、支撑配套条件设计要点、项目人力资源、实施计划等；主机装置、主机实验室、主机精密装校系统、主机光学元件供货网络、主机精密光学制造车间等分项的初步设计。

神光-Ⅲ项目初步设计工作流程由主机装置一条主线牵引，其他 4 个分项作为 4 条辅线提供支撑保障。主机装置初步设计分为 5 个任务层级；一级为装置级；二级为系统级；三级为分系统或单元组件级；四级为单元模块级，五级为元器件级。主机装置的初步设计阶段的工作重点是总体性的功能配置与性能指标设计，系统级以下任务层级的设计则是在初步设计的总体思路与逻辑指引下，在广泛借助国内优势单位的专业技术资源的基础上，逐步加以固化。

神光-Ⅲ项目初步设计工作全面展开起始于 2005 年初，2006 年完成初步设计报告编制，2007 年通过国家级评审。初步设计评审通过，标志着神光-Ⅲ项目全生命周期中的“三报三批”阶段全面完成，项目全面转入工程实施阶段。

5.3.4 项目工程设计阶段

工程设计是项目实施的第一子阶段，该阶段交付物以工程设计方案为主，阶段工作流程如图 5-7 所示。

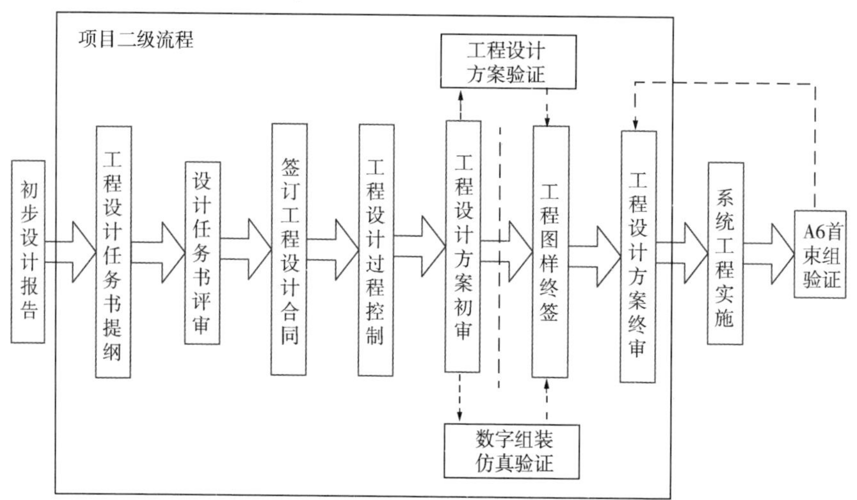

图 5-7　神光-Ⅲ项目主机装置工程设计流程图

在神光-Ⅲ项目工程设计过程中同样采用一主线（主机装置）、四辅线（其余4个分项）的工程设计流程，并且在不同线路上还要考虑不同设计专业之间的关系，如图5-8示意了在神光-Ⅲ主机装置项目中的专业构成。因此，整个项目的工程设计要遵循“由上至下、由粗至细、由表及里、由此及彼；分析比较、综合平衡、循环迭代、滚动完善”的实施思路，要采取“统一规划、分类实施，内外联合、优势互补”的实施模式，通过光、机、电、实验室设计相结合，专项、通用化设计相结合，设计、制造、安装、调试工程设计相结合进行并行设计。

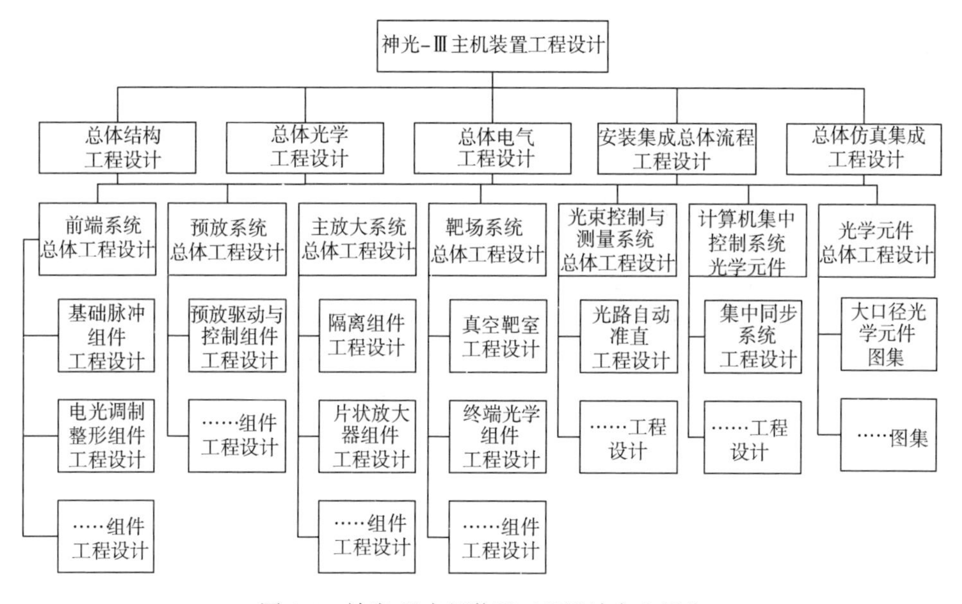

图5-8 神光-Ⅲ主机装置工程设计专业划分

在项目工程设计阶段，不同线路上的项目工作内容及特点差异很大。按照一主线三辅线的5大分项，工程设计任务可以分为以下3类：

（1）第一类工程设计任务。根据主线任务——主机装置建设子项目特点，按照时间维度，主机装置工程设计可以分为两个时期工程设计和工程设计验证，如图5-7所示。而按照专业维度，可以分为5个设计专业，如图5-8所示。结合两个维度的工作，主机装置工程设计流程可以按照完成结构、光学、电气、装校流程等方面的工程总图，进行专项验证，明确系统级、组件级的各类接口，完成装置总体布局设计，进行综合平台验证和仿真验证。

2008年，神光-Ⅲ项目管理团队完成了项目总体光学设计、总体结构设计、总体电气设计、安装集成总体设计4大总体工程设计任务书评审，随后开展了各子项系统的工程图设计。2009年，陆续完成了工程设计，提交了工程设计图样、安装调试大纲以及验收规范等工程设计资料。2010年，设计验证工作全部完成。

（2）第二类设计任务。实验室施工图设计，涉及主机实验室和精密光学制造车间两个辅线分项。在施工图设计阶段，包含了详细勘察、施工图设计任务书、施工图设计、非标设备“定型”设计、施工图审查、施工图设计完善等。

（3）第三类设计任务。实施方案设计，涉及精密装校系统和光学元件供货网络两个辅线分项。依据项目初步设计批复，结合主机装置的工程设计作为输入，进行精密装校系统和光学元件供货网络实施方案设计，对建设原则、总体工艺技术路线、实施任务和实施建设内容、实施进度安排等进行详细设计。

5.3.5 项目外协加工制造阶段

神光-Ⅲ项目作为一项超大型科学研究工程，是一个全国大协作的建设项目。因此，外协加工制造阶段是神光-Ⅲ项目实施管理过程中的主要且重要阶段。其上承项目工程设计阶段，下达项目集成安装与调试阶段，跨度周期很长；加之项目主工艺设备产品具有供货小批量、品种多且杂、技术难度高、生产周期长、接口关系多等特点，所以，外协实施管理过程复杂，内容及环节繁多，难度很大。

根据神光-Ⅲ项目建设的特点，在主工艺设备研制过程中，外协实施管理明确了适合项目本身的总体思路，具体可归纳为“总体策划，分类实施；对称体系，全程控制，风险共担，成果共享”。按照神光-Ⅲ项目外协实施的总体思路，应用WBS工具和流程先后关系进行梳理，神光-Ⅲ项目外协采购实施总流程如图5-9所示。

5.3.6 项目集成安装与调试阶段

集成安装与调试是项目生命周期中的总成性实施工作，简称“总体集成”。大科学工程项目的总体集成是基于其功能与性能实现的要求，在特定的保障条件下，以装置总体功能与指标设计为依据，对所有分解的器件、组件、分系统、系统，按预设的技术接口要求及工作流程，分级、分束组集成，以实现装置设计的目标。

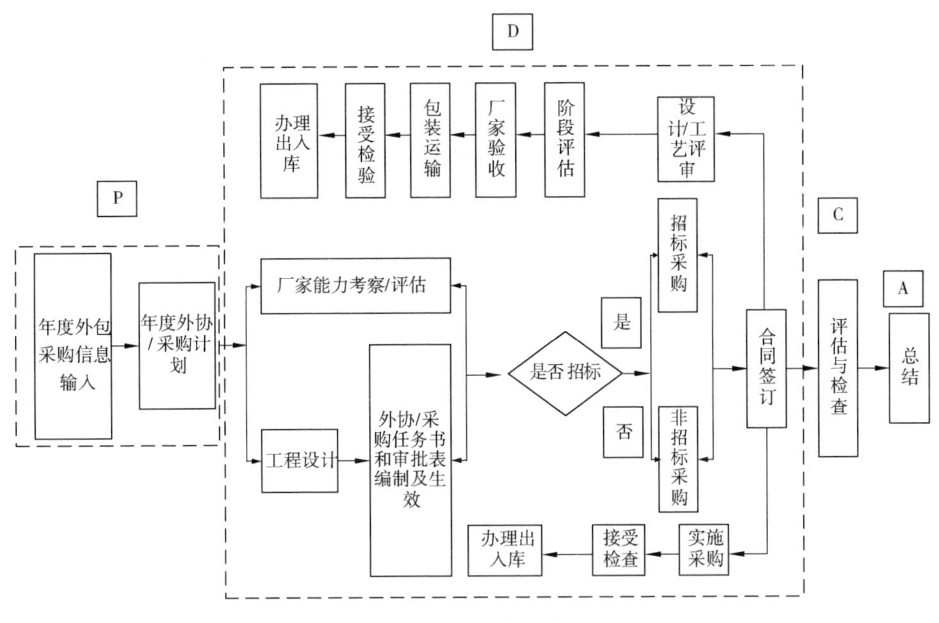

图 5-9　神光-Ⅲ项目外协实施总流程

神光-Ⅲ项目的总体集成是项目单位的主体责任之一，与总体设计过程互为关联，构成紧密的前后逻辑关系。项目单位所有的责任界定与任务的实施，主要是围绕这两大主体责任展开。神光-Ⅲ项目整个实施过程面临复杂的工程技术、分解展开与集成的进度匹配和空间接口关系等问题，有着独特的遵循规律，须经较长的集成安装与调试。

神光-Ⅲ主机装置总体集成的工作目标包含两个方面：

1）一次性集成的工程目标。主要为检验与校准主机实验室各区域功能的符合性，包括激光大厅、靶场实验区、前端实验室、总控实验室、能库等相关区域的接口关系与结构参数；建立主机装置光路的基准体系；完成水、电、气管路的建设；完成包括激光装置真空靶室、箱、桥、架、座、能源组件、公共线缆、总控平台等一次性集成的工程任务；为主机装置光机组件的精密装校、系统集成、联机调试、实验考核等创造必要的前提与空间条件。

2）分束组集成与性能考核目标。以束组为单位，主要为系统检验、验证主机装置各项总体性能、各项输出指标与初步设计的符合性；通过分阶段和分束组的集成调试、实验考核与物理磨合实验，逐步实现稳定运行，并达成装置的工程建设目标。

主机装置的总体集成分别由环境条件准备、一次性集成安装、分束组集成、6 束组联调测试等主要实施任务组成。主机装置总体集成（WBS）任务结构分解示意图如图 5-10 所示。主机装置环境条件是其他任务的前置条件，需要率先实施准备到位，然后是一次性集成安装的主体实施任务；分束组集成是主机装置功能配置与性能实现的主体任务，先分束组集成，逐步走向 6 束组联机调试测试，最终全面实现装置设计指标。分束组集成的 WBS 如图 5-11 所示。

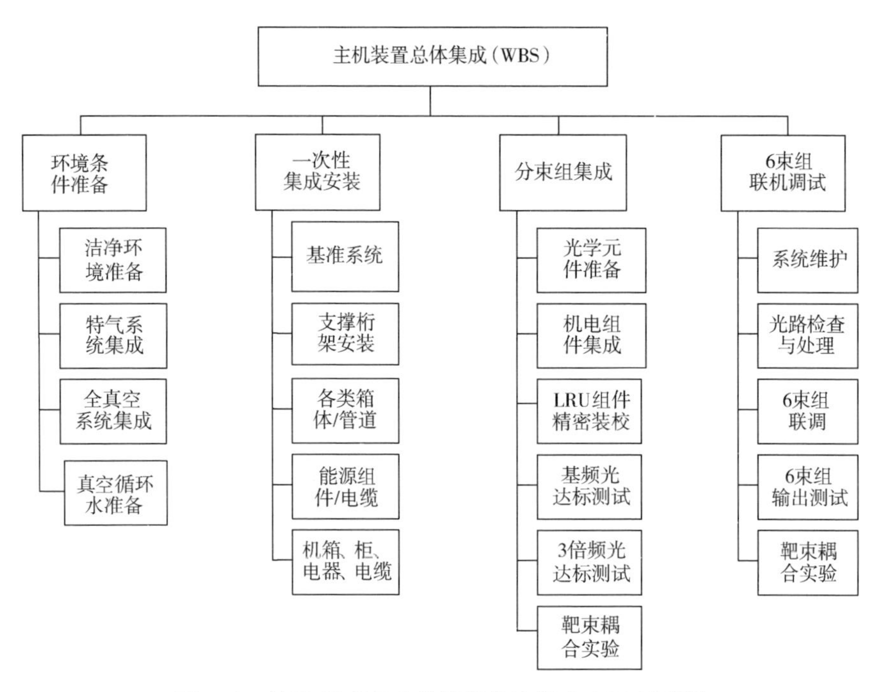

图 5-10　神光-Ⅲ项目主机装置总体集成 WBS 示意图

主机装置总体集成工作遵循“分区并行、分组集成、机电单元一次到位、光学组件分束组装调”的总体思路；主机装置 6 大系统功能配置与装置总体性能指标的实现过程，客观上必须按照系统工程的方法，预先策划，逐级分解工作流程。项目单位在工程设计阶段，即结合集成阶段的 WBS 进行了主机装置总体集成流程工程设计，为展开过程提供了直接依据，如图 5-12 所示。基于该流程策划，主机装置总体集成过程，分解成 6 个一级步骤，即集成安装策划、流程仿真验证、集成安装第一阶段、集成安装第二阶段、束组集成调试、束组性能评估；具体到实施层面，又归并为一次性工程集成、分束组集成调试、分束组性能评估等 3 大工作步骤。

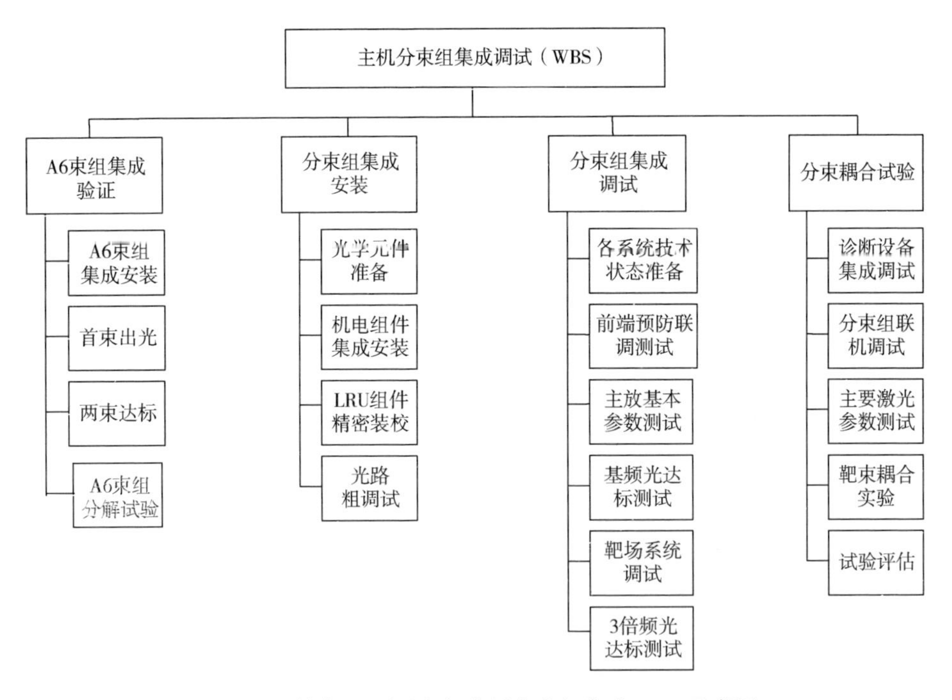

图5-11 神光-Ⅲ项目主机装置分束组集成WBS示意图

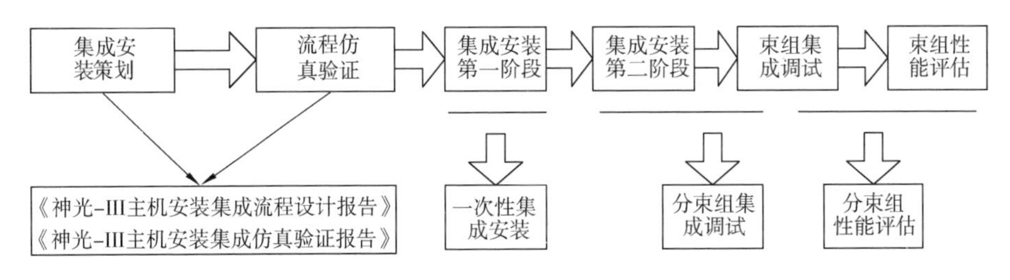

图5-12 神光-Ⅲ项目主机装置总体集成实施流程示意图

主机项目的总体集成工作起始于2009年，最初从主机实验室的公共设施调试准备开始。2012年，完成了主机A6束组8束达标调试。2015年，完成了6束组联机调试工作，这样，全面实现了主机装置设计指标和装置投入物理实验，标志着项目全生命周期中的项目实施阶段的工作基本结束。

5.3.7 项目试运行阶段

大科学工程项目通过调试达到设计指标后，通常需要经过一定的试运行周期。这类运行的主要目标通常是对已经调试达到设计指标的装置或设施，进行必要的考核，尤其是在与用户的各种磨合实验过程中，进一步解决复杂系统实验运行中的可靠性、可用性、可维护性等三性问题，完善装置运行的基本流程、操作规范，固化稳定运行的基本工作模式。

神光-Ⅲ项目在工程实施上，4 个支撑分项率先建设，其试运行与主机装置总体集成并行；神光-Ⅲ项目的试运行是国家验收前的完整预演；整个工作紧密围绕主机装置展开，主机装置每一束组集成后，均需安排相应的试运行，6 个束组依次开展，并与其他分项设施及其他相关保障设施运行紧密结合在一起。

主机装置的试运行有其独特性和特定的目标，可概括为 3 个方面：

1）全面考核装置的各项功能指标，包括装置输出能力、装置输出的光束质量、装置的光束与脉冲控制能力、装置运行状态的测试能力以及可靠性、可用性、可维护性等三性目标。

2）全面考核主机装置与物理、诊断、制靶等技术接口的耦合关系，制定、考核、完善束靶耦合实验的运行发射流程，为正式开展物理实验奠定基础。

3）建立主机装置的常规运行体系。基于主机装置束靶耦合实验的管理模式，逐步建立一支适应主机装置集成调试以及实验运行的专业化的激光装置运行队伍，逐步明确岗位职责，制定、完善激光装置实验发射流程以及主机装置运行维护手册，建立健全主机装置正式运行的各类规章制度。

主机装置试运行的上述 3 方面目标，须经一系列的工作作为载体并逐步实现，图 5-13 展示了神光-Ⅲ项目试运行的 WBS。

装置的试运行介于分束组调试达标之后、项目国家验收之前。试运行考核主要是通过束靶耦合实验来展开。该实验重点仍是围绕驱动器基本性能的稳定运行展开。如图 5-14 所示，装置试运行按照先分束组后 6 束组联合试运行进行，分束组和联合试运行流程都可归纳为 5 个分解的实施过程：

1）策划束靶耦合实验方案。主要由主机装置分束组的实验运行方案、物理磨合实验方案两个方面组成；并经过必要的评审确认程序。

2）硬件系统的调试准备。主要包括激光装置调试、束靶耦合有关测试设备分阶段安装集成与考核，相应规格实验靶等方面的硬件准备与调试内容。

3）装置联机调试与激光参数测试。主要是主机装置与束靶耦合有关的测试设备的联机调试，同步开展主要激光参数测试。该测试主要是针对那些物理实验关注的指标，以确保后续束靶耦合实验的有效展开。

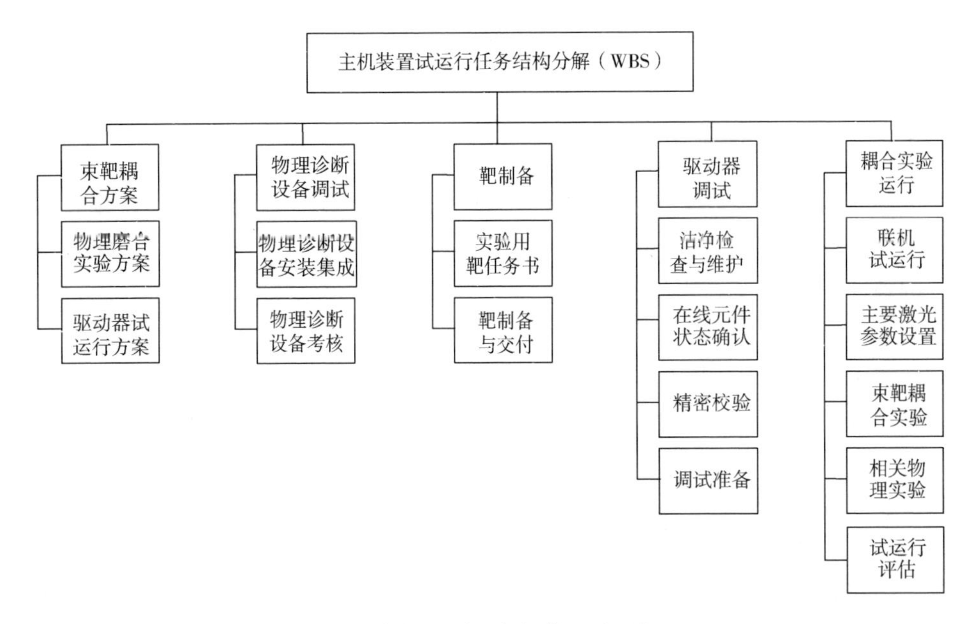

图 5-13　神光-Ⅲ项目主机装置试运行 WBS

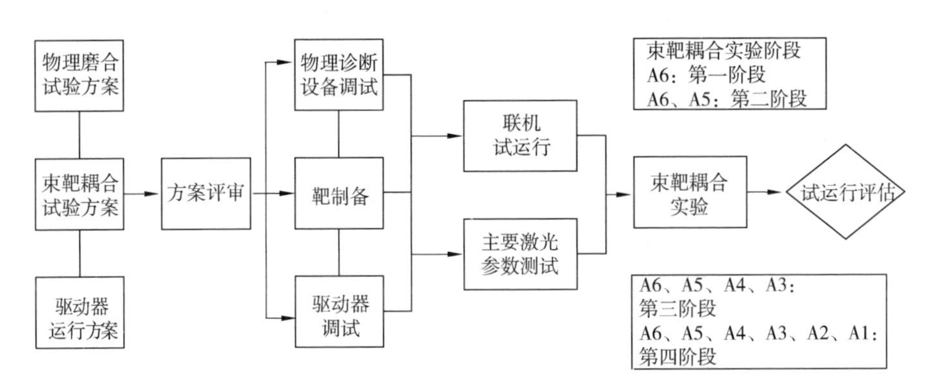

图 5-14　神光-Ⅲ项目主机装置联合试运行实施流程图

注：A1、A2、A3、A4、A5、A6 分别为主机装置运行的 6 个分束组名称。

4）实验靶与激光束的耦合实验与发次考核。包括束靶耦合实验流程的考核与完善。

5）基于实验结果的试运行评估。确定激光装置所达到的性能状态，为装置全面实现建设目标，最终真正成为“用户装置”，提供可靠的技术依据。

主机装置第一个束组（A6 束组）的试运行于 2012 年顺利结束，全装置的联合试运行于 2015 年完成。主机装置各项综合输出性能指标，全面达到工程设计要求。这标志着神光-Ⅲ项目全项目生命周期由工程实施阶段进入项目的收尾阶段。

5.3.8 项目验收阶段

项目验收是指项目结束时，在项目团队最终成果交付之前，项目接收方会同项目团队、监理等方面对项目的工作成果进行审查。审核项目规定范围内的各项工作或活动是否已经完成，交付的成果是否达到设计要求。通过验收后，项目成果由接收方及时接收，投入正式运行或使用。

竣工验收是项目管理过程的最后阶段。当项目建设任务全部完成，最终目标已经实现并投入试运行后，项目就进入竣工验收阶段。竣工验收完成，标志着项目工作正式闭环，之后才能投入正式运行。竣工验收是全面考核项目建设成效、综合检验项目质量的重要环节。竣工验收，有利于项目尽早投入使用，有利于发现并解决项目遗留的问题，对及时发挥项目投资效益、系统总结建设经验具有重要的促进作用。按照标准扎实做好基础工作并顺利通过竣工验收，这也系统反映出项目单位的工程能力和综合管理水平。

依据固定资产投资项目竣工验收要求，首先组织完成各项批复内容建设成果达标；其次是按流程及要求完成相关管理工作，确保实施过程管理满足国家法律、法规和标准要求，即管理工作闭环。因此，神光-Ⅲ项目验收阶段要顺利完成各项建设任务收尾，实现设计要求及批复目标，就应扎实开展验收准备，以确保项目顺利通过竣工验收并投入正式运行。

神光-Ⅲ项目验收阶段工作划分为两个环节开展：一是验收准备；二是项目正式竣工验收。其中验收准备是整个验收阶段工作的核心，从单项工程交付到项目正式竣工验收之前，所有的工作均可视为验收准备。神光-Ⅲ项目规模较为庞大，基于项目全生命周期计划安排，单项工程及工艺设备陆续完成单项验收，延续的时间长达几年。项目建设实施阶段尚未全部结束时，项目验收准备已经提前启动，而竣工验收准备启动标志着项目已正式进入了验收工作阶段。因此从时间轴上看，项目验收阶段工作与建设实施收尾阶段的工作存在并行开展的情况。

按上述范围界定，同时依据固定资产投资项目验收要求，验收阶段主要实施任务包括项目建设收尾、试运行、项目综合审计及决算批复、各单项验收、项目总结及验收片制作、竣工验收等 6 个部分，其 WBS 分解如图 5-15 所示。

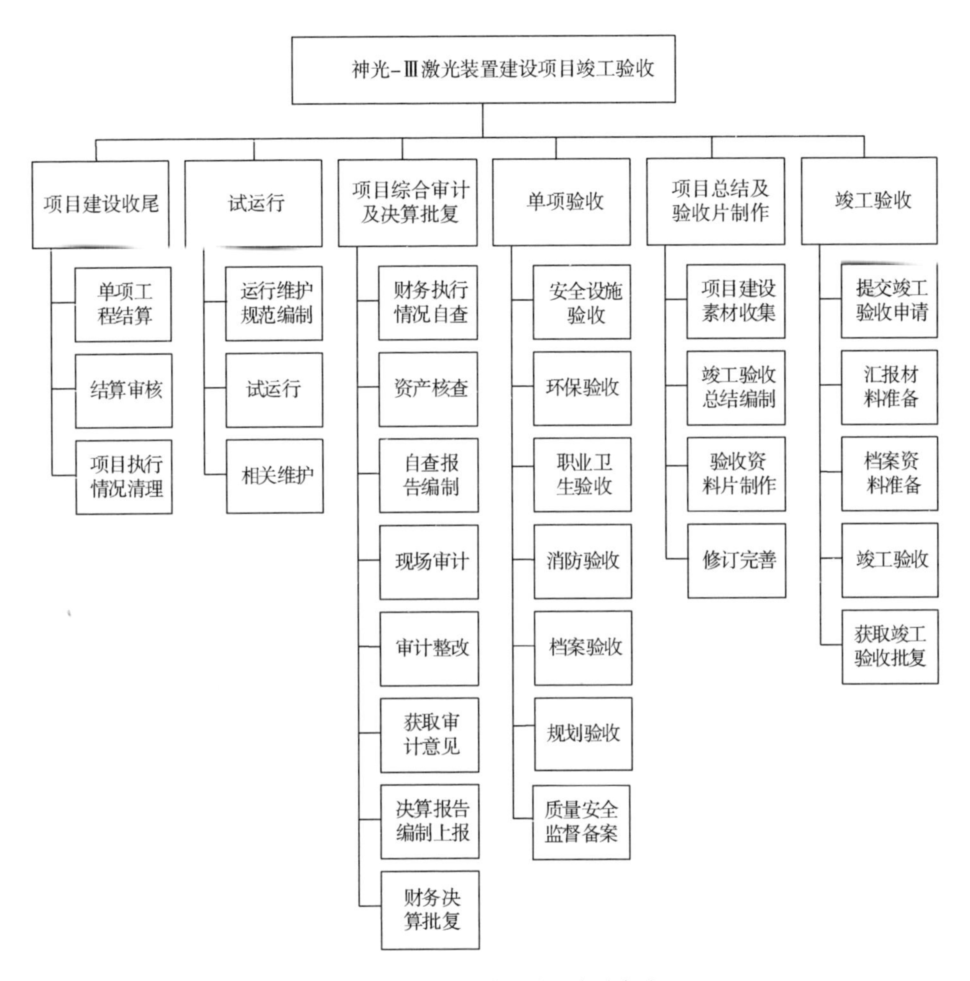

图 5-15　神光-Ⅲ项目验收阶段实施任务 WBS

结合验收阶段的 WBS，验收阶段实施总体流程如图 5-16 所示。首先要对验收阶段工作进行系统策划，从总体上明确验收目标、完成节点及要求。由于需同步推进的任务线条较多，在策划过程中要特别注意协调好各线条任务直接的接口和制约关系；其次全面进入验收准备实施阶段，验收阶段主体工作基本集中在这个环节。依据国家固定资产投资项目要求，要分线条完成财务竣工审计和决算、各单项验收、竣工总结报告编制等工作；再次在基本完成上述工作的基础上，由项目单位组织完成项目初验，以便在正式提交国家有关部门验收前，及时发现问题并完成闭环；最后向国家有关部门提交竣工验收申请，并按照统一安排配合完成项目验收工作。

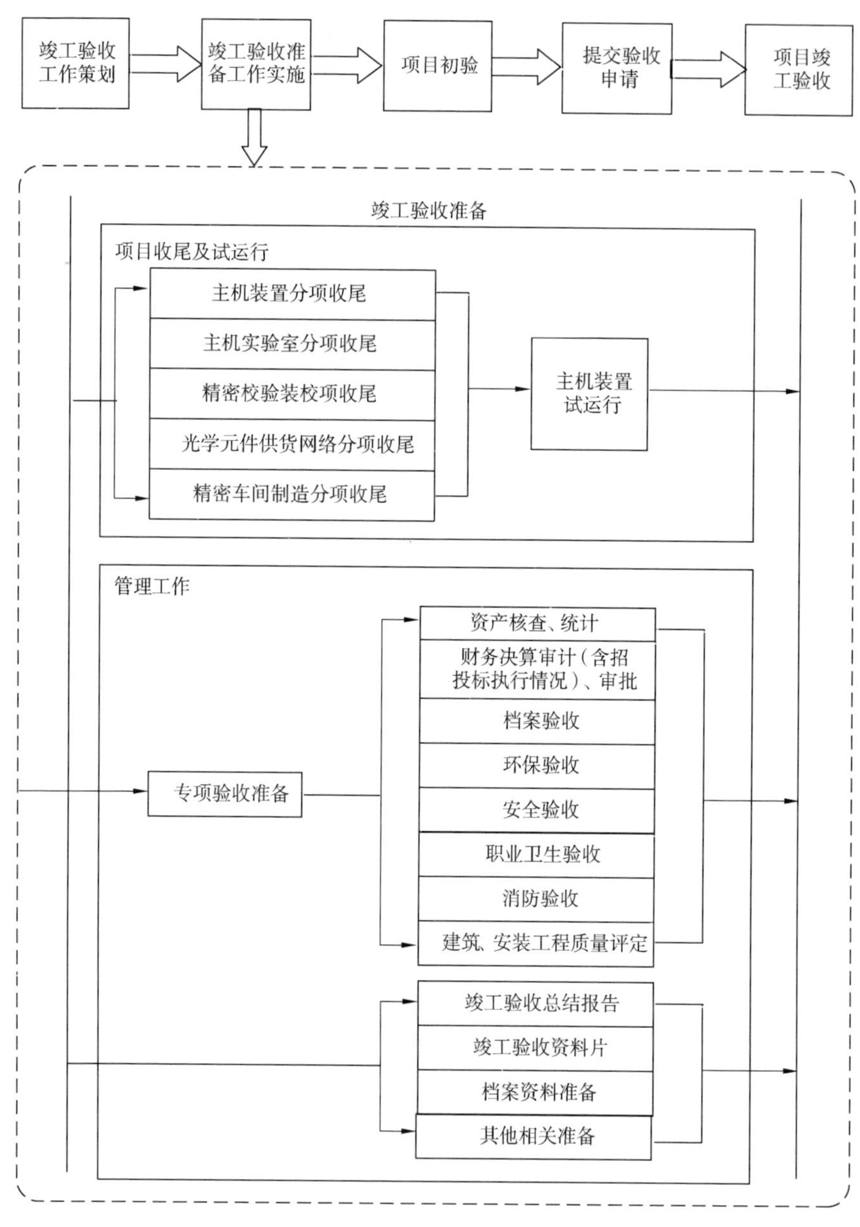

图 5-16　神光-Ⅲ项目验收阶段实施流程

神光-Ⅲ项目竣工验收准备自 2015 年正式启动。2016 年全面进入财务决算审计、各分项验收的具体准备和实施。2016 年正式通过项目竣工验收。

5.3.9　项目运行交付阶段

项目顺利通过竣工验收后，正式进入运行交付阶段。该阶段主要工作包括项目资产移交、建立与完善装置运行和维护规范、装置维护运行及相关管理工作等。交付运行对促进项目及时投产、迅速形成运行能力具有重要作用。该阶段，项目建设效益将得到充分发挥。

依据固定资产投资项目管理的相关规定，项目通过竣工验收后，项目单位可以办理资产移交手续，包括建筑物、工艺设备仪器等，这也是项目转入正式运行前的一项重要基础工作。装置正式运行有别与装置建设的常态化管理工作。在装置设计的全生命周期内，主要依据各类物理实验需求，安排主机装置的运行、维护，重点保障装置的可靠运行。

5.3.10　项目后评价阶段

项目后评价是固定资产投资项目管理的重要组成部分。项目后评价是对已经完成的项目建设目标、执行过程、效益、作用所进行的系统、客观的分析，是对已完成项目进行分析和价值评定的活动。

神光-Ⅲ项目后评价主要是在项目通过竣工验收并全面投入运行的基础上，一是回顾总结。对项目决策、准备、实施、试运行等全过程工作进行系统总结和全面分析，采取比对方法，对立项时确定的项目建设目标、效益等实现情况进行评估、确认，全面总结正反两方面的经验，进一步提升项目决策和管理水平。二是项目运行前景预测。神光-Ⅲ主机装置设计寿命为30年，竣工验收后通过一段时间的正式运行，要通过后评价工作对装置可靠性、可用性、可维护性进行统计，对装置稳定、持续的运行能力，对科学研究的支撑能力等要进行分析和预测。

项目后评价工作在竣工验收通过后，并且项目已经投入正式运行一段时间后开展。依据后评价相关要求，神光-Ⅲ项目主要包括目标实现评价、项目绩效评价、持续能力评价3个部分内容。

后评价工作实施流程主要包括制定后评价计划、编制自评价报告、后评价实施、编制后评价报告等。

1）制定后评价计划。其中非常重要的是确定后评价范围。后评价组织单位应根据具体需求明确评价的范围和深度、主要评价指标及要素、评价方法及标准、评价流程等。在此基础上，明确后评价的进度安排及条件保障要求。

2）编制自评价报告。由项目单位编写神光-Ⅲ项目自评价报告。主要依据后评价计划确定的范围及要求，完成项目概况、实施过程回顾、目标实现情况评价、项目绩效评价、持续能力评价、主要经验教训和建议等内容编制，并提交后评价组织部门。

3）后评价实施。由后评价组织部门安排相应的评价咨询机构具体实施。项目单位配合评价机构完成项目信息资料收集、评价现场调查，对项目整体情况、资料情况进行全面分析。

4）编制后评价报告。汇总评价结果，客观反映评价结论。后评价报告主要包括项目概况、评价内容、评价结论、经验教训和建议措施等。为充分发挥项目后评价的作用，充分达到促进项目决策和管理水平提升的目的，后评价报告编制过程中，应充分与各方沟通，征集、吸纳各方面意见。

5.4 小结

神光-Ⅲ项目过程中，依据全生命周期理论和流程管理理论，采用 WBS 等工具，在通用的项目生命阶段划分基础上，结合项目自身的技术特点以及国家对固定投资项目相关规定，制定出了一套细化的、更符合激光聚变领域大科学工程的全生命周期流程化模型，将项目的生命周期细分为 3 个大阶段、10 个小阶段、多级流程进行管理。通过对每个阶段进行严密的管理，有效地保证了项目的建设周期和进度、经费、质量目标，顺利完成了项目建设任务。

神光-Ⅲ项目管理团队在生命周期内，通过分段管理，细化管理流程，抓住了重点环节，按流程组织好所有涉及的外协单位，使之能够及时有效地发挥管理功效，各尽其责，因此提高了项目运行效率，降低了项目运行中的风险，提高了项目团队的管理能力，并最大限度地保障了项目成功。

第6章　基于系统工程理论的神光-Ⅲ项目整合管理

根据3.1章节国内外通行的项目管理体系中对项目整合管理的介绍，项目整合管理的内容主要是整体项目计划的编制、项目计划实施以及项目计划控制。整体项目计划集成了项目目标、范围、进度、质量、经费、技术状态、风险等各个方面的内容。按照项目计划体系构建的过程，工作目标和范围界定是基础，进度管理是主线，其他专项计划为辅助。因此，本章除了说明整合管理的内容外，还涉及项目范围管理和进度管理的内容。

6.1　项目整合管理理论

6.1.1　基本概念

整合，意思是指将事物中好的、精华的集中组合在一起，达到整体最优化的效果。其英文单词为 integration，含义是综合、融合、集合、成为整体、一体化的意思。整合管理是通过创造性思维，分析各种资源要素，提高各项管理要素的交融度，促进要素间的优势互补，形成一种合力。

项目整合管理，是应用系统工程思想、理念和技术方法保证项目的进度、费用、质量等要素之间相互协调所需要的过程。整合管理涉及项目管理的全部管理领域，需要在各个目标间进行权衡，并考虑项目内部和外部环境因素，以满足或超过项目干系人的需求和期望。

虽然项目整合管理这一概念出现较晚，但是相关研究在20世纪50年代就开始了。1958年由美国国防部推出的项目计划评审技术（Project Evaluation and Review Technique，PERT）就是基于工期的项目整合管理技术方法之一。

项目整合管理强调项目的整体优化性，重视系统的集成，目的是提高管理系统的整体功能。从本质上说，项目整合管理就是从全局观点出发，以项目整体利益最大化作为目标，以项目范围、进度、成本、质量、采购等各种项目专项管理的协调与整合为主要内容而开展的一种综合性管理活动。

6.1.2 整合管理的内容

项目整合管理是系统思想在项目管理上的反映，即在管理思想上以系统理论为指导，在管理行为上以集成机制为核心，在管理方式上以集成手段为基础。具体而言，就是要通过科学而巧妙地创造性思维，从新的角度和层面来对待各种资源要素，拓展管理的视野和疆域，提高各项管理的交融度，以利于优化和增强管理对象的有序性。在具体的项目管理行为实施中，综合运用各种方法、手段、工具，促进各项要素、功能和优势之间的互补、匹配，使其产生 1 +1 >2 的效果，从而保证项目协调、均衡的实施。显然，项目整合管理强调的是一种整合性的合力。

项目整合管理的主要工作内容包括 3 个方面，如图 6-1 所示。

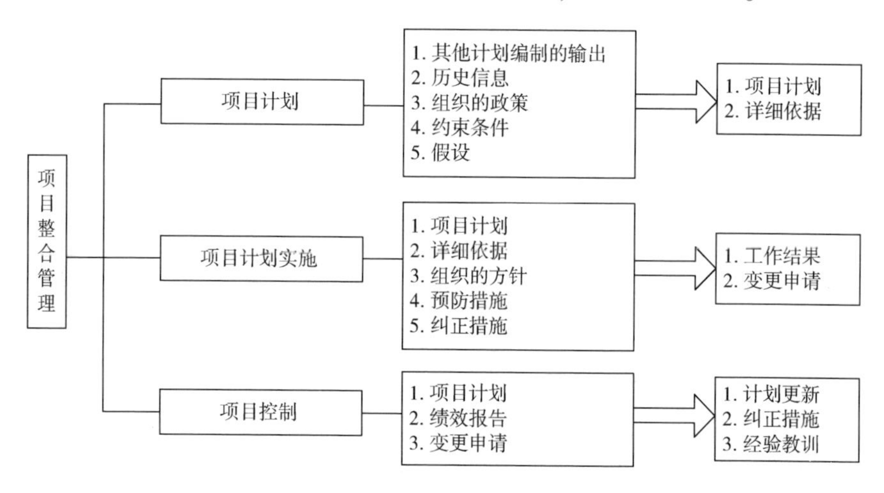

图 6-1　项目整合管理内容

（1）项目计划。统一考虑项目各专项计划要求，通过全面的综合平衡编制出项目计划。

（2）项目计划实施。将项目计划付诸实施，将项目计划转变成项目交付物的工作。

（3）项目控制。协调和控制整个项目实现过程中的各种项目变更，积极适应项目各种内外情况变化的管理工作。

神光-Ⅲ项目的整合管理同样要经历这 3 个过程，特别是神光-Ⅲ项目计划的制定过程和控制过程更是重要。因此，6.2.2 和 6.2.3 章节将分别对这两个过程进行说明。

6.1.3　整合管理中应用的理论及工具

神光-Ⅲ项目的整合管理充分体现了系统化的项目管理理念，即以目标为导向，整合优势资源、协调各项指标，分析项目各方面的影响，建立了完善的项目整合管理的运行机制，奠定了项目管理团队高效的工作基础。同时，神光-Ⅲ项目规模大，周期长，外协单位众多，接口复杂，技术难度高，项目整合管理难度大。因此，成熟先进的管理理论和工具运用，能够使整合管理思路和路径更加清晰；能够使整合管理形成的结果更加直观，更加容易被有效准确地理解；能够有效地帮助分析复杂的实施路径，找出控制的关键。神光-Ⅲ项目整合管理中运用的理论包括系统工程理论、目标管理理论、并行工程管理理论等，应用的工具包括工作分解结构、网络计划法、甘特图等。

6.1.3.1　应用理论

（1）系统工程。

系统（system）是由相互联系、相互作用的要素（部分）组成的具有一定结构和功能的有机整体，英文中系统一词（system）来源于古代希腊文（systεmα），意为部分组成的整体。

系统工程（systems engineering）是组织管理的技术。著名的科学家钱学森认为：“系统工程是组织管理‘系统’的规划、研究、设计、制造、试验和使用的科学方法”。综合以上观点，系统工程是一门统筹全局、综合协调研究系统的科学技术，是系统开发、设计、实施和运用的工程技术，是在系统思想指导下，综合应用自然科学和社会科学中有关的先进思想、理论、方法和工具，对系统的结构、功能、要素、信息等，进行分析、处理和解决，以达到最优规划、最优设计、最优管理和最优控制目的的技术。简单地讲，系统工程既是一个技术过程，也是一个管理过程。

系统工程研究的主要对象是复杂的大系统，同时，也广泛应用于各种系统和部门。早期，主要用在工程设计和武器运用，如 20 世纪 50 年代末，美国在研制北极星导弹时首先应用了计划评审技术（PERT）。20 世纪 60 年代，美国国家航空航天局（NASA）在执行阿波罗登月计划中把 PERT 发展成图形评审技术（GERT），并应用计算机仿真技术，确保了各项试验项目按期完成。

经半个多世纪的开发，已在极为广泛的领域获得应用，如工程、社会、经济、军事、农业、组织、能源、运输、区域规划、人才开发等领域的总体规划、发展战略、预测、评价、综合设计、计划开发都采用系统工程方式进行管理。

神光-Ⅲ项目整合管理中应用系统工程理论，分析5大分项之间的关联性，以项目单位“总体设计、总体集成、总体管理”为系统主线，确保各项工作的顺利完成。

（2）目标管理。

目标管理是管理专家彼得·德鲁克（Peter F. Drucker）1954年在《管理实践》中最先提出的。德鲁克认为，并不是有了工作才有目标，而相反，是有了目标才能确定每个人的工作。所以“组织的使命和任务，必须转化为目标”，如果一个领域没有目标，这个领域的工作必然被忽视。因此管理者应该通过目标对下级进行管理。当组织最高层管理者确定了组织目标后，必须对其进行有效分解，转变成各个部门以及各个人的分目标，并根据分目标的完成情况对下级进行考核、评价和奖惩。

目标管理提出以后，便在美国迅速流传。时值第二次世界大战后西方经济由恢复转向迅速发展的时期，组织急需采用新的方法调动员工积极性以提高竞争能力。目标管理的出现可谓应运而生，被广泛应用，并很快为日本、西欧等国家的组织所仿效，在世界管理界大行其道。

项目作为组织执行的任务，目标管理理论同样适用。项目目标，简单地说就是实施项目所要达到的期望结果。项目与常规活动的主要区别在于，项目通常是具有一定期望结果的一次性活动。任何项目都是要解决一定的问题，达到合理的目标，项目的实施实际上就是一种追求目标的过程。因此，项目目标应该是清楚定义的、可以最终实现的。

项目的目标具有如下3个特点：

1）多目标性。

一个项目，其目标往往不是单一的，而是一个多目标的系统，而且不同目标之间彼此相互冲突。要确定项目目标，就需要对项目的多个目标进行权衡。实施项目的过程就是多个目标协调的过程，这种协调包括项目在同一层次的多个目标之间的协调，项目总体目标与其子项目目标之间的协调，项目本身与组织总体目标的协调。

项目无论大小、无论何种类型，其基本目标可以表现为3个方面：时间、成本和技术性能（Technical Performance）。所以，实施项目的目的就是要充分利用可获得的资源，使得项目在一定的时间内，在一定的预算下，获得所期望的技术结果。然而，这3个基本目标之间往往存在着一定的冲突。通常，时间的缩短，要以成本的提高为代价，而时间及成本投入的不足又会影响技术性能的实现，因此，三者之间需要权衡。

2）优先性。

由于项目是一个多目标的系统，因此，不同层次的目标，其重要性必不相同，往往被赋予不同的权重。这种优先权重对项目经理的管理工作有一定的指导作用。此外，不同的目标在项目生命周期的不同阶段，其权重也往往不同。例如，技术性能、成本、时间作为项目的3个基本目标，是项目在其生命周期过程中始终追求的目标。因此，神光-Ⅲ项目注重项目技术性能的实现，并且为了技术性能的实现，在时间和成本上做出了一定的统筹安排。

3）层次性。

目标的描述需要由抽象到具体，要有一定的层次性。通常把一组意义明确的目标按其意义和内容表示为一个递阶层次结构，因此，目标是一个有层次的体系。它的最高层是总体目标，指明要解决的问题总的依据和原动力，最下层目标是具体目标，指出解决问题的具体方针。上层目标是下层目标的目的，下层目标是上层目标的手段。上层目标一般表现为模糊的、不可控的，而下层目标则表现为具体的、明确的、可测的；层次越低，目标越具体而可控。这里需要注意的是，各个层次的目标需要具有一致性，不能自相矛盾。

神光-Ⅲ项目整合管理的最终目的是实现项目目标，因此需要分析清楚项目的目标要求，按层级、按目标优先权形成多维度、多要素的目标体系，并以此作为项目计划的基准。

（3）并行工程。

并行工程（Concurrent Engineering）又称同步工程或并行设计，是国外20世纪80年代提出的。1986年，美国国防分析研究所首先提出了并行工程的定义，即："并行工程是对产品及其相关过程，包括制造和保障过程，进行集成、并行设计的一种系统方法。这种方法要求产品开发人员从最初阶段就考虑产品整个生命周期内的全部要素，包括质量、成本、进度和使用要求。"

并行工程的核心内容是将用户需求转化为完整的交付物设计要求，在互相协调的并行研制过程中，综合考虑其性能、可靠性、维修性、保障性和可生产性等。

并行工程技术是对交付物及其相关过程进行并行、集成化处理的系统方法和综合技术。它要求项目人员从一开始就考虑到全生命周期内各阶段的因素，如功能、制造、装配、作业调度、质量、成本、维护与用户需求等，并强调各部门的协同工作，通过建立有效的信息交流与通信机制，综合考虑各因素的影响，使后续环节中可能出现的问题尽可能在早期阶段就被发现，并得以解决，以最大限度减少设计反复，缩短设计、生产准备和制造时间。

并行工程允许不同的研制开发阶段并行进行，采用并行过程可以减少阶段性的迭代循环，其特点如下：

1）当每一后续阶段开始时，前一阶段尚未结束。

2）在后续阶段刚开始时，绝大多数的信息都是单向传输的，但经过一段时间后，信息交流就变成双向的了。

3）当后续阶段发现上一阶段的子活动中存在的问题时，可根据反馈的信息及时对上一阶段进行修改以解决该问题，避免大规模的返工。

神光-Ⅲ项目将并行工程的方法应用到项目的全过程，如在项目进度计划编制时，同时考虑5大分项之间的联系，按照并行工程思想对项目工作进行安排。

6.1.3.2　应用工具

（1）工作分解结构。

在5.1.2章节已经提到了WBS是项目管理的核心工具之一，如图6-2所示。WBS主要作用有：

1）保证项目结构的系统性和完整性。分解结果代表被管理的项目范围边界和组成部分，它包含并且仅包含项目的所有工作，没有遗漏也没有增加。

2）通过结构分解，使项目透明、一目了然，使项目组成明晰。这使项目管理人员，甚至不懂项目管理的干系人也能把握整个项目，方便项目干系人高效地观察、了解和控制整个项目过程。

3）是项目进行进度计划编制、费用估计、资源分配的对象和基础。

4）能将项目实施过程、项目成果和项目组织有机地结合在一起，是落实组织责任的依据。工作分解结构可与项目组织结构有机地结合在一起，满足各层次项目参与者的需要。

5）将项目质量、工期、费用目标分解到各项目单元，这样可以对项目单元进行详细设计、计划，实施更有效的控制，对完成状况进行评价。

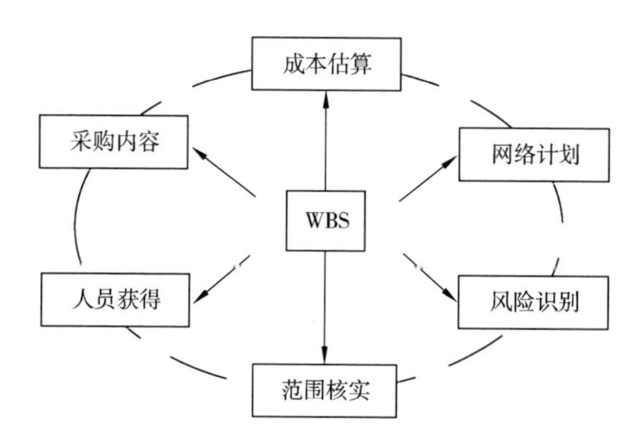

图 6-2　项目结构分解作用图

6）项目中的大量信息，如资源使用、进度报告、成本开支账单、质量报告、变更、会议纪要，都可以以项目 WBS 单元为对象收集、分类和沟通。

工作分解的思路有很多种，除了 5. 1. 2 章节提到的按过程进行分解外，还可以按照功能或交付物构成进行分解。图 6-3 是基于功能（系统）的分解结构，图 6-4 是基于成果（系统）的分解结构。基于成果的分解结构通常被称为产品分解结构（PBS）。

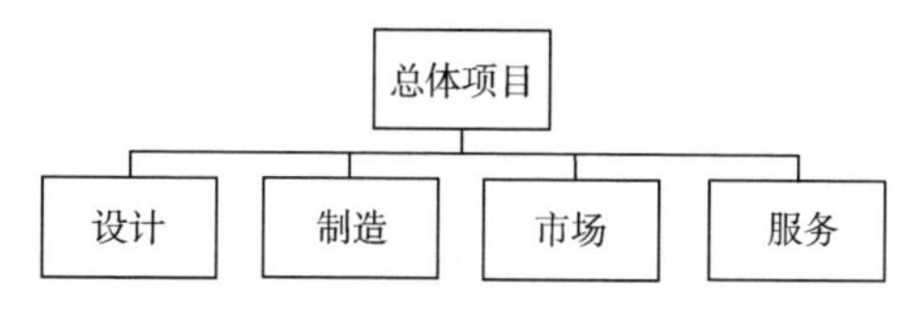

图 6-3　基于功能（系统）的分解结构

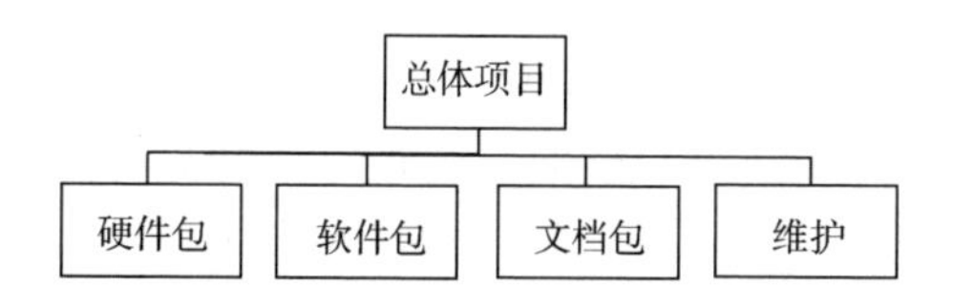

图 6-4　基于成果（系统）的分解结构（PBS）

神光-Ⅲ项目在工作分解时，经历了从产品分解结构到基于过程的工作分解结构两个步骤。如 6. 2 章节，为了使神光-Ⅲ项目管理团队更加清晰地了解本项目的构成，应以项目交付物为基准，分解了项目的 PBS。PBS 的形成为制定项目质量标准、确定外协内容等提供了基础依据。但仅仅有 PBS 是不够的，为了使项目团队成员了解项目里的具体工作，并形成项目工作流程，神光-Ⅲ

项目管理团队结合 PBS，按照项目过程分解思路对项目工作进行了分解，形成了一系列的 WBS 图（见第 5 章）。项目过程工作分解结构为项目全流程化管理提供了依据。

（2）网络计划法。

网络计划法是通过网络计划制定任务的工作进度，并加以控制，以保证实现预定目标的科学的计划管理技术。网络计划是在网络图上加注工作的时间参数而编制成的进度计划，主要由网络图和网络参数两大部分组成。网络图是由箭线和节点组成的，用来表示工作关系的有向、有序的网络图形；网络参数是根据项目中各项工作的持续时间和网络图所计算的工作、节点、路径等要素的各种时间参数。

网络计划法既是一种科学的计划方法，也是一种有效的科学管理方法。这种方法不仅能完整地揭示一个项目所包含的全部工作以及它们之间的关系，而且还能根据数学原理，应用最优化技术，揭示整个项目的关键工作并合理地安排计划中的各项工作。对于项目进展过程中可能出现的工期延误等问题能够防患于未然，从而使项目管理人员能依照计划执行的情况，对未来进行科学的预测；使计划始终处于项目管理人员的监督和控制之中，并达到最佳的工期、最少的资源、最好的流程、最低的费用完成所控制项目的目的。

绘制网络图的一般步骤如图 6-5 所示。

图 6-5　网络图绘制流程

神光-Ⅲ项目计划编制中，应用网络计划技术编制了项目的一级计划和部分二级计划。项目管理团队绘制的网络图显示，神光-Ⅲ项目的关键路径是神光-Ⅲ主机装置的建设。

利用网络计划法管理神光-Ⅲ项目，具有以下优势：

1）可以清晰地展示神光-Ⅲ项目 5 大分项之间的关系，主线明确，便于项目整体管理。

2）各工作的时间关联性清晰，便于项目动态管理。

3）可以快速找到关键路径，确定关键工作进度对工程总工期影响，利于开展项目监督管理。

4）利用网络技术优化，能够有均衡的资源配置，有助于项目统筹管理。

（3）甘特图。

甘特图又称条线图或横道图，早期由美国工程师甘特建立而得名，它是一种显示项目计划和项目进度的安排指示图表。甘特图在横轴上表示时间，在纵轴上表示 WBS 的任务，非常直观、简单。在我国项目组织中，不论在作业安排上或计划编制上都已得到广泛的应用。

甘特图除了直观地表明任务计划在什么时候进行，还能作为一种控制工具，显示实际进展与计划要求的对比，帮助管理者发现实际进度偏离计划的情况，从而做出相应的调整。

但是甘特图也存在很多弱点，例如甘特图不能系统地表达一个项目所包含的各项工作之间的复杂关系，难以进行定量的计算和分析，难以进行计划的优化等。这些弱点严重制约了甘特图的进一步应用。在项目管理实践中，将甘特图与网络图相结合，使甘特图得到了不断的改进和完善。除了传统甘特图以外，还有带时差和逻辑关系的甘特图。

神光-Ⅲ项目中，使用甘特图作为网络计划的辅助工具，为不同层级的项目管理人员提供了丰富的、多层次的进度展示工具。

6.1.4　项目整合管理的成果

项目整合管理的成果是形成完整的项目计划。项目计划不是只对某个单一方面进行安排，而是全面计划，需要形成计划体系。一般来说，计划分为如下类型：

（1）按计划的功能划分。

按计划功能划分，项目计划包括控制性计划、指导性计划与实施性计划。

控制性计划：是针对项目整体的总体安排、宏观安排，一般由决策层制定和掌控。

指导性计划：是根据控制性计划对项目的中观安排，一般由职能层制定和掌控。

实施性计划：是根据控制性计划和指导性计划对项目的具体安排，一般由项目管理层和实施层制定和掌控。

例如，在神光-Ⅲ项目的多维计划体系中，根据神光-Ⅲ组织管理层级，分别制定了适用于决策层的控制性计划，如项目全周期计划；适用于项目管理层和职能层的指导性计划，如分项计划、分系统计划等；适用于项目管理层和实施层的实施性计划，如项目质量管理计划、集成计划等。

(2) 按计划的对象划分。

按计划的对象划分，项目计划包括项目总计划、分项目计划、子项目计划、作业计划等。

项目总计划：是对整个项目的总体规划，属于控制性计划和指导性计划。

分项目计划：是对总项目所包含的每个分项目进行具体安排，属于实施性计划。

子项目计划：是对分项目中的每个子项目进行具体安排，属于实施性计划。

作业计划：是针对每项工作、工序、活动的具体安排，属于实施性计划。

例如，在神光-Ⅲ项目的多维计划体系中，有针对整个项目的项目全周期计划，有针对主机分项、光学元件供货网络分项等的分项目计划，有针对前端系统、预放系统等的子项目计划，有针对系统集成、测试等的作业计划。

(3) 按计划所覆盖的时间划分。

按照计划所覆盖的时间划分，项目计划包括项目总计划、年度计划、季度计划、月度计划、旬计划、周计划等。

项目总计划：是对项目整个生命期的总体安排。

年度计划：是对某一个年度的具体安排。

季度计划：是对某一季度的具体安排。

月计划：是对某一个月的具体安排。

旬、周计划：是对某旬、某周的具体安排。

例如，神光-Ⅲ项目每年的年度计划及每个月的月度计划。

(4) 按计划的内容划分。

按照计划的内容划分，项目计划包括组织计划、范围规划、进度计划、资源计划、费用计划、质量计划、安全计划、风险计划、采购计划、沟通计划等。例如，神光-Ⅲ项目项目质量计划，外协计划，经费计划等。

在实际的项目中，项目计划体系的搭建可以根据项目特点以及项目组织需要进行设计。如计划层级可与项目组织层级一致，不同层级上哪些计划需要独立成文，哪些计划只要在年度总体计划说明等都可调整。但无论是否独立成文，都必须注意计划之间的相互协调、环环相扣。神光-Ⅲ项目也不例外，同样建立了与项目组织层级匹配的项目计划体系。

6.2　神光-Ⅲ项目整合管理

6.2.1　神光-Ⅲ项目多维计划管理模型

项目计划作为项目实施工作和管理工作的依据，统筹项目各方面建设工作，确保项目各个阶段实施与管理工作的系统与受控。

神光-Ⅲ项目管理团队基于整合管理理论，确立了覆盖时间、全生命周期和对象、全要素、组织的多维度的计划体系，如图6-6所示。

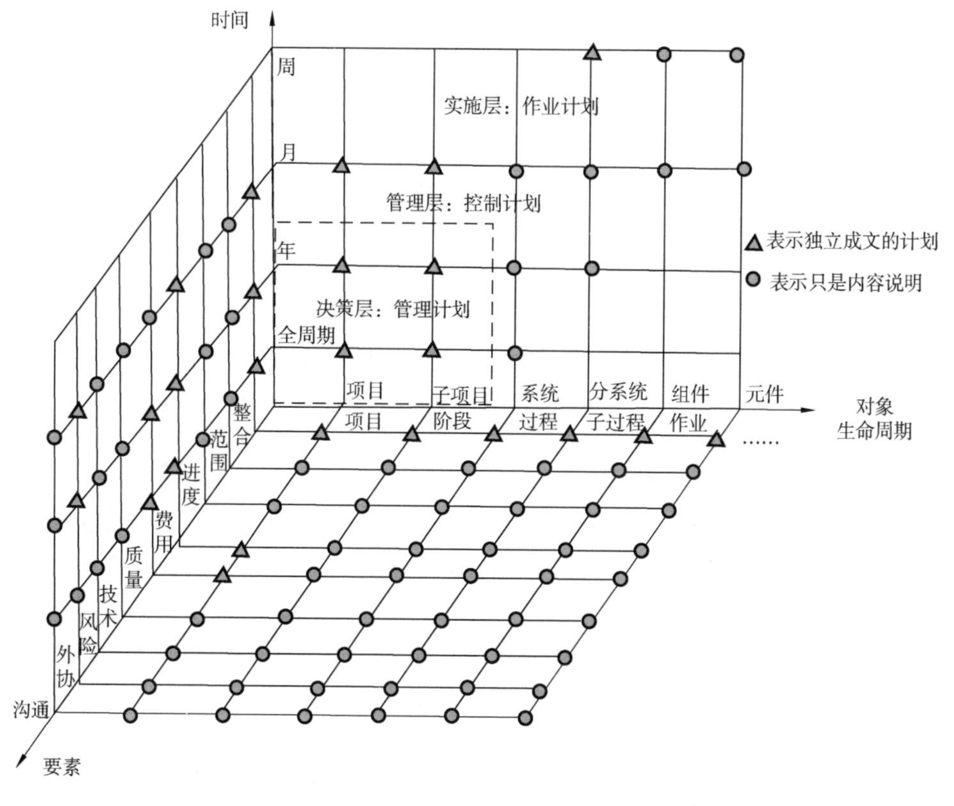

图6-6　神光-Ⅲ项目计划体系

从时间维度，项目管理团队设计了全过程的进度管理计划，主要包括全周期建设计划、年度建设计划、月度工作计划和周工作计划。

从项目全生命周期和对象的维度，项目管理团队编制了项目计划、子项目（分项）计划、系统计划、分系统计划等。

在项目要素维度，为保障项目在各个方面得到有序管理和支撑，项目管理团队还以项目管理计划为牵引，编制了进度管理计划、质量管理计划、经费管理计划等。

从项目组织维度，项目管理团队建立了与3层组织结构相匹配的分层次计划，包括适合决策层的项目全周期建设管理计划、适合管理层的年度或月度项目管理控制计划、适合实施层的项目作业或专项计划等。

在神光-Ⅲ项目实际操作中，并不是所有的项目计划都需要独立成文，而是可以根据管控深度和人员水平等因素来确定。

6.2.2 神光-Ⅲ项目计划编制

在制定项目计划之前，要确定项目范围，定义和控制哪些内容在项目内，哪些不应包含在项目内。这既保证了项目干系人对项目结果、产生结果过程的共同理解和对相关规定的共同遵守，也为项目的控制提供依据；在此基础上，完成工作分解结构制定，确定为完成项目必须要完成的工作。

（1）项目全周期计划制定。

神光-Ⅲ项目的全周期计划是项目的最高级计划，是整个项目的管理和实施基准。项日全周期计划的制定过程同样要先确认项目目标，然后使用WBS工具对项目进行工作分解，根据工作分解结构确定项目的责任分配矩阵、进度、费用、质量等计划。

1）项目总目标确定。

①交付物目标。神光-Ⅲ项目的交付物目标是突破关键技术、完成5大分项建设任务，建成输出能力达到10万J的高功率驱动器平台，支撑激光惯性约束聚变实验研究。

②能力提升目标。通过神光-Ⅲ项目，有效促进我国高功率激光驱动器研制体系建设，培养和锻炼科学技术研究、工程实施和管理方面的人才，形成第二代高功率激光驱动器的综合设计、建造能力。

③进度目标。神光-Ⅲ项目的进度总体目标须在国家批复的建设周期内完成项目建设全部内容。

④质量目标。神光-Ⅲ项目质量总体目标是一次成功的合格工程。

⑤成本目标。神光-Ⅲ项目的成本总体目标须在国家批复的预算内完成项

目全部研制任务。

2）创建完整的项目 WBS。WBS 的分解思路有很多种，例如第 5 章中，神光-Ⅲ项目的 WBS 可以根据项目生命周期中的过程工作进行分解。除此之外，为了以交付物为导向，更好地明确项目的建设内容，项目管理团队建立了基于交付物构成的产品分解结构，主要包括主机装置、主机实验室、精密装校系统、光学元件供货网络、精密光学制造车间 5 大分项，并对每一分项分别进行了细化。项目总体结构分解（WBS）如图 6-7 所示。神光-Ⅲ项目是一项由多个不同类型项目组成的大型项目群。

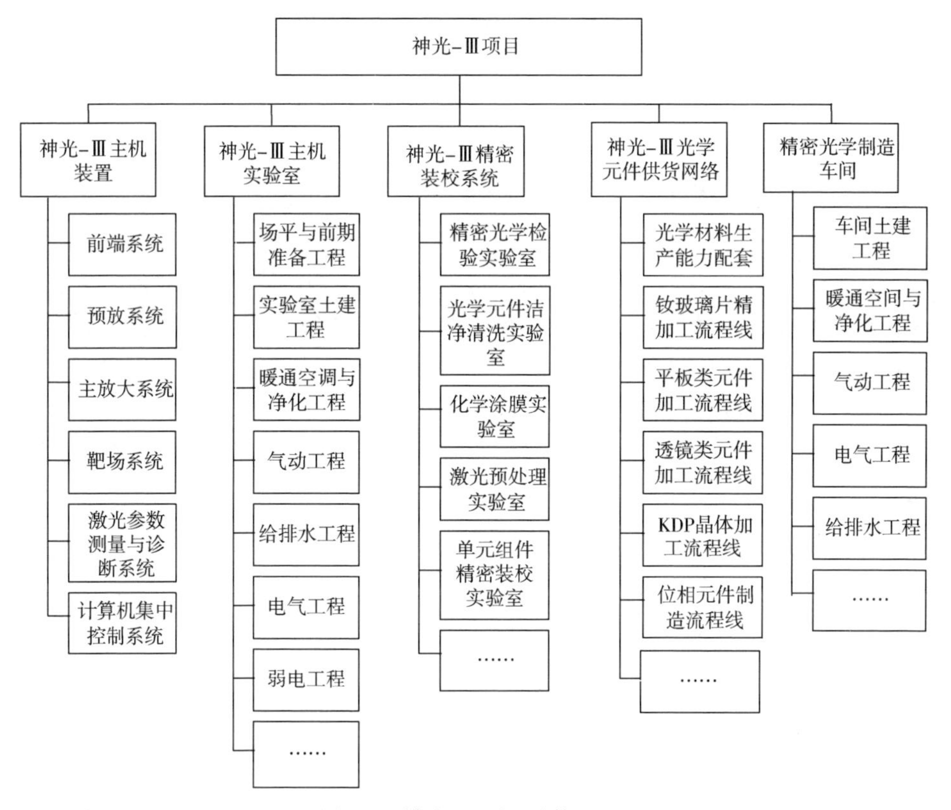

图 6-7 神光-Ⅲ项目总体 WBS

通过严格的、逐层细化的工作分解，一是为项目计划制定、实施和控制提供了详细的范围基准，为整合管理提供了明确的目标和管理对象；二是针对项目特点，保证了工作覆盖的全面性。如“前端系统”进一步分解时，需充分考虑神光-Ⅲ项目科研和工程的双重性，既要体现系统建设任务，又要体现科学技术研究和验证任务。结合项目实际，“前端系统”工作包有明确的科研、工程目标，其建设进展需要依靠“技术攻关”来推动。考虑到关键科学技术、工程技术相关问题的重要性，将前端系统科学技术研究与验证与前端系统建设同时纳入工作分解结构，将影响前端系统建成的重要制约环节引入工作分解结构中，统一作为后续实施、控制的依据，为减小实施的不确定性奠定了良好的基础。

3）项目责权矩阵。

责权矩阵是将 WBS 的工作单元落实到有关部门或个人，并明确出他们在组织工作中的关系、责任和地位的一种工具。WBS 和项目组织结构是建立责任矩阵的基础。

神光-Ⅲ项目的权责矩阵见表 6-1。

4）项目全周期进度计划。

结合项目生命周期过程和项目 WBS，项目管理团队制定了项目的全周期进度计划。

在神光-Ⅲ项目执行过程中，由于建设周期长、不可预见因素多，无法像常规确定型项目一样预先安排好所有工作，因此造成一些计划无法在制定之初就完全确定。所以必须以总体或阶段目标为牵引，逐级逐段地分解项目建设目标。随着实施情况的明朗和输入条件的完善，不断对计划进行修正、完善。神光-Ⅲ项目全周期计划在执行中不断修正、完善，一共发布了多个版本。

5）项目全周期计划中的其他内容。

在项目全周期计划中，除了对项目进度进行了安排，还对项目质量计划、经费管理计划、风险管理计划等提出了要求。整合所有要素内容后，形成了完整的项目全周期计划。

（2）项目年度、月度等计划制定。

由于神光-Ⅲ项目工作繁多，且相互之间各有穿插，因此各级、各类计划制定的合理性与可行性就尤为重要。神光-Ⅲ项目管理团队依据项目管理理论，并结合实际，不断总结、改进，形成了一套比较科学的计划制定流程。

神光-Ⅲ项目计划制定内容主要包括目标、工作分解结构、实施思路、进度要求和里程碑的设置，控制要求（含检查标准）、资源需求规划、职责分配、风险预估和措施等。如图 6-8 所示，项目主要计划如年度计划、二级专项计划及月度计划，制定流程为：

表 6-1　神光-Ⅲ项目权责矩阵

WBS \ LRC			决策层			管理层			实施层	
项目	分项目	子系统	法人	总指挥	总设计师	项目管理部	专项基建办	职能部门	研究部	实体部门
神光-Ⅲ项目	主机装置	前端系统	A	A	A	R		R	I	I
		预放大系统	A	A	A	R		R	I	I
		主放大系统	A	A	A	R		R	I	I
		靶场系统	A	A	A	R		R	I	I
		参数测量系统	A	A	A	R		R	I	I
		计算机控制系统	A	A	A	R		R	I	I
	主机实验室	场平与前期准备	A	A	A		R	R		I
		实验室土建工程	A	A	A		R	R		I
		暖通空调与净化工程	A	A	A		R	R		I
		气动工程	A	A	A		R	R		I
		给排水工程	A	A	A		R	R		I
		电气工程	A	A	A		R	R		I
		弱电工程	A	A	A		R	R		I
	精密装校系统	精密光学装校实验室	A	A	A	R		R	I	I
		光学元件清洁清洗	A	A	A	R		R	I	I
		化学涂膜	A	A	A	R		R	I	I

（续）

WBS \ LRC			决策层			管理层			实施层	
项目	分项目	子系统	法人	总指挥	总设计师	项目管理部	专项基建办	职能部门	研究部	实体部门
神光-Ⅲ项目	精密装校系统	激光与处理	A	A	A	R		R	I	I
		单元组件精密校验	A	A	A	R		R	I	I
	光学元件供货网络	光学材料生产能力配套	A	A	A	R		R	I	I
		钕玻璃精加工流程线	A	A	A	R		R	I	I
		平板类元件加工	A	A	A	R		R	I	I
		透镜类元件加工	A	A	A	R		R	I	I
		晶体加工	A	A	A	R		R	I	I
		位相元件制造流程	A	A	A	R		R	I	I
	精密光学制造车间	车间土建工程	A	A	A		R	R		I
		暖通空调与净化工程	A	A	A		R	R		I
		气动工程	A	A	A		R	R		I
		给排水工程	A	A	A		R	R		I
		电气工程	A	A	A		R	R		I

注：A 表示审批，即对任务负全责的角色。只有经他同意或签署之后，项目才能得以进行。R 表示直接责任，也就是具体负责操控项目、解决问题，执行该任务者。I 表示参与任务的执行者。

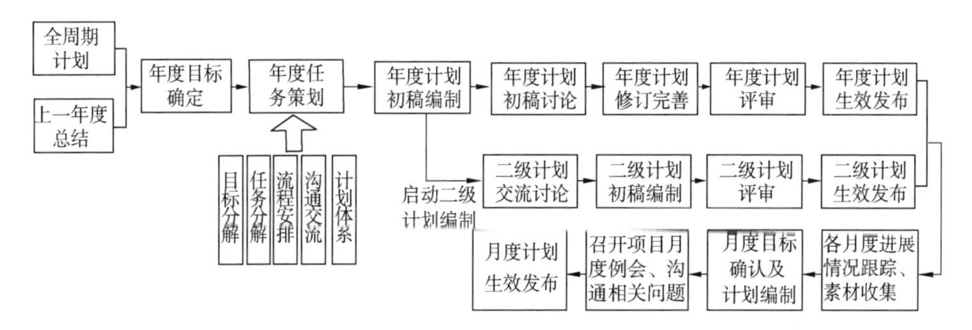

图 6-8　神光-Ⅲ项目年度计划、二级计划及月度计划制定流程

1）依据：全周期计划、上一年度计划及总结。

2）年度目标确定：由所年度工作会进行决策。

3）年度任务策划：依据确定的年度目标，开展目标分解、任务分解、流程安排、年度计划体系确立及分工，并与各层次进行初步沟通。

4）年度计划编制、讨论、修订、评审、发布：对年度计划进行细化，形成初稿；进一步梳理保障条件，确认相关安排的合理性；与各研究部进行沟通，开展计划交底，收集反馈意见；完成年度计划的修订、完善；组织完成年度计划所内评审，并发布生效，指导年度项目工作实施。

5）二级计划制定：年度计划基本确定后，依据计划体系及分工，组织相关单位同步进行二级计划编制和讨论，对各板块工作进行细化，经评审或会签后发布生效。

6）月度计划制定：依据年度计划、工作实际进展，每月完成进展情况跟踪、素材收集、月度目标确定及计划初稿编制、沟通协调，召开项目月度例会进行汇报，会后完成月度计划的生效发布，用以指导月度工作实施。

7）其他控制计划、专项计划等制定流程基本参照上述计划流程组织开展。

（3）各级计划之间的关联与迭代。

为增强计划制定过程中的沟通和交底，采用了“自上而下”与“自下而上”有机结合、反复迭代的方式制定各层次计划，策划和安排了项目各个层次的工作。在全周期计划制定中以“自上而下”为主，辅以“自下而上”的方式，确定了项目总体实施路线、目标分解和工作分解结构（WBS）；在年度计划制定中，均衡地采用了“自上而下”和“自下而上”的方式，自上而下地分解年度目标、划分实施阶段、确定主要任务和责任分工，自下而上地确定实施流程、保障条件；在实施计划、控制计划中，以“自下而上”为主地制定具体实施计划，辅以“自上而下”的目标牵引和控制。通过上下结合、反复迭代的方式，有效应对了专业面广、任务复杂给计划制定带来的难题，增强了参与项目建设各方的沟通及对时间进度计划表的理解，保证了计划的可行性，为后续实施和控制打下了良好的基础。

6.2.3 神光-Ⅲ项目的计划与控制体系

神光-Ⅲ项目作为复杂多变的大科学工程项目，难免会出现计划与实际执行偏离的情况，因此需要根据工程项目实施的实际进展情况，协调解决各类工程技术问题，为项目建设排除障碍。同时，将变化重新融合到各类建设计划之中。

项目执行过程中，项目单位通过召开年度工作会、项目建设科技组与管理组监理会、月度进展汇报会、现场集成安装调试周例会、每日班前会以及重大技术问题专题讨论会等方式，克服重重困难，有力地推动了工程项目建设进度稳步前行。基于“PDCA 循环”法，运用并行工程、网络图、甘特图等方法，形成了神光-Ⅲ项目基于关键链管理的思想和方法、计划的动态评估、全面控制的精细化的计划与控制体系，使得项目实现了建设目标、范围、进度节点等的重点控制，保证了各阶段里程碑节点目标的实现。

6.2.3.1 项目计划与控制整体思路

项目计划制定往往根据既有经验综合而成。项目控制的实质是检查实际进展与计划进展的偏差。通过管理控制纠正偏差，使其回归到计划进度的轨道上来，在与质量、费用相协调的基础上，实现项目的目标。因此，项目进展评估是控制的依据，也是管理决策的基础。

神光-Ⅲ项目基于“PDCA 循环”法的控制思想，建立了与计划层次相对应的进度控制体系，如图 6-9 所示。神光-Ⅲ项目进度评估体系包括 4 个层次：年度、季度、月度和周次。每个层次都采用了“PDCA 循环”法的思路，从计划的制定、执行、检查到处置，形成了一套滚动完善的闭环控制系统。

在神光-Ⅲ项目建设过程中，以项目管理部的计划管理办公室为进度管理的核心，以既定的计划、安排、方案为依据，对具体实施任务组织开展了跟踪、协调和检查；并结合项目例会制度对项目建设任务进行协调、处理，对进展状况进行汇总、分析；及时根据新情况实施工作调整和计划调整，实现

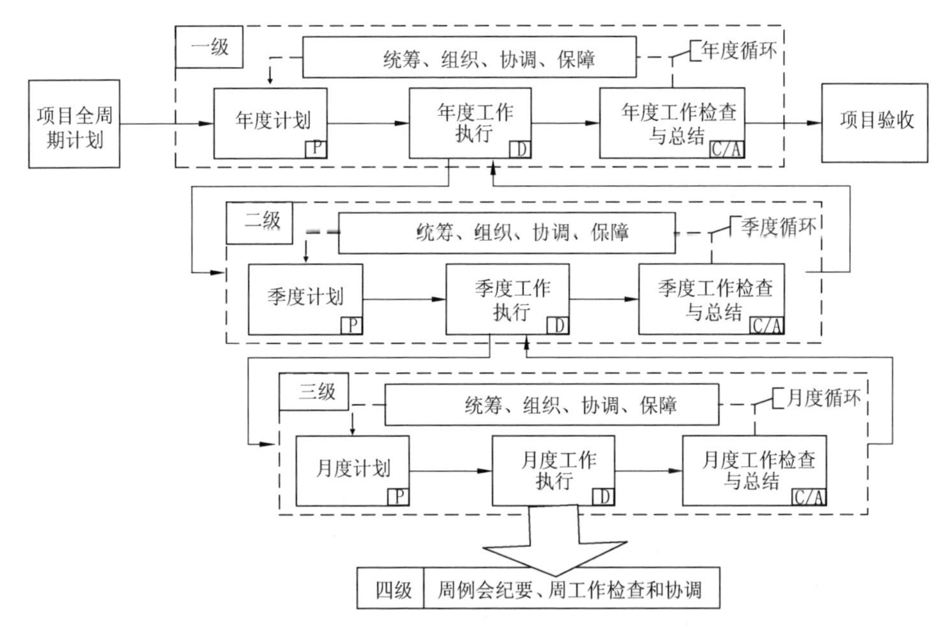

图6-9 神光-Ⅲ项目基于“PDCA循环”法的计划与控制体系

对整体目标的全过程动态控制，确保计划的顺利实施，为项目建设奠定坚实的基础。

(1) 年度层次计划与控制管理。

在神光-Ⅲ项目实施过程中，年度层次计划与控制作为项目全周期中的重要一环，由项目单位总指挥牵头组织，以年度工作会为载体，为年度工作计划的编制提供输入。年度工作会一般安排在年初，主要任务涵盖3个方面：上一年度工作的完成情况、本年度项目建设目标以及本年度工作实施策划。

年度层次计划与控制的首要任务是完成上一年度工作的总结，以编制年度工作总结为牵引，针对上一年度工作目标和实施任务，评估目标的完成情况，对实施过程中的问题进行全面系统的梳理，发现问题并制定解决措施；同时对实施任务过程中经验和数据进行分析，找出相应建设任务对应的建设规律，包括建设流程和建设周期等，以支撑后续建设任务的计划排程。

年度项目建设目标的确定是年度工作的前提。在总结上一年度工作的情况下，对下一年度工作进行预判，提出下一年度项目建设目标。

在初步确定年度项目建设目标之后，开展年度工作实施策划，包括目标分解、任务分解，流程策划、计划体系和沟通交流，为编制年度工作计划提供基础。目标分解是在确定项目建设目标后，针对具体实施任务进行详细策划，确定几个关键任务的完成情况，以便指导后续分项或实施任务的实施。任务分解是将本年度工作进行分解，编制任务结构分解图（WBS），并根据实施逻辑进行流程策划，确定年度任务实施的总体思想。计划体系是为了做到计划全过程、全范围覆盖整个项目年度建设，包括分项年度计划和管理控制计划。其中，分项年度计划包括神光-Ⅲ主机装置建设年度计划、实验室建设年度计划、精密装校系统年度计划等，管理控制计划包括质量管理计划、技术管理计划、经费管理计划、安全管理计划、保密廉政工作计划等管理控制计划。在年度工作计划生效后，随之完成分项年度计划和管理控制计划的编制和生效。

（2）季度层次计划与控制管理。

神光-Ⅲ项目季度层次计划与控制以两组工作会为载体，会议由上级主管单位组建的技术专家组和管理专家组组织开展，时间原则定在每个季度最后一周。两组会主要是帮助、督促项目单位推进项目建设工作，并对项目的全过程实施情况进行监督与进展评估。会上由项目单位集中向两组会专家汇报项目实施情况，并接受两组会专家的质询。两组会专家可随时对项目建设的情况进行了解和督促。

项目建设期间，按季度组织两组会议。每年第四季度评估是季度评估中最重要的一环。该次两组会的主要任务是全面总结一年工作，并对下一年工作进行初步策划和计划排程。每次两组会最终都以两组会议纪要为收尾，在会议纪要中明确相关会议决定和议定事项。

（3）月度层次计划与控制管理。

神光-Ⅲ项目月度层次计划与控制以月例会为载体，时间原则定在每月最后一周。项目例会的组织部门是项目管理部，参加人员包括项目单位领导、职能部门领导、各研究部领导、系统工程师以及专项基建办和项目管理部领导和相关人员。

依据项目年度工作计划和上一月度工作计划，全面梳理任务承担部门或单位的进展情况，包括外协厂家、各研究部、管理部、实施现场和会议决议，对多方信息进行比对、核实、有效消化；明确下一个月的总体策划，以及各系统及分项的工作安排，为月工作计划提供支持。

（4）周天层次计划与控制管理。

神光-Ⅲ项目周天层次计划与控制以周例会为载体，时间原则定在每周星期五。项目周例会的组织部门是现场指挥调度系统，主要是各部门调度和现场负责人。主要是总结本周工作实施情况和下一周工作安排，最终以周例会纪要为呈现形式。

6.2.3.2　计划与控制例会机制

除采用项目报告或检查等形式对神光-Ⅲ项目进行控制外，项目管理团队还根据评估体系建立了项目例会机制。针对项目进展状况进行检查和处置，对各层级计划进行适时、有效的跟踪、控制和协调，形成了完善的进度评估例会机制，如图 6-10 所示。

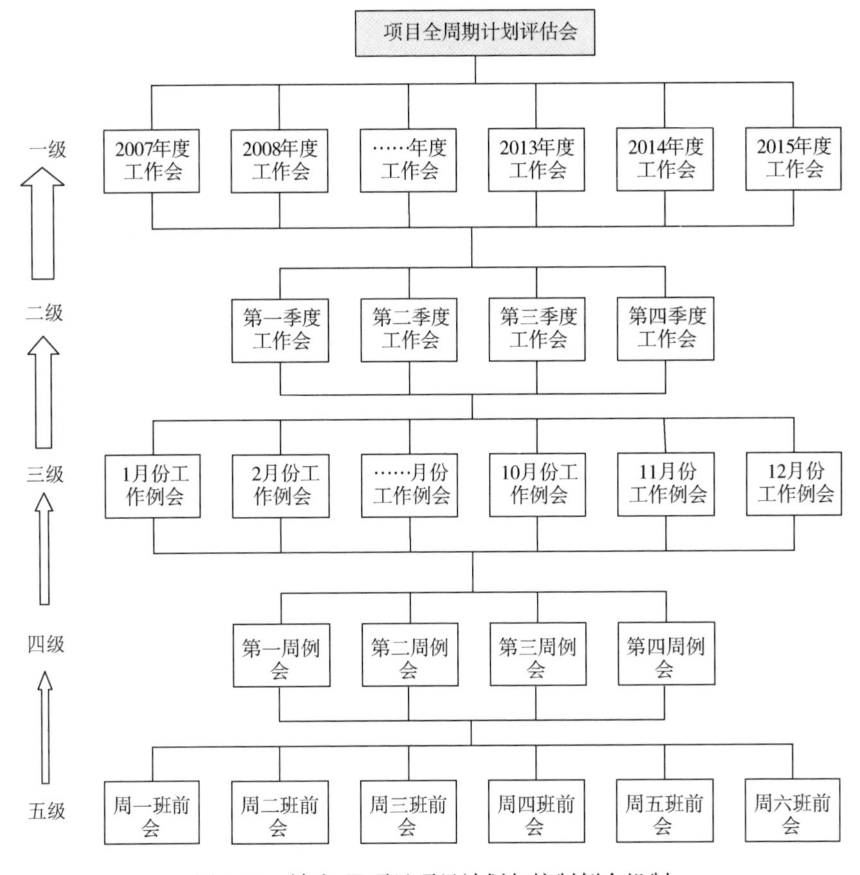

图 6-10　神光-Ⅲ项目项目计划与控制例会机制

项目例会包括年度工作会、季度工作会（两组工作会）、月度工作会（月例会）以及周例会和班前会。依据计划管理层次及其责任体系，由项目单位项目总指挥组织年度工作会，由两专家组组织两组工作会，由项目管理部组织月例会，由现场指挥调度系统组织周例会以及班前会。

项目例会是包括所有元素的综合性会议。会议主要议题是总结上一个周期内计划的执行情况、出现的问题及其原因，同时针对下一周期的计划进行集中讨论和商定。

6.3 小结

神光-Ⅲ项目是典型的大科学工程项目，历时十多年的建设，超越法国LMJ的建设速度成为已建成的世界第二大激光装置。其中，项目整合管理发挥了巨大作用。神光-Ⅲ项目整合管理构建了分级分层全周期的计划体系，以及对应的评估控制体系，并建立了例会机制、分层控制、动态评估等一套严格的计划推进和控制机制，形成了非常有特色的自我完善、全程闭环的管理体系。

第7章　基于全面质量管理理论的神光-Ⅲ项目质量管理

项目质量管理是项目管理的质量、进度和费用3个关键要素之一，是保证项目交付物达到质量要求及技术指标的关键，也是保证项目成功实现的基础。由于神光-Ⅲ项目具有投资大、规模大、多学科交叉、性能标准要求高等特征，这使得项目质量管理过程中存在节点多、预见性差和反馈周期长等问题。为解决这一问题，神光-Ⅲ项目管理团队按照全面质量管理理论建立了完整的神光-Ⅲ项目全面质量管理模型，从全组织全员的质量管理、全过程的质量管理、多方法应用的质量管理维度出发，保证了神光-Ⅲ项目质量达标。

7.1　项目质量管理理论

7.1.1　项目质量管理基本概念

质量是反映实体满足明确和隐含需要的能力的特性总和，通常指交付物的质量，广义的还包括工作质量。交付物质量是指交付物的使用价值及其属性；而工作质量则是交付物质量的保证，它反映了与交付物质量直接有关的工作对交付物质量的保证程度。

项目质量可分为项目工作质量和项目交付物质量。项目工作质量由WBS反映出的项目范围内所有阶段、子项目、项目工作单元的质量所构成；项目的交付物质量体现在其性能或者使用价值上。

项目质量管理是指围绕项目质量所进行的指挥、协调和控制等活动。项目的质量管理包括项目质量方针的确定、项目质量目标和质量责任的制定、项目质量体系的建设以及为实现质量目标所开展的项目质量计划、项目质量控制和项目质量保证等一系列的质量管理工作。

7.1.2 全面质量管理理论

7.1.2.1 全面质量管理的概念

菲根堡姆于1961年在其《全面质量管理》一书中首先提出了全面质量管理的概念，即“全面质量管理是为了能够在最经济的水平上，并考虑到充分满足用户要求的条件下进行市场研究、设计、生产和服务，把组织内各部门研制质量、维持质量和提高质量的活动构成为一体的一种有效体系。”菲氏的这个定义强调了以下3个方面：首先，“全面”是相对于统计质量控制中的“统计”而言。也就是说要生产出满足顾客要求的产品，提供顾客满意的服务，单靠统计方法控制生产过程是很不够的，必须综合运用各种管理方法和手段，充分发挥组织中每一个成员的作用，从而更全面地去解决质量问题。其次，“全面”是相对于制造过程而言。产品质量有个产生、形成和实现的过程，这一过程包括市场研究、研制、设计、制订标准、制订工艺、采购、配备设备与工装、加工制造、工序控制、检验、销售、售后服务等多个环节；它们相互制约、共同作用的结果决定了最终的质量水准，因此仅仅局限于制造过程的控制是远远不够的。最后，质量应当是“最经济的水平”与“充分满足顾客要求”的完美统一，离开经济效益和质量成本去谈质量是没有实际意义的。

菲根堡姆的全面质量管理观点在世界范围内得到广泛接受。但各国都在实践中有所创新。特别是20世纪80年代后期以来，全面质量管理得到了进一步的扩展和深化，其含义远远超出了一般意义上的质量管理的领域，而成为一种综合、全面的经营管理方式和理念。在这一过程中，全面质量管理的概念也得到了进一步的发展。ISO 9000中对全面质量管理的定义为：一个组织以质量为中心，以全员参与为基础，目的在于通过让顾客满意和本组织所有成员及社会受益而达到长期成功的管理途径。这一定义反映了全面质量管理概念的最新发展，也得到了质量管理界的广泛共识。

7.1.2.2 全面质量管理的基本要求

全面质量管理在我国也得到一定的发展。我国专家总结实践中的经验，提出了“三全一多”的观点。

（1）全过程的质量管理。

任何产品或服务的质量，都有一个产生、形成和实现的过程。从整个过程的角度来看，质量形成和实施的全过程由多个环节相互作用和相互影响构成，每个环节或多或少地影响着最终状态的质量。为了保证和提高质量，必须控制影响质量的所有环节和因素。

因此，质量管理贯穿项目从立项、设计到实施、验收、运营的全生命周期。要把项目生命周期各个环节与质量有关因素控制起来，形成一个综合性的质量管理体系，做到以预防为主，防检结合。为此，全面质量管理必须体现如下两个理念。

1）预防为主、持续改进的理念。产品质量是设计和生产制造决定的，而不是事后检验决定的。因此，全面质量管理工作的重点是“事前预防”，从管理既成事实的结果转变为管理产品形成过程，做到“防患于未然”。当然，质量检验是全面质量管理的重要组成部分。加强质量检验，防止不合格品流入下道工序，及时反馈问题，防止再发生是必不可少的。

神光-Ⅲ项目质量管理中，同样体现了这一思路，如神光-Ⅲ主机装置设计采用“联合工程设计”方式。神光-Ⅲ主机装置工程设计是一项协作性很强的工作，需要不同学科知识交叉，综合互补；需要多方面的设计思想和宽广的知识群体做后盾；需要专业侧重点不同人员汇集起来协同作战。神光-Ⅲ项目管理团队在调研了全国相关行业内的研究所、高等院校和民营单位后，最终分别从运行体制、专业特长和设计能力以及相关业绩等方面综合考虑，确定了由项目单位和十余家设计单位组成联合设计团队。项目单位作为总成责任单位，负责完成总体设计和总体集成的核心任务，其余单位共同完成工程设计。在联合设计任务策划中，根据项目总体和系统层次对各个单位的职责进行分工。在项目总体层次，成立 4 大总体组，承担总体设计和总体集成的任务。在系统层次，划分了二十余个任务包，由联合团队共同完成设计。经过联合团队集中工程设计、反复迭代，逐步确定了项目的工程设计方案，为项目质量目标实现奠定了基础。

2）为顾客服务的理念。顾客有内部和外部之分：外部的顾客包括了项目最终的用户、中间产品的再加工者等；内部的顾客是组织内的部门和人员。实行全过程质量管理要求组织内各个环节都必须树立为顾客服务的思想。因此，组织内要树立“下道工序即是顾客”的思想。每道工序的质量，都要经得起下道工序，即“顾客”的检验，以保证最终生产出满足用户期望的产品。

全过程的质量管理就意味着全面质量管理要“始于识别顾客的需要，终于满足顾客的需要”。神光-Ⅲ项目完全贯彻了这一管理思路。在与顾客沟通方面，在神光-Ⅲ项目建设过程中，项目单位的上级主管机构成立了技术专家组和管理专家组对项目的实施情况进行监督。项目单位每季度组织召开一次“两组会”，向两组会专家汇报项目实施情况，并接受两组会专家的质询。重大或特殊事项通过向上级主管机构专题汇报、正式请示文件等形式开展沟通，落实顾客要求和反馈项目进展状况。同时，每个年度末，以顾客满意度调查为辅助手段，对两组成员、上级主管机构负责人、项目单位法人、项目单位职能部门负责人发放顾客满意度调查表，并对调查情况进行全面统计分析，同时落实顾客意见、建议。工程交付物和生产交付物顾客满意度调查表详见表 7-1、7-2。

表 7-1　神光-Ⅲ项目工程交付物顾客满意度问卷调查表

序号	调查项目	P1	P2	…	总分	平均分
1	工程质量及质量控制情况					
2	计划完成情况					
3	效费比及经费控制情况					
4	技术指标优化情况					
5	关键技术解决情况					
6	创新情况					
7	协作情况					
8	队伍建设情况					
9	报告与请示及时性和有效性					
10	工程资料的齐套性和完备性					
	顾客意见或建议					
	总分					
	平均分					

表 7-2　神光-Ⅲ项目生产交付物顾客满意度问卷调查表

序号	调查项目	P1	P2	……	总分	平均分
1	光学元件加工质量					
2	交付进度					
3	效费比					
4	与顾客沟通情况					
5	协作情况					
6	技术和工艺攻关情况					
7	交付物资料的齐套性					
8	批生产能力					
	顾客意见或建议					
	总分					
	平均分					

内部沟通方面，神光-Ⅲ项目实行以项目工作会议制度的方式进行监督检查，包括项目办公会、项目工作会、项目例会等。一般由项目总指挥系统的人员主持，主要讨论与决策项目重大事宜。项目工作会议主要讨论项目各类计划或总结，部署与安排下一阶段的工作；项目例会主要进行项目实施的检查、协调。同时在每年 12 月各部门开展内部顾客满意度调查，并对调查情况进行全面统计分析和落实。以项目管理部为例，内部顾客主要为业务相关项目单位领导。内部顾客满意度信息统计表见表 7-3。

表 7-3　神光-Ⅲ项目管理部内部顾客满意度信息统计表

序号	顾客需求	P1	P2	P3	……	单项平均
	计划与调度管理					
	经费与投资管理					
	质量与技术管理					
	外协与采购管理					
建议改进意见						
综合评价打分						
平均打分						

（2）全员的质量管理。

产品质量是组织整体工作质量的综合反映。组织中任何一个环节，任何一个成员的工作质量都会不同程度地直接或间接地影响着产品质量。因此，全员参加质量管理，才能生产出顾客满意的产品。要实现全员的质量管理，应当做好 3 个方面的工作。

1）统一思想和标准，抓好全员质量教育。质量教育的目的有两个方面：第一，加强员工的质量意识，牢固树立“质量第一”的思想；第二，提高员工的技术能力和管理能力，增强参与意识。质量教育工作要根据不同层次员工的需求，有针对性地开展。

神光-Ⅲ项目中，通过内外部质量培训确保了全员质量意识的统一，满足了全员质量工作的需求。

①内部人员培训。在神光-Ⅲ项目质量教育中，实行分层施教，对各类不同人员进行不同的教育。第一层次：对决策层的培训，重点是提高决策层对“质量第一”意义的认识，同时也要学习一些质量管理的理论和方法；第二层次：对管理层和实施层人员的质量培训，培训质量管理的骨干队伍；第三层次：对项目单位全体人员进行全面普及性教育。神光-Ⅲ项目的质量教育贯穿

于项目实施的全过程，采用了多种方式相结合的方法，如开办学习班、举办讲座、考证培训、业务提升培训、经验交流、评选质量先进等；建立了员工教育档案及其他教育管理制度。严格学习制度，充分调动大家的学习积极性。根据统计，仅项目管理部组织的质量教育、业务提升培训就超过百余人次。

②外部人员培训。为了促进项目顺利实施，统一贯彻项目标准，按照“视同己方管理原则”，项目单位针对外协单位开展了一系列、多轮次项目标准及控制要求的宣传培训，如工程设计控制要求宣贯、项目文件编制格式要求及控制要求宣贯等。

2）建立质量责任制，明确任务和职权，形成一个高效、协调、严密的质量管理组织系统。赋予组织人员权力和责任，并激发他们的积极性和创造性，使他们有强烈的质量管理参与意识。同时，要求相关人员对于质量做出承诺，并将质量责任同奖惩机制挂钩，以激发他们的积极性和责任心，确保责、权、利三者的统一。

在神光-Ⅲ项目中，通过权责分配，从项目总指挥到所有项目成员，每个人对自己承担工作的质量负有必不可少的责任。通过对项目质量管理组织机构的具体职责进行分解，以质量职责分配表的形式，定期进行更新与确认，做到“责任清晰，具体到人”。

①项目总指挥是本项目质量的第一责任人，对项目单位法人负责。项目总设计师具体负责项目的质量管理。项目单位技术监督部门实施对项目质量的监督管理，项目管理部实施项目质量的控制管理。项目实施层研究部主任是本部门所承担项目的第一质量负责人，系统负责人是所承担系统任务的第一质量负责人。

②项目单位技术监督部门组织建立项目质量管理组织网络，同时定期进行更新，并由项目负责人审批确认。

③项目负责人负责项目质量目标策划与确认，项目管理部质量管理人员负责具体组织编制和分解项目质量目标。项目质量目标按项目、分项、系统3级进行分解。

④项目质量管理纳入项目单位质量管理体系，按照质量管理体系的要求实行过程管理。

⑤确立“质量第一、质量优先”的原则，杜绝质量事故的发生。当出现质量问题与进度冲突时，质量优先。

3）开展多种形式的群众性质量管理活动，如质量管理小组、合理化建议制度、与质量相关的劳动竞赛等。总之，要充分发挥成员创造性，激发全员参与质量管理。

（3）全组织的质量管理。

全组织的质量管理可以从纵横两个方面来加以理解。从纵向的组织管理角度来看，质量目标实现依赖于组织高层、中层、基层管理者乃至一线员工的通力协作，特别是高层管理者的全力支持；从横向的组织职能间的配合来看，产品质量依赖于组织设计、采购、生产等所有活动构成为一个有效的整体。因此，全组织的质量管理可以从两个角度来理解。

1）从纵向组织管理的角度来看，"全组织的质量管理"就是要求组织各管理层次都有明确的质量管理活动内容。高层管理（领导层）侧重于质量决策，制订质量方针、质量目标、质量政策和质量计划；中层管理则要贯彻落实领导层的质量决策，确定本部门的质量目标和对策，执行部门的质量职责，并对基层工作进行业务管理；基层管理则要求每个职工都要严格地按标准、按规范完成工作，分工合作，互相支持协助，并通过群众合理化建议和质量管理小组等活动，不断进行作业改善。

在神光-Ⅲ项目实施中，按照项目的管理层级，分别针对决策层、管理层、实施层建立了质量目标管理体系。神光-Ⅲ项目强调最终目标"一次成功，合格工程"的总体要求，采取"定量分解，分级管控"的原则，分层分级分解质量目标，并以年度质量工作计划、月质量工作计划及专项质量控制计划（针对单个合同或单项作业的实施质量计划）逐层落实。

2）从质量职能角度来看，产品质量职能是分散在组织的有关部门中。要保证产品质量，就必须建立起全组织的质量管理体系，将分散在组织各部门的质量职能充分发挥出来，使组织的所有质量活动构成为一个有效的整体。

神光-Ⅲ项目建立了项目全面质量管理模型，从全组织全员参与、全过程控制、多方法应用角度保证了项目质量目标的实现。如，在质量管理线条上，神光-Ⅲ项目从建议书开始就按照任务分解，对每一个子项任务从技术和管理两条线上设置了项目的工程师代表和项目管理代表。工程师代表和项目管理代表共同对子项任务从审批启动到最终交付全过程，进行管理、跟踪和控制。工程师代表是项目质量直接责任人，在处理任务内质量问题时具有一票否决权。

（4）多方法的质量管理。

影响产品质量和服务质量的因素多而杂，包括物质因素、人为因素、技术因素、管理因素、内部因素、环境因素等。要管理这一系列的因素，就需要广泛、灵活地运用多种多样的质量管理方法。

常用的质量管理方法有老7种工具，具体包括因果图、排列图、直方图、控制图、散布图、分层图、调查表；还有新7种工具，具体包括关联图法、亲和图法（KJ法）、系统图法、矩阵图法、矩阵数据分析法、过程决策程序图法（PDPC法）、矢线图法。除了以上方法外，还包括质量功能展开、田口方法、故障模式和影响分析、头脑风暴法、六西格玛法、水平对比法、业务流程再造等。

在神光-Ⅲ项目中，应用了多种质量管理方法，如质量目标制定时，采取头脑风暴法、质量功能展开；束组集成测试时，对质量问题处理采取因果图法和调查表法等。

因此，“三全一多”，不管是用于组织质量管理还是项目质量管理，都是围绕着“有效地利用人力、物力、财力、信息等资源，以最经济的手段生产出顾客满意的产品”这一目标，这是推行全面质量管理的出发点和落脚点，也是全面质量管理的基本要求。

7.1.2.3 全面质量管理的流程

现行有效的推行全面质量管理的常用方法就是“PDCA循环”工作流程。“PDCA循环”基本内容是在做某事前先制定计划然后按照计划去执行，并在执行过程中进行检查和调整，在计划执行完成时进行总结处理。美国人戴明把这一规律总结为“PDCA循环”。“PDCA”代表英文的计划（Plan）、执行（Do）、检查（Check）、处理（Action）4个单词，它反映了质量管理必须遵循的4个阶段。

P阶段-计划阶段：发现适应用户的要求，并以取得最优化的效果为目标，通过调查、设计、试制，制定技术指标、质量目标、管理项目以及达到这些目标的具体措施和方法。

D阶段-执行阶段：就是按照所制定的计划和措施去付诸实施。

C阶段-检查阶段：就是对照计划，检查执行的情况和效果，及时发现计划实施过程中的经验和问题。

A阶段-总结处理阶段：就是根据检查的结果采取措施，巩固成绩、吸取教训，以利再战。

神光-Ⅲ项目的质量管理同样遵循“PDCA循环”工作流程。在整个项目的质量策划、质量控制过程中，在每一项质量工作中均采用“PDCA循环”，如图7-1所示。

7.1.3 可靠性管理理论

可靠性管理是指为确定和达到要求的产品可靠性特性所需的各项管理活动的总称。它是从系统的观点出发，通过制定和实施一项科学的计划，去组织、控制

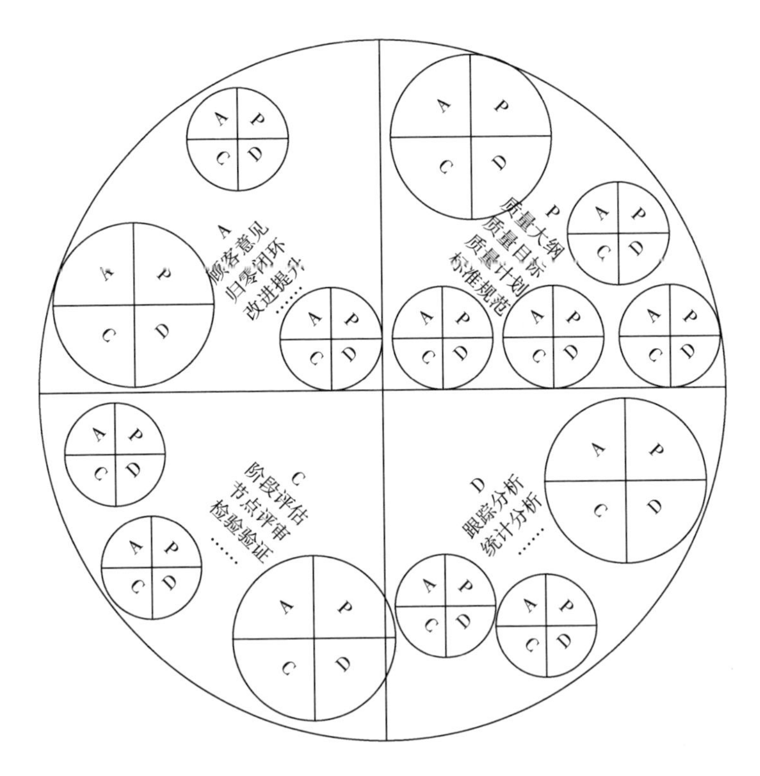

图 7-1 神光-Ⅲ项目质量管理流程示意图

和监督可靠性活动的开展，以保证用最少的资源，实现用户所要求的产品可靠性。

可靠性是项目交付物的重要内在质量特性之一，是质量目标的重要组成部分。可靠性管理可以提高项目的完好性和任务成功性，减少维修和保障费用。因此，为了突出可靠性在整个质量体系中占有的重要地位，对可靠性管理进行了专项研究。

可靠性管理的具体内容包括进行可靠性管理策划。通过确定可靠性管理目标确定可靠性管理大纲，结合可靠性任务目标组织制订可靠性计划并检查督促计划的执行；建立故障收集、分析和处理机制，实现可靠性持续改进。

为了提升神光-Ⅲ主机装置的可靠性，在神光-Ⅲ主机装置可靠性目标制定之前，首先对神光-Ⅲ原型装置、相关关键技术验证平台的可靠性进行了评估；其次结合可靠性增长评估和顾客要求，论证确定了神光-Ⅲ主机装置的可靠性目标，进而制定可靠性管理大纲（或可靠性保障计划）；最后通过监督可靠性大纲执行情况，最终实现可靠性管理要求。神光-Ⅲ主机装置可靠性管理工作开展思路如图 7-2 所示。

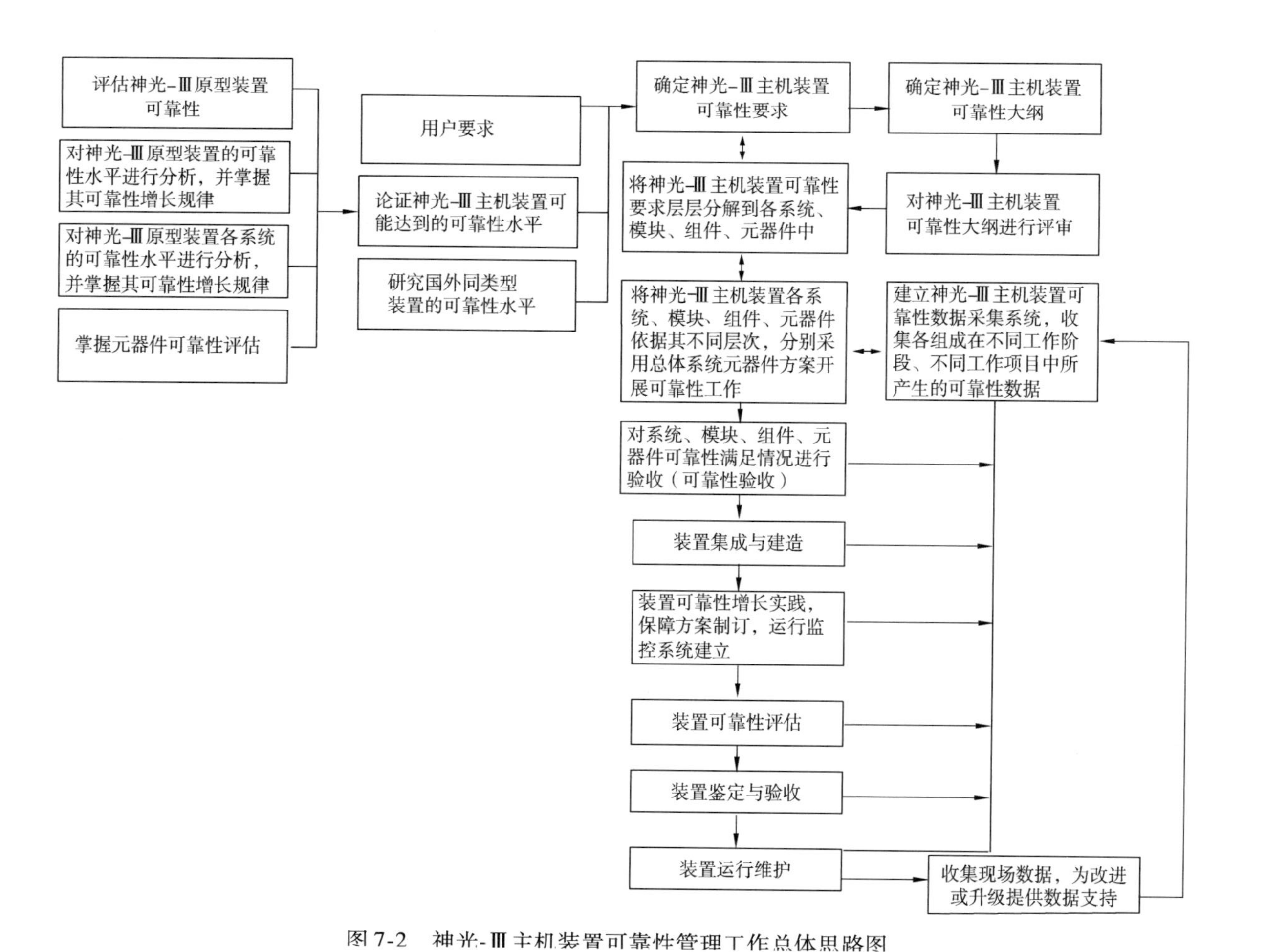

图 7-2　神光-Ⅲ主机装置可靠性管理工作总体思路图

7.2 神光-Ⅲ项目全面质量管理

神光-Ⅲ项目自身的特点决定了其质量管理与常规交付物质量管理有很大不同：

1）项目建设强调一次成功，合格工程。

2）国内尚无成熟的类似项目管理经验可以借鉴，只能依托神光-Ⅲ原型装置的项目管理基础。

3）装置组成部件批量小，常规质量控制方法实用性低。

4）控制结果反馈周期长，纠偏决策跨度时间长。

5）挑战目前我国高功率激光器工程技术极限，采用创新技术多，技术不确定度高，技术状态控制难度大。

6）神光-Ⅲ主机装置需长期稳定运行，对可靠性、维修性和保障性要求非常高。

综上，按照全面质量管理的要求，神光-Ⅲ项目建立了独特的全面质量管理模型：

1）项目质量管理是在项目单位质量管理体系框架下，结合神光-Ⅲ项目的基本特点进行的质量规划、质量控制等工作。

2）项目质量管理以实现项目建设的质量目标为最终目标，以项目实施过程质量状况受控为基本目标。

3）项目质量管理坚持“质量第一，预防为主”的方针和“PDCA 循环”工作方法，不断改进过程控制效果。

4）项目质量控制实行岗位责任制。每个岗位人员要对其实施的工作负最终的质量控制责任。

5）项目可靠性、保障性、维修性、测试性管理工作一并纳入质量管理范畴进行落实。

7.2.1 神光-Ⅲ项目全面质量管理模型

神光-Ⅲ项目质量管理建立了以项目质量目标为导向，以项目交付物构成为基础，覆盖项目全组织、全员，跨越项目全生命周期过程，遵循“PDCA”管理流程，应用多种方法重点管理关键质量节点的全面质量管理模型，如图 7-3 所示。

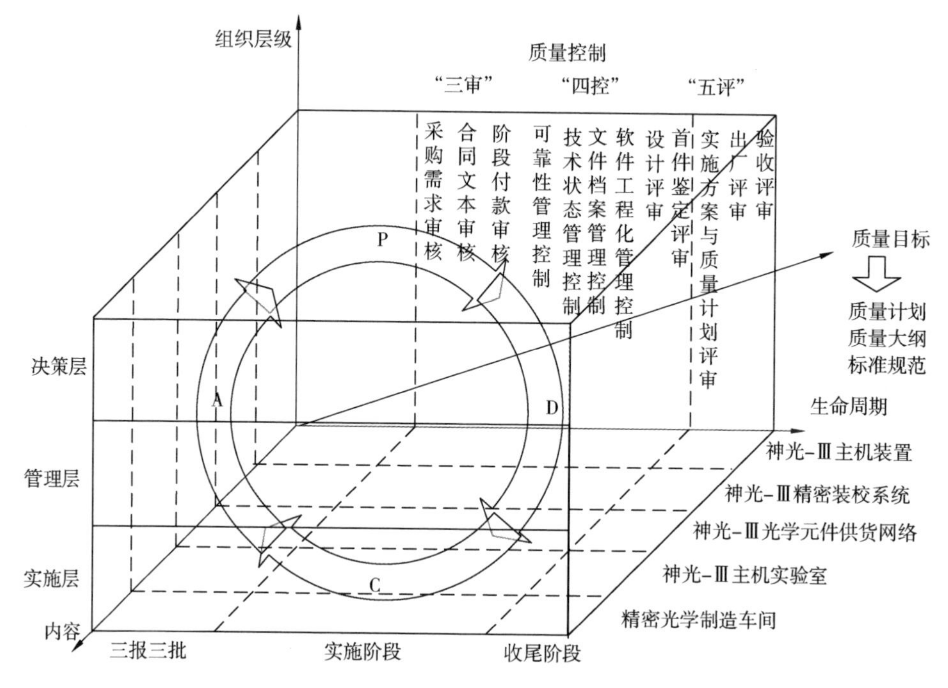

图 7-3 神光-Ⅲ项目全面质量管理模型

7.2.2 神光-Ⅲ项目质量管理目标和计划

神光-Ⅲ项目的质量管理体系是以目标为导向来整体构建的，因此，质量管理目标体系是质量管理中首先要明确的内容。在项目单位质量管理体系文件的框架下，结合项目建设实际特点，以神光-Ⅲ项目全周期质量计划为牵引，分层分级分解质量目标，编制年度质量工作计划、月质量工作计划及专项质量控制计划，以配合主线任务的实施。神光-Ⅲ项目质量目标管理体系如图 7-4 所示。神光-Ⅲ项目一级总体质量目标为追求“一次成功，合格工程”，二级及三级质量目标分解见表 7-4。

7.2.3 神光-Ⅲ项目标准规范建立与管理

项目标准规范是项目内外部成员工作的基础，可以保障项目所有成员在既定要求下按照标准完成工作。神光-Ⅲ项目管理团队通过收集国家、上级主管机构管理制度或标准，并结合本项目特点，建立了神光-Ⅲ项目标准规范体系，从技术和管理两个维度确保质量目标的实现。

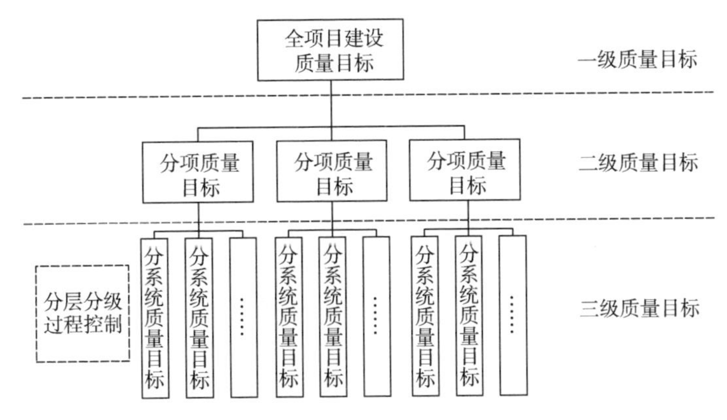

图 7-4　神光-Ⅲ项目质量目标管理体系

神光-Ⅲ项目标准化工作实行总体、系统两级负责制。项目总指挥负责组建标准化工作系统；项目总设计师负责全项目的技术标准化工作，包括审批项目标准化文件和项目标准，负责项目标准化管理等；标准化主管部门负责项目标准化管理工作的组织落实与具体实施。

7.2.3.1　技术标准

（1）标准化工作要求。

1）“三化”设计准则。

神光-Ⅲ项目遵循元件标准化、单元模块化和系统阵列化的设计准则，以便提高元件和单元组件加工与装校的批量效率，以及装置安装空间的利用率，进而降低装置造价，提升装置运行可靠性、可用性和可维护性。

2）制定接口要求。

通过神光-Ⅲ项目各系统设备间的接口标准化工作，如制定装置电气接口标准和机械接口标准等，降低接口协调工作量，加快研制进度，提高设计水平。

3）软件标准化。

在软件设计时，贯彻执行软件的有关标准，并结合研制的实际情况，适时制订软件支持性文件，确保软件对装置的技术支持作用，确保装置能达到研制任务书要求的功能、性能。

4）标准选用要求。

神光-Ⅲ项目标准选用时，根据有关技术指标要求以及项目建设的实际需要，在国家标准、上级主管机构标准、项目单位标准、国际标准或国外先进标准中选择合适依据，形成项目标准目录。

表 7-4　神光-Ⅲ主机装置全周期质量目标分解

神光-Ⅲ主机装置	前端系统	预放系统	主放系统	靶场系统	参数测量系统	计算机集中控制系统
二级质量目标	三级质量目标					
1. 技术方案等设计评审一次通过率100% 2. 及时提供满足项目建设需要的外协采购交付物，验收指标满足使用要求 3. 安装集成一次到位，验收指标满足要求 4. 分束组装调和性能考核：交付物一次装校成品率不小于90%，最终交付交付物合格率100%；调试合格率为100%；性能考核主要输出指标达到设计要求 5. 装置试运行成功率不小于75% 6. 装置验收一次通过	1. 安装集成一次到位，验收指标满足要求 2. 系统调试合格率为100%。性能考核主要输出指标达到设计要求 3. 系统试运行成功率不小于98% 4. 系统验收一次通过	1. 安装集成一次到位，验收指标满足要求 2. 系统调试合格率为100%。性能考核主要输出指标达到设计要求 3. 系统试运行成功率不小于98% 4. 系统验收一次通过	1. 安装集成一次到位，验收指标满足要求 2. 系统调试合格率为100%。性能考核主要输出指标达到设计要求 3. 系统试运行成功率不小于93% 4. 系统验收一次通过	1. 安装集成一次到位，验收指标满足要求 2. 系统调试合格率为100%。性能考核主要输出指标达到设计要求 3. 系统试运行成功率不小于91% 4. 系统验收一次通过	1. 安装集成一次到位，验收指标满足要求 2. 系统调试合格率为100%。性能考核主要输出指标达到设计要求 3. 系统试运行成功率不小于96% 4. 系统验收一次通过	1. 安装集成一次到位，验收指标满足要求 2. 系统调试合格率为100%。性能考核主要输出指标达到设计要求 3. 系统试运行成功率不小于98% 4. 系统验收一次通过

5）零部件、元器件、原材料选用原则。

选用的零部件、元器件、原材料符合各类标准的要求，且尽量减少规格品种。神光-Ⅲ项目全系统零部件、元器件、原材料的品种、规格基本统一。推荐采用经鉴定合格、质量稳定、有供货来源、满足使用要求的品种规格。

6）外协件、采购件的标准化要求。

外协单位按照项目单位的设计技术条件制造的成品（或半成品）称为外协件。外协件的设计需满足通用化、系列化、组合化（模块化）设计要求。采购件优选符合项目标准目录的产品。

7）整机设备统一化要求。

神光-Ⅲ项目建立统一的编号规范，统一设备的名称、项目代号、分类编号和标识等，并要求各系统编制结构组成表。

8）图样和技术文件要求。

神光-Ⅲ项目建立了工程设计控制规范和文件编号规范，要求项目单位和外协单位形成的所有图样和技术文件中采用的名称、术语、符号、代号、计量单位等应协调统一，并符合有关标准的规定。

（2）项目建设各阶段的标准化工作。

在神光-Ⅲ项目全生命周期内每一个阶段，标准化工作都按照“PDCA 循环”的管理流程得到贯彻和执行。

1）三报三批阶段。

根据项目建设任务要求，提出神光-Ⅲ项目标准化要求。对全装置、各系统进行具体分析，确定标准化目标及主要工作，并且在可行性研究、初步设计等工作中执行和落实标准。

2）设计阶段。

在设计阶段编制神光-Ⅲ项目标准化大纲，进行评审，并制定项目标准目录。在工程设计时按照标准设计，提供符合标准和规范的设计图样和技术文件。

3）外协研制、安装集成阶段。

在外协研制、安装集成阶段，执行标准化大纲和适用标准目录的相关要求，检查实施情况，对外协单位交付的设计图样和技术文件进行标准化审查。

4）试运行阶段。

在试运行阶段，审查有关标准和标准化要求的贯彻情况。主要是审查涉及面较宽的标准是否采用得当，影响装置性能质量的新标准是否在研制过程中得到认真贯彻，装置、系统和设备采用标准的项目和内容是否统一协调；解决设计、研制阶段遗留的标准化问题。

5）验收阶段。

开展神光-Ⅲ项目全装置标准化工作总结。

7.2.3.2　管理规范

神光-Ⅲ项目建设时，国内在激光聚变领域尚无成熟的项目管理经验可以借鉴。项目单位结合质量管理体系建设经验，形成了一套具有独立自主项目管理理论与系统化的管理方法，并建立了神光-Ⅲ项目管理模型，在此基础上，形成了近百份专用管理规范。

7.2.4　神光-Ⅲ项目质量管理关键控制点

神光-Ⅲ项目全生命周期中实施阶段的周期最长、工作量最大，涉及的外协单位众多，外协工作量占比巨大，因此为保证项目成功，在交付物实现过程中设置了“三审、四控、五评”共12个质量控制关键点。“三审”即采购需求审核、合同文本审核、阶段付款审核；“四控”即技术状态管理控制、软件工程化管理控制、可靠性管理控制、文件档案管理控制；“五评”即设计评审、实施方案与质量计划评审、首件鉴定评审、出厂评审、验收评审。

7.2.4.1　三审

（1）采购需求审核。

神光-Ⅲ项目总体采购需求以项目初步设计报告为基准依据，在此基础上进行细化分解，辅以年度采购计划和年度采购补充计划进行计划管理。每年12月底以前，各研究部根据项目年度实施计划编制项目组（或系统）的实施计划，提出保障条件及下年度采购要求，经汇总后报送项目管理部外协采购办。项目管理部据此编制下年度外包采购实施计划以及年度经费预算。年度外包采购实施计划外需要启动的采购项目，纳入年度外包采购实施补充计划并集中审核发布。

具体到每一项采购任务包，在研究部内设置采购任务包技术负责人，由技术负责人提出请购要求，并填报采购审批表报送项目管理部。各研究部报送的外包采购审批表需交研究部部门负责人、项目管理部计划办、项目管理部经费办、项目管理部外协办、项目管理部质量办、项目管理部负责人进行审批。合同价值在万元人民币以上的审批，需由项目总指挥签批。

采购需求的审核重点关注内容：

1）采购任务应为项目建设范畴内容，采购需求，包括主要技术指标、需求时间、数量、预算、潜在供方调研、验收方法、安全评估等均应明确；

2）非标/研制类交付物预算50万元及以上，技术负责人需编制外协任务书。

3）非计划内采购任务，且采购预算大于100万元的，需要编制采购需求论证报告，通过评估后方可启动采购相关事项。

（2）合同文本审核。

神光-Ⅲ项目对合同文本审核建立了完整的流程，并根据不同的合同价值设计了不同的合同文本审核方式，包括合同会签或合同评审等，如合同价值在100万元以下的合同文本，审核采用会签方式进行控制。

1）合同文本审核由项目管理部外协管理办公室、该项采购任务包的外协管理负责人组织。

2）合同文本评审要成立评审小组，采用会议评审形式。评审小组由法律专家、技术专家、外协管理负责人、采购任务包技术负责人组成；合同文本评审意见，作为合同相关的正式文件，由合同包管理负责人将其会同合同的其他相关文件保存。

3）合同包外协管理负责人和技术负责人进行合同文本的审核，并在合同文本中共同签字认可后，由合同包管理负责人负责将合同文本会同《神光-Ⅲ项目合同审核单》交项目管理部外协办、项目管理部计划办、项目管理部经费办、项目管理部质量办、研究部负责人、项目管理部负责人进行审核。

4）合同审核通过后，需由项目单位法人代表或委托代理人签批，并由合同包管理负责人负责将合同文本报送至项目管理部合同用章管理处或项目单位用章管理处加盖合同公章后，合同生效；若合同审核未通过则需重新编制合同文本，直至审核通过。计划外的项目，项目合同必须经过项目总指挥签字，方可生效。

（3）阶段付款审核。

合同生效后，合同包管理负责人负责按照合同付款进度节点提出付款申请。付款申请明确付款的依据、进度执行情况、资料交付等信息。必要时需要单独组织项目阶段评估，以确认项目实施是否满足合同阶段要求。

阶段付款审核主要用于加工制造、集成安装等实施过程中，以及项目整体验收前，暂时无法验收但又需要进行状态确认、转段、付款的情况。

7.2.4.2　四控

在神光-Ⅲ项目的质量管理具体工作中，形成了以技术状态管理、软件工程化管理、可靠性管理、文件档案管理4个专项线条的工作（四控）。在各线条的工作中均编制了具体的管理作业文件进行规范，并把它们贯彻到项目建设进展的各个环节，通过策划、制定标准、检查控制和改进的循环加以落实。实施情况见表7-5。

表7-5 质量管理过程控制线条表

工作名称	实施内容
技术状态管理	按项目单位质量管理体系《技术状态管理程序》，并参照国军标要求，对神光-Ⅲ项目实施过程中不同阶段的技术状态进行标识、控制、纪实和审核管理
软件工程化管理	编制了单独的软件质量控制要求文件，对软件质量控制文件、控制内容要素及整改要求均进行了明确，同时对神光-Ⅲ项目涉及的主要子项软件的实施过程进行跟踪检查，并要求限期对不符合要求的事项进行整改
可靠性管理	完成了可靠性分析与评价、软件及报告管理软件，并投入试用，持续收集处理各系统故障记录
文件档案管理	负责项目相关文件资料的登记造册和归类暂存工作，开展相关文件档案的收文、发文、归档和查借阅工作，并按计划向项目单位档案室完成文件资料的移交归档

7.2.4.3 五评

（1）设计评审。

设计评审控制点主要由各方面具备资格的代表对设计所做的正式、全面与系统的检查。其目的是评定设计要求和设计能力是否符合规定的要求，从而发现问题并提出解决的办法，并作为交付物研制能否转入下一阶段工作的依据。评审能影响设计决策，但不代表设计决策，不改变规定的技术责任制。神光-Ⅲ项目设计评审过程中采用了集中工程设计和常规设计相结合的方式，其中集中工程设计的质量控制充分体现了项目单位在神光-Ⅲ项目上总设总成的责任。

（2）实施方案与质量计划评审。

该控制点主要是为了检查、监督加工制造单位从工程设计资料转化为工程实施的组织管理过程，以及加工制造阶段总体的实施流程、保障条件、质量保证、进度控制等内容是否符合合同要求和合理可行。

实施方案主要要求任务承担单位从项目概述、项目实施组织、实施流程、进度计划、系统集成及接口管理、现场系统调试、质量控制、风险控制、保障条件、输出文件等方面系统介绍项目的实施管理方案。

质量计划主要要求任务承担单位从项目质量目标、实施过程、质量管理体系、管理职责、资源管理、质量控制要求、实施流程中的质量控制点等方面系统阐述项目的质量保障计划。

(3) 首件鉴定评审。

该控制点主要是针对有一定批量的采购项目，在正式批量生产前，对第一件交付物从功能实现、工艺编制、保障条件等进行评审确认。

外协单位提请组织首件鉴定，需要提交首件鉴定实施方案、检验报告、加工制造总结报告等，其中首件交付物检测由项目单位技术人员、质量管理人员和外协方人员共同完成。当首件交付物满足外协合同、技术文件要求后，组织项目总指挥、项目总设计师、技术人员、质量管理人员等参加首件鉴定。

(4) 出厂评审。

该控制点是外协交付物出厂前自检合格，外协单位申请发运至项目单位前的检查确认。由项目单位技术人员、本合同包管理负责人对合同和验收规范要求的、能够离线检测的功能指标进行复核。检查方式可采用随机抽检方式进行，只有复核满足要求的交付物才能运到神光-Ⅲ项目现场进行安装。根据实际情况，出厂评审也可与交付物现场安装调试方案评审一并进行。

召开交付物出厂评审会议，会前应提前向项目单位提交出厂评审申请，同时应提交验收测试记录、验收测试报告、阶段总结报告。其中，验收测试报告内容包括测试时间、地点、测试人员、测试依据方法、测试条件、测试项目、测试结果、结论等。

(5) 验收评审。

根据合同约定，验收评审是由各方面具备资格的代表对交付物所做的正式、全面与系统的检查。其目的是评定最终交付物是否符合合同约定，相关技术参数、功能指标是否达到要求，交付物硬件及软件交付是否齐全，附属文档资料是否符合要求等。

1) 验收申请。

合同包管理负责人和技术负责人共同评估项目是否具备验收条件，如果具备条件，则由管理负责人提出项目验收申请，并完成验收申请的审批流程。如果审批通过，则由项目管理部组织成立验收评审组。验收评审组主要负责具体实施合同验收的各项工作，下设专业验收小组。各专业验收工作由专业验收小组完成。验收组相关工作要求由子项经理和子项技术负责人组织落实。

2）验收方式。

项目单位将神光-Ⅲ项目合同验收方式分为两类：①会议评审验收方式；②文件确认验收方式。

系统级项目或关键重要交付物采购合同采用会议评审验收方式，而一般交付物合同采用文件确认验收方式。有关验收流程如图 7-5、图 7-6 所示。

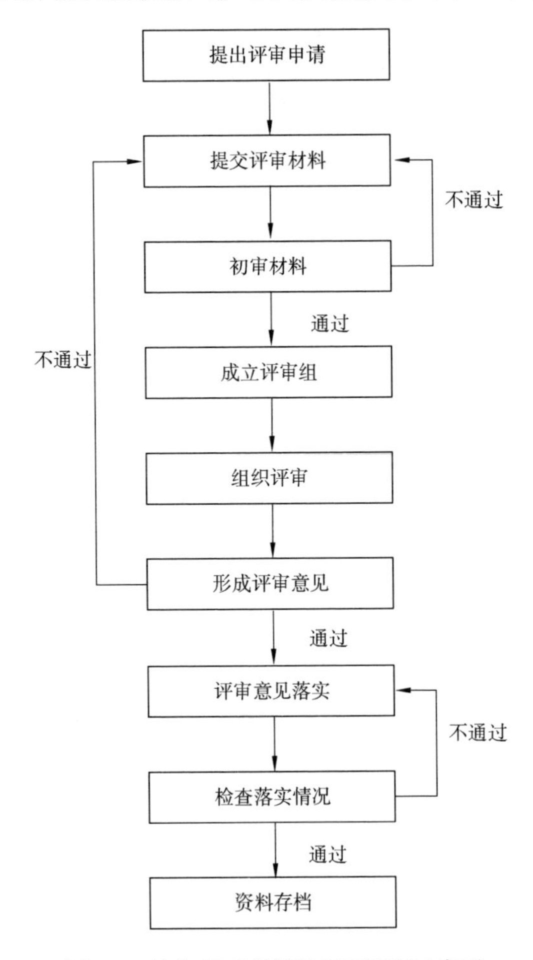

图 7-5　神光-Ⅲ项目设计评审流程示意图

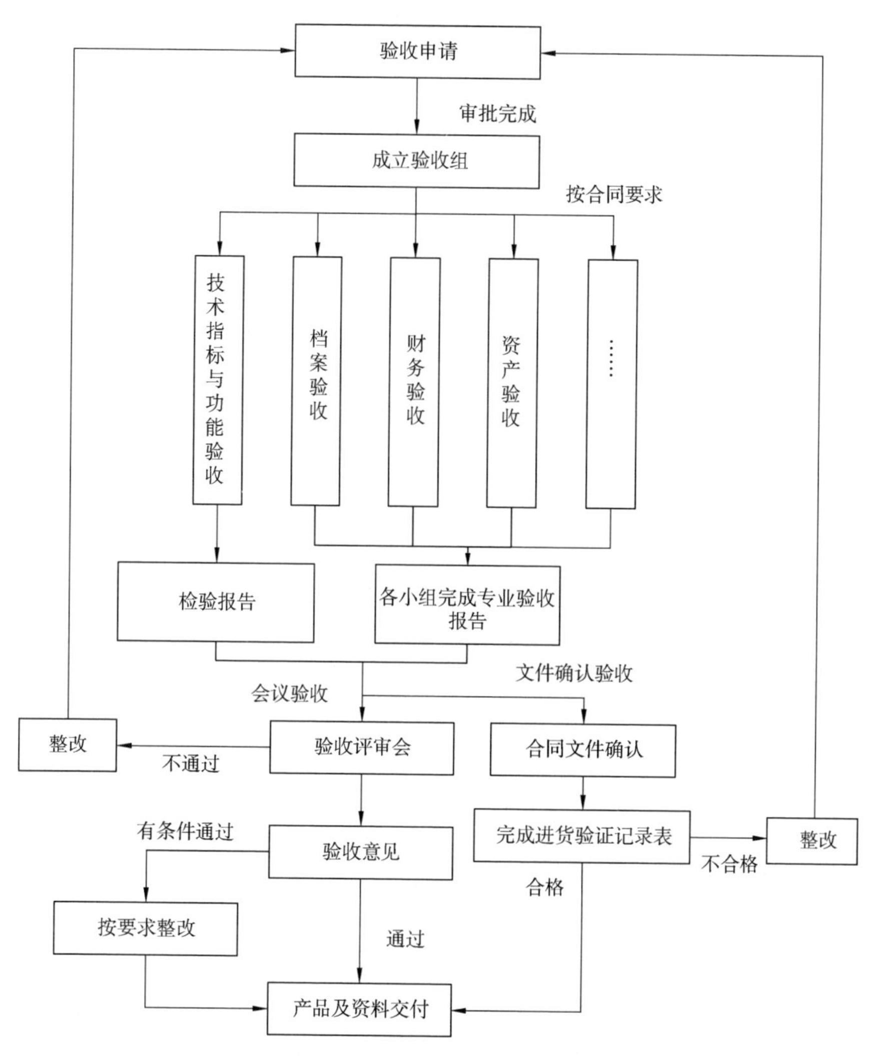

图 7-6　神光-Ⅲ项目验收流程示意图

3）验收包含内容。

验收包含内容如下，其中验收应审查的文件资料见表 7-6。

①合同技术指标、功能要求的实现情况；②交付物的质量状况；③交付物硬件、软件及附属设备；④交付物相关文件资料（含电子版）；⑤合同经费执行情况；⑥资产形成状况；⑦环保、消防、人防、安全设施等其他方面的验收。

表 7-6　验收应审查的文件资料

交付物分类	验收审查的主要文件资料
非标交付物	项目合同规定的交付资料； 软件工程化要求文件； 质量问题归零资料； 设计变更、技术状态变更文件； 布线工程验收图及布线说明； 项目研制总结报告及出厂检测记录； 指标测试、档案、财务、资产等各专业验收报告； 用户试运行使用报告； 交付物交付清单（硬件、软件、文件资料）； 其他项目实施过程中形成的文件资料
标准交付物	项目合同规定的交付资料； 交付物合格证明文件； 在线检测记录； 交付物交付清单（硬件、软件、文件资料）； 其他项目实施过程中形成的文件资料

4）验收流程。

评审验收方式分为会议评审验收和文件确认验收，验收流程如图 7-6 所示。

7.2.5　神光-Ⅲ项目质量管理方法

（1）集中工程设计。

集中工程设计的主要内容是在项目初步设计基础上，确定工程设计技术实施路线和实施流程；建立工程设计技术状态功能基线、分配基线和产品基线；制定项目工程设计标准、规范和大纲；明确系统设计范围、功能和技术指标，并开展工程设计任务书编制；确定工程设计输入输出技术文件清单。

神光-Ⅲ项目是一项大型的科学工程建设项目，涉及光、机、电、材料和自动控制等多学科、多专业的前沿技术集成。主体工程设计在组织形式上选择了“统一规划、分类实施，内外联合、优势互补”的联合设计模式；设计思路上按照“由上至下、由粗至细、由表及里、由此及彼、分析比较、综合平衡、循环迭代、滚动完善”来开展；实施步骤上采取了“集中设计、分类验证、迭代修订、分步确定”的方式。具体采用的方法如下。

1）联合设计

工程设计是一项协作性很强的工作，需要不同学科交叉知识，需要不同专业人员协同工作。

在联合设计任务策划中，按总体和系统两个层次分工。项目单位作为神光-Ⅲ项目的总体设计和总体集成单位，成立了光学、结构、电学、流程四大总体组，负责装置总体光学、总体结构、总体电气、总体流程四大总体设计任务，其余系统级以下的工程设计以外协单位联合设计的方式实施。

2）集中封闭设计。

工程设计期间，在项目两总系统的领导下，项目单位通过耦合国内优势科研院所的技术力量，采取“集中封闭设计、专题技术研讨攻关”等方式进行了多轮次的大型工程设计活动。一方面，对神光-Ⅲ主机装置总体光学设计、总体结构设计、总体电气设计、安装集成总体设计技术路线进行了深入的研究与论证，并结合驱动器大型模拟软件及数字化仿真软件的计算分析；另一方面，针对构成神光-Ⅲ主机装置的六大系统，细化了数十个子项工程设计任务包，并对这些任务包的建设技术方案进行了深入的研究、验证与论证，明确了各系统基本功能设计要求、系统配置设计要求、系统光机结构设计要求、系统电气与控制设计要求、系统“三性”设计要求、系统标准化设计要求、系统光机电信息等“接口”设计要求、系统潜在的改进设计要求等内容。经过多轮集中工程设计的反复迭代，逐步确定了工程设计方案。

3）通过验证规避技术风险。

在初步设计过程中，已经开展了部分关键技术的研究，细化了部分设计，但一些问题需要在工程设计和建造过程中继续开展工程性的研究与验证。为避免这些风险对项目建设的潜在影响，项目单位进行了一系列的关键技术研究与验证，包括开展系统研究试验工作，如预放系统单元组件验证、组合式片状放大器组件验证以及主机关键单元组件的精密装校技术研究等；开展光学加工流程线关键技术与工艺验证，如400mm大口径钕玻璃片加工、强光镀膜关键技术与工艺等。这些研究与验证工作解决了装置关键工程技术问题，验证了初步设计方案的可行性和合理性，并为优化设计提供了指导和依据。

4）标准化和规范化延伸至外协单位。

项目单位编制了工程设计规范文件，按照“视同己方管理”的原则，将标准化要求延伸至外协单位，要求其遵照执行，并在资料归档前对各阶段逐层严格把关，确保工程设计输出文件质量。同时重视评审会议前的审核准备工作，编制了相关细则，明确了评审前各岗位、部门的职责和具体任务、接口关系、输出文件等要求，有效地提高了会议评审的效率和效果。

（2）对外协单位的二方审核。

外协工作量在神光-Ⅲ项目中的占比很大，因此，在项目实施过程中组织了对外协单位的二方审核。依据项目标准化大纲、各外协项目的实施方案和质量计划，组织项目总指挥、项目总设计师、项目管理部及职能部门相关人员对主要外协单位质量管理现状、交付物质量控制情况进行现场检查和质量审核，以及对工程设计中标准化的执行情况进行检查。具体内容包括：编制检查、审核计划；现场审核；完成审核报告；跟踪督促外协单位完成整改。

（3）建立计量体系。

神光-Ⅲ项目采购测量设备的管理严格按照项目单位的相关规定执行。集成调试、联机调试及磨合试验任务中所用的测量设备必须进行周期检定、校准。检定不合格、超过有效期或经校准不能满足预期使用要求的测量设备不得投入使用。

通过项目经费采购的计量设备，在设备验收前，凡有国家检定规程的，要求严格按相应检定规程在具备相应资质的计量检定机构进行检定，并出具鉴定证书；无国家检定规程的，按照国标相关要求编制相应的校准规程，经批准并按校准规程进行校准。图7-7是项目单位计量设备管理流程示意图。

（4）质量信息管理。

1）过程、交付物监视和测量数据管理。

对工程类交付物实现过程及交付物监视和测量所获得的数据进行收集、分析和处理，定期发布质量信息统计表；按年度编制工程类交付物实现过程能力评价报告，系统分析工程实施各阶段工程质量、进度、经费等因素与工程总体要求的符合度，找出影响工程实施的因素，提出改进的措施和建议。

对生产类交付物实现过程及交付物监视和测量所获得的数据进行收集、分析和处理，分析生产各阶段所获得的数据，给出各阶段交付物和半成品的合格率等信息。定期发布光学元件月报、光学元件质量信息统计表等，动态反馈光学元件信息。按年度编制生产类交付物实现过程能力评价报告，系统分析光学元件生产能力状况，提出相应的改进措施和建议等。

2）体系审核数据和质量信息管理。

质量管理体系审核所产生数据和质量信息的分析、处理严格按质量管理体系内审程序执行。

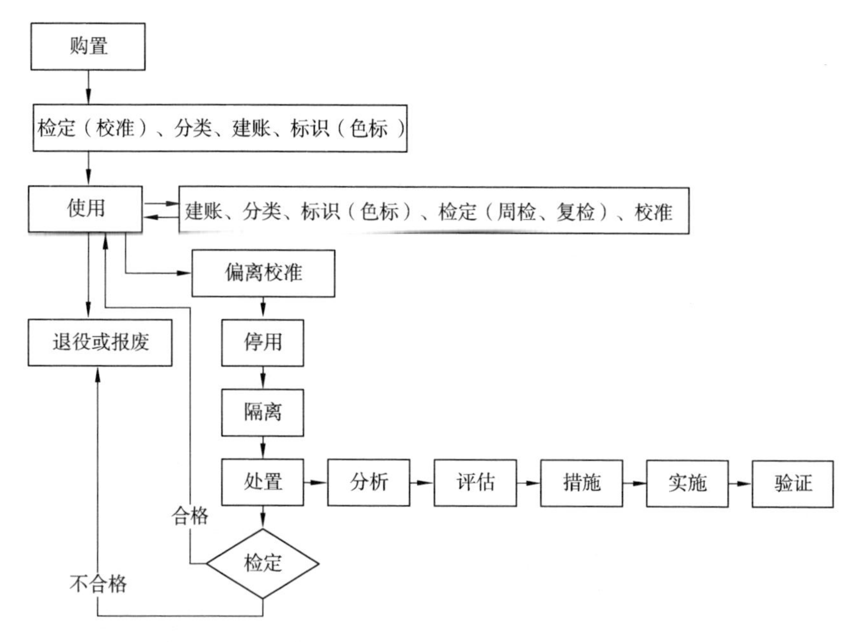

图 7-7　神光-Ⅲ项目计量设备管理流程示意图

3）供方信息管理。

收集、处理采购交付物的有关信息、采购交付物验收（验证）的数据、采购交付物的使用情况等，给出采购交付物的合格率、交付物发展趋势以及供方能否持续稳定地提供满足要求的交付物，并提出供方存在的问题、需要采取的措施和建议等。

（5）开展质量问题归零工作。

为了保证神光-Ⅲ项目质量管理问题全部得到解决和处理，项目单位开展了质量问题归零工作。质量问题归零工作的流程如图 7-8 所示。

开展神光-Ⅲ项目质量问题归零后，得到了各相关单位的积极响应，收到了上百条归零意见和建议。在采取相应措施后，有效地改进了项目交付物质量。

（6）建立项目质量文化。

管理成功的组织居首位的并不是先进的加工、检测设备，工艺技术和严格的规章制度，而是强有力的质量文化。项目质量文化的构成要素包括项目质量意识、质量制度以及质量形象等内容。

1）项目质量意识。

项目质量意识是项目成员对质量重要性认知程度的体现，它包含了质量

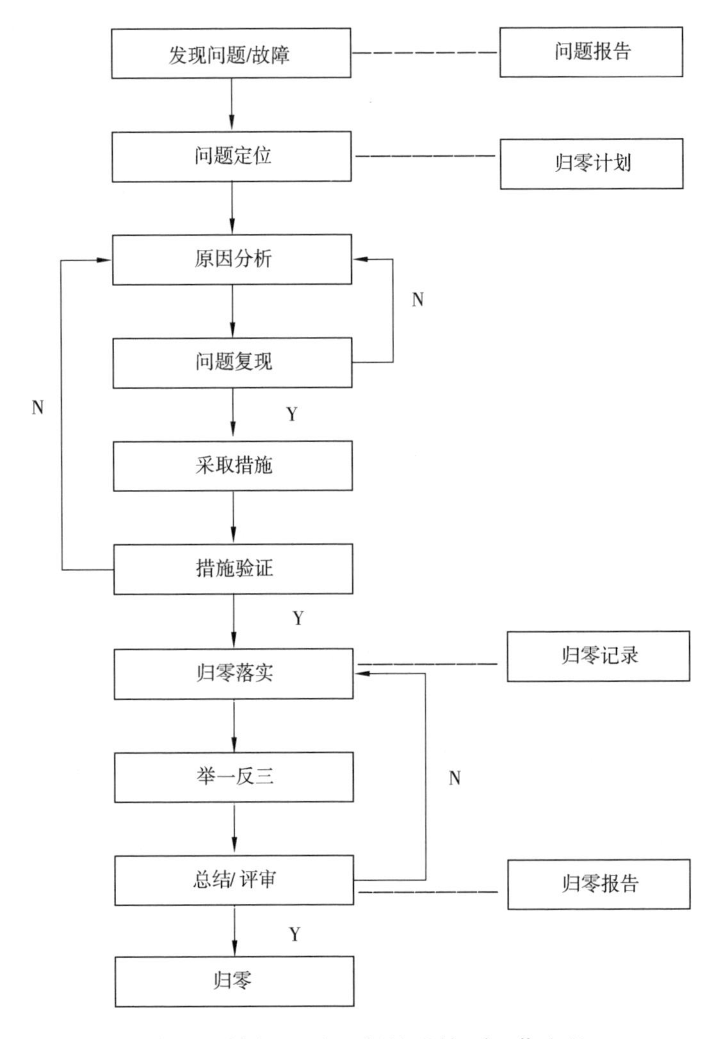

图 7-8　神光-Ⅲ项目质量问题归零工作流程

价值观、顾客意识、品牌意识和质量忧患意识。项目单位按照“筑国防基石，精益求精；聚一流人才，寻优勇进”的质量方针开展质量工作，质量体系健全，质量观念深入人心。

2）质量制度。

质量制度是质量文化的“固化部分”，是单位员工必须遵守的准则。在遵循项目单位质量管理体系文件要求的基础上，神光-Ⅲ项目单位对质量管理工作从严控制，不断开展项目管理制度体系建设，建立了专用规范管理文件。

3）质量形象。

质量形象主要体现为单位的交付物质量、服务质量、品牌影响和社会责任感给顾客和社会留下的印象。神光-Ⅲ项目是我国自主建成的大科学工程，在国内国际均引起了很高的关注度，在顾客和社会上建立起“尖端科技”“国防工程”“民族自豪”等正面品牌联想。

7.3 神光-Ⅲ项目可靠性管理

可靠性作为神光-Ⅲ主机装置稳定运行的最重要度量指标，直接关系到项目的整体效能，表征神光-Ⅲ主机装置在使用过程中正常工作状态或完成规定工作的能力。

神光-Ⅲ项目可靠性工程建设的目标就是：把原型装置使用期间积累的好的可靠性管理经验与神光-Ⅲ主机装置可靠性工程建设紧密地结合起来，固化装置可靠性工程管理规范和评价方法，为项目的决策层、管理层和实施层提供不同层次的可靠性现状评价数据和分析结果。并且基于数据分析方式找出可靠性工程薄弱环节，辅助监控改进措施的实施，为实现装置可靠性增长提供一定技术支撑。它涉及装置级、系统级、分系统/组件级、LRU 和元器件级等 4 个层次。

为实现这一可靠性管理目标，神光-Ⅲ项目系统开展了可靠性工程管理，包括可靠性工程管理策划、执行、监督与控制、验收和收尾等活动。

7.3.1 可靠性管理策划

神光-Ⅲ项目可靠性管理策划可以分为流程梳理、目标确定、大纲编制、组织机构设置等内容。

7.3.1.1 可靠性管理流程

神光-Ⅲ项目可靠性管理工作流程分为 3 个阶段：论证阶段、设计阶段和试验阶段。在论证阶段，明确可靠性目标及要求；在设计阶段，开展简化设计，建立可靠性模型和仿真模型，进行可靠性预计与分配、装置可靠性分析等；在试验阶段，开展可靠性增长试验和可靠性鉴定验收试验。根据可靠性工程管理工作总体思路，将神光-Ⅲ主机装置按其组成部分的隶属关系划分为 4 个层次、6 大系统，然后将各大系统进一步划分，直至划分到元器件。总体层的可靠性工作流程如图 7-9 所示。

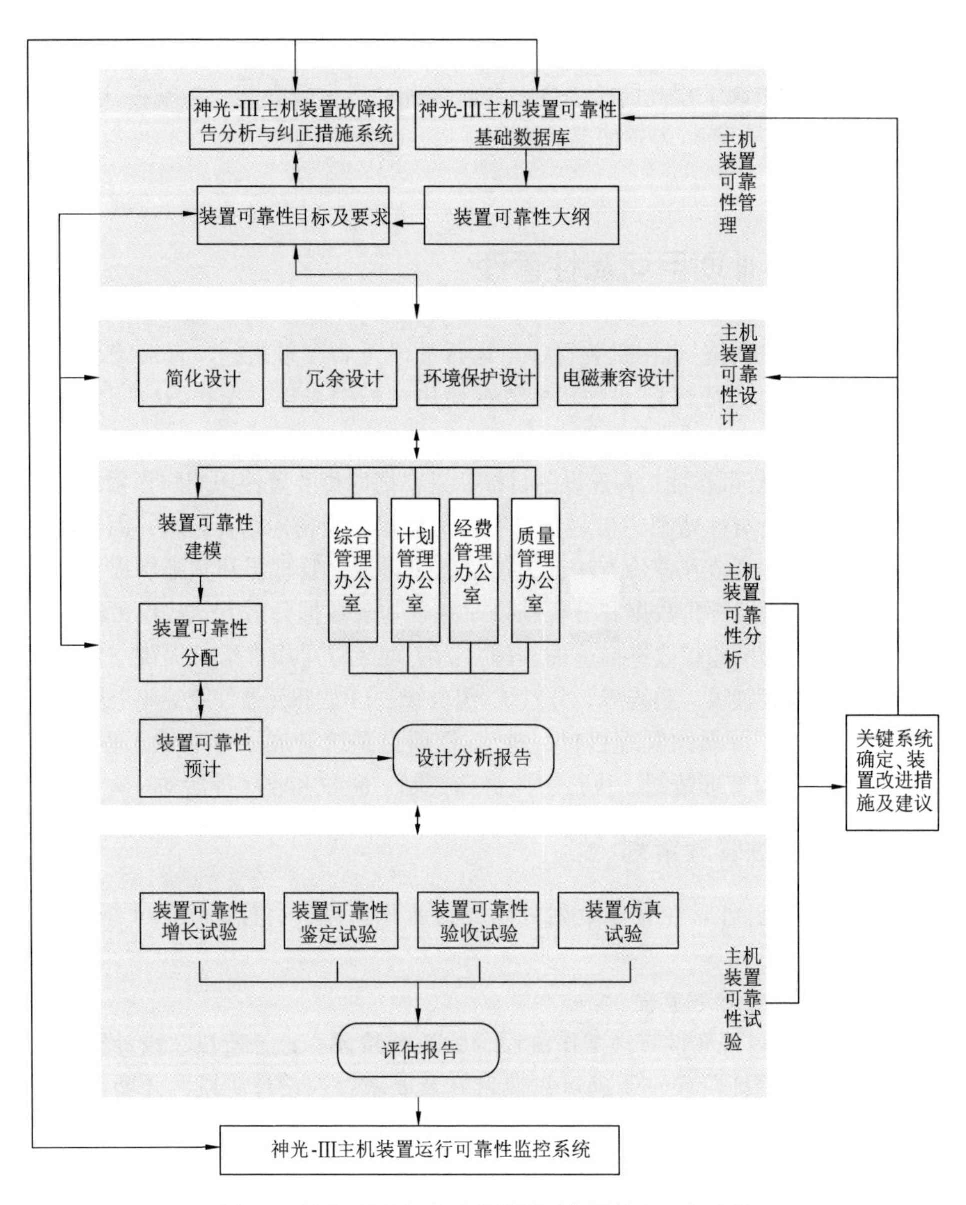

图 7-9　神光-Ⅲ主机装置总体层可靠性管理工作流程

7.3.1.2　提出神光-Ⅲ主机装置可靠性目标及要求

可靠性目标及要求是进行可靠性设计、分析、试验、验收的依据。设计人员只有在透彻地了解了这些要求后，才能将可靠性目标准确地落实到装置的设计和建造中，并有计划地实施有关的组织、监督和控制工作。

7.3.1.3　制订神光-Ⅲ主机装置可靠性大纲

为保证神光-Ⅲ主机装置可靠性目标及要求的实现，需制订神光-Ⅲ主机装置可靠性大纲。神光-Ⅲ主机装置可靠性大纲是指导主机装置可靠性工作的纲领性文件，其中包括提出主机装置可靠性目标及要求、制定可靠性工作计划、建立可靠性管理机构、明确对转承制方和供应方的监控措施、确定可靠性信息管理方法、选用适当的可靠性分析工具和技术、编制可靠性文档计划、说明开展可靠性试验的类型、数据采集方法和试验评估技术等。

7.3.1.4　建立可靠性工作团队

为使可靠性工作真正发挥其作用，对项目生命周期内的可靠性工作管理需要完备的工作体系和工作团队加以保证。为此，各有关部门和单位均应明确可靠性管理组织结构、负责人和工作职责，如图7-10所示。

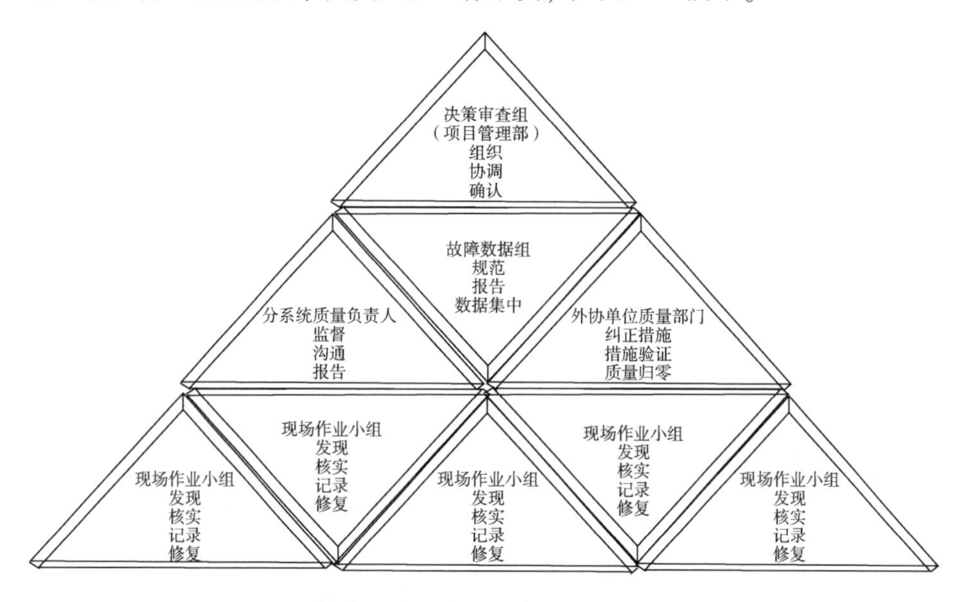

图7-10　神光-Ⅲ主机装置可靠性管理项目工作团队

神光-Ⅲ主机装置建设期间的故障数据管理由项目单位和相关外协单位共同完成。其管理组织结构主要有3个层次，即决策层为决策审查组，组织层为故障数据组，执行层为系统现场作业小组。

决策审查组由项目总指挥、管理部门、激光装置总师系统人员共同组成。这是故障数据处理和审查的最终决策机构，其日常工作由项目管理部门具体负责。主要职责有：

1）组织开展故障数据管理日常工作。

2）对重大故障问题进行讨论，协调配套资源，决策处理措施。

3）审查故障闭环信息，确认故障归零。

故障数据组由现场管理部门、分系统质量负责人和外协单位的相关技术人员组成。其职责主要有：

1）现场管理部门规范管理流程，集中故障信息，并向决策审查层汇报。

2）分系统质量负责人负责故障信息初步分析，并形成报告，同时跟踪监督故障处理。

3）外协单位质量部门负责落实纠正措施，并组织质量问题归零。

现场作业小组：

1）现场作业小组负责对发现的故障的各种信息进行记录、核实。

2）负责故障信息的传递和上报。

3）具体执行故障处理措施。

7.3.2 可靠性故障报告、分析和纠正系统

建立可靠性故障报告、分析和纠正措施系统（Failure Reporting，Analysis and Corrective Action System，FRACAS），即故障报告闭环系统。它是可靠性增长和获得可靠性信息的重要手段。

FRACAS 也被称为质量追踪和管理系统，是现代质量观念的一种延伸和实现途径。FRACAS 的实施和应用能为组织成功实现 6σ、ISO9000 等质量目标提供保障。

7.3.2.1 FRACAS

建立 FRACAS 是分析神光-Ⅲ主机装置可靠性数据的基础，而组建团队是第一步。图 7-11 展示了神光-Ⅲ主机装置的 FRACAS 闭环管理系统的组织结构。

FRACAS 组织包括两层结构，即顶层为总体设计单位，底层由承制单位和使用单位组成。顶层和底层共同构成 FRACAS 闭环管理系统。单位之间的连线表示信息的传递。在 FRACAS 系统中，底层单位之间不能直接进行故障

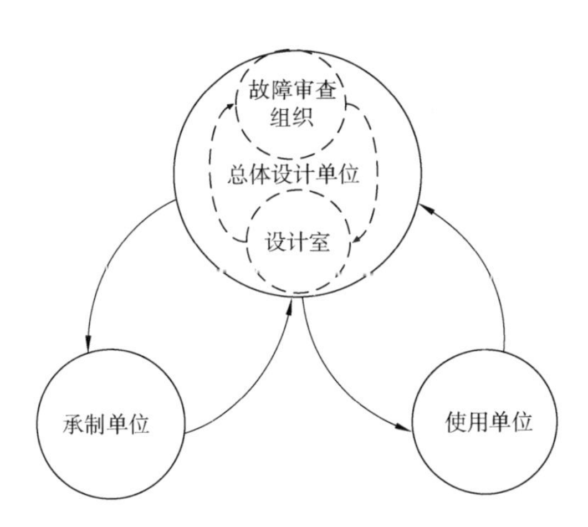

图7-11 神光-Ⅲ主机装置FRACAS组织机构

信息的传递。

为了协调和组织装置跨单位工作任务，在满足与技术责任制相协调并且便于工程实施的条件下，在顶层总体设计单位建立了由总设计师负责、总质量师、各主管副总师和质量管理部门共同参与的故障审查组织，以此作为故障闭环系统的最高权力机构。质量管理部门负责故障审查组织的日常工作。故障审查组织的主要职责如下：

1）开展故障报告、分析、纠正和跟踪归零的日常事务性工作，负责故障收集、传递、反馈并建立故障信息库。

2）召开重大故障影响分析会，查找故障原因。

3）对故障责任单位分析的故障原因、处理意见及纠正措施进行审查，确认故障是否可以归零。

4）给出影响安全的故障产品排故装机后是否可以运行的最终决策意见。

对于FRACAS系统，除了建立故障审查组织外，还应该成立FRACAS闭环运行管理队伍。该管理队伍由总体设计单位故障审查组织人员和承制单位及使用单位的相关工作人员组成。总体设计单位故障审查组织应配备相应的工程技术人员，其中高级、中级和初级技术人员各若干名；承制单位和使用单位也应配备相应数量的工程技术人员。其职责是：

1）实验室、现场报告的故障的收集、管理和分析。

2）负责故障信息、原因分析、纠正措施及实施结果信息的传递。

3）开展故障分析纠正归零工作，跟踪故障的归零情况，定期编写故障分析及归零情况报告。

4）定期到各承制单位检查未归零故障的分析及纠正处理情况。

7.3.2.2 FRACAS闭环管理流程

当装置系统在系统联试等试验过程或者使用过程中发生以下故障：

1）影响安全和任务的故障。

2）影响产品性能、可靠性指标和寿命的故障。

3）多发性、重复发生的故障。

4）尚未解决影响使用的故障。

5）关键元器件和重要元器件的故障。

系统主管设计师应对上述故障进行核实和确认，并按故障报告表的填写要求填写，上报质量管理部门，会同故障件的承制单位进行故障分析，确定故障原因。承制单位提出纠正措施，并将措施落实到产品上。故障排除后，由承制单位根据故障分析表和故障纠正表的填写要求，将故障分析情况和排故处理情况如实填写并反馈给总体设计单位的质量管理部门。

在上述过程中，承制单位要针对装置系统发生的每个故障认真进行分析，提出切实可行的纠正措施，彻底排除故障。纠正措施要求“七到位”（纠正措施落实到故障件、库存件、装机件、试验件、在制品、设计文件和工艺图样上），以保证产品的质量与可靠性。承制单位质量部门的人员应协同设计人员，对故障现象进行分析，找出其失效机理。对于报废故障件应妥善保留，直至纠正措施取得效果为止，以备必要时对故障进行复查。

质量管理部门在归零过程中严格执行“五归零”“七到位”的归零标准，追查装机后故障是否再现。只有故障原因分析清楚、纠正措施正确并达到归零标准、装机后故障不再复现，方可归零。“五归零”指的是“故障归零五条标准”（定位准确、机理清楚、故障复现、措施有效、举一反三）和“管理问题归零五条标准”（过程清楚、责任明确、措施落实、严肃处理、完善规章）。

如图7-12所示，标号1-3为故障报告流程，标号4-8为故障分析和纠正措施流程，标号9-10为验证流程，标号11为归零流程。这是根据闭环管理组织，综合考虑FRACAS流程与不同单位的相互联系，生成扩展的FRACAS闭环流程图。闭环流程扩展的使用单位严格按照故障报告流程上报故障报告，经总体设计单位的故障审查组织审批后发往故障责任单位；然后，故障责任单位组织人员执行故障分析和纠正措施流程，并将分析和纠正结果返回给总

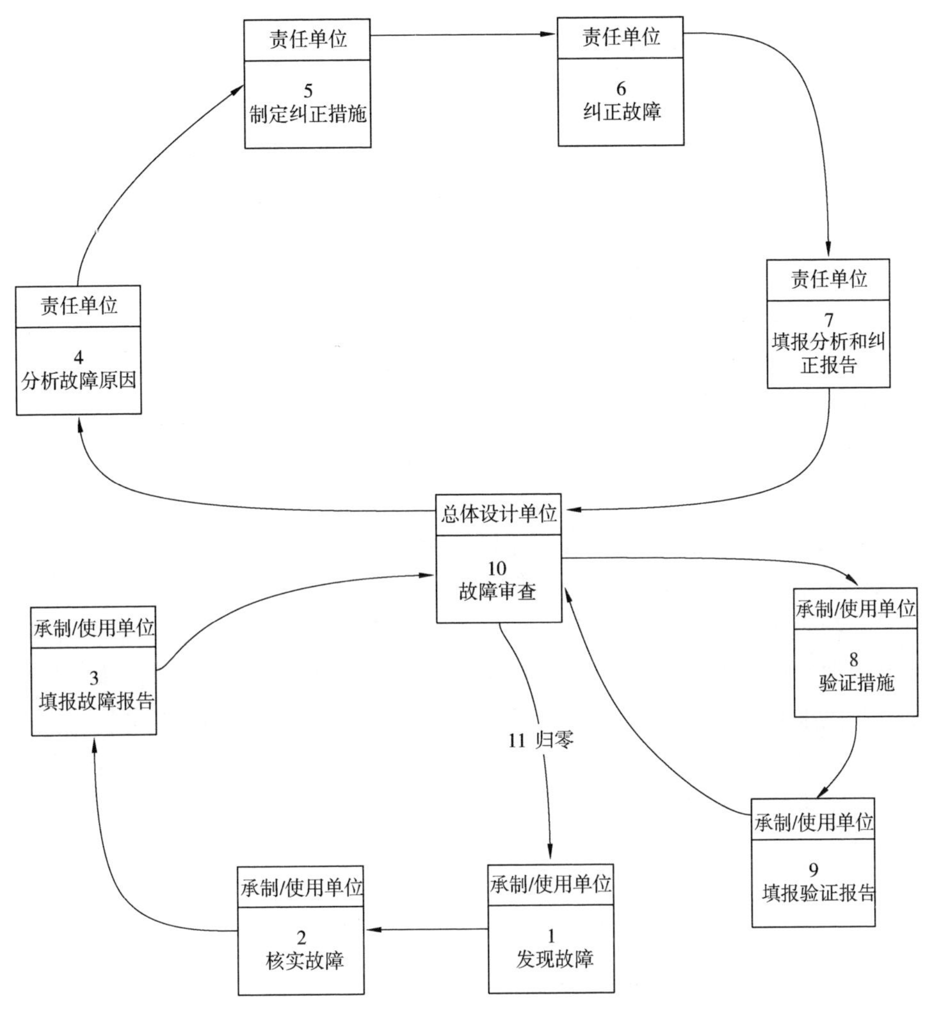

图 7-12　神光-Ⅲ项目 FRACAS 闭环流程图

体单位的故障审查组织；接着，故障审查组织将结果送到使用单位进行验证，同时报故障审查组织审查。只有纠正措施经审查并且验证通过，故障件装机后故障不再复现，方可按照归零标准进行归零；否则，将验证未通过的结果意见返回给故障责任单位，责令其重新分析故障原因，并制定纠正措施，直到纠正结果通过验证和归零为止。

7.3.3 装置可靠性数据管理

（1）装置可靠性数据集中管理体系。

神光-Ⅲ主机装置采用的数据集中管理体系包括质量问题、故障数据、纠正措施及验证归零等环节的原始数据收集、数据规范化处理，统一的数据库构建，系统分析和统计分析等。它适用于装置建设项目在安装集成阶段以及试运行期间的可靠性数据收集和处理。

开展装置可靠性工程数据集中管理主要是针对装置的 6 大束组分阶段的安装、调试和试运行阶段发生的质量问题、故障及缺陷、纠正措施和验证归零、维修记录和交付物更换记录等数据进行的管理；为后续的工程质量改进提供数据依据；逐步建立主机装置建造阶段的质量问题与故障数据库，以实现主机装置可靠性工程的信息化管理；为有效地消除故障和潜在不合格因素，防止故障再现和不合格再发生，专门制定本体系。

（2）装置可靠性数据管理建模。

对神光-Ⅲ主机装置全生命周期中产生的可靠性数据，进行有效管理的可靠性数据管理通用模型如图 7-13 所示。该三维模型是一个包括对象维、视图维和阶段维的三维体系结构。在三维体系结构中，可以将复杂系统从论证阶段到运行阶段中所涉及的所有功能、信息、组织、资源等信息构架在一起，形成一个完整的管理体系。

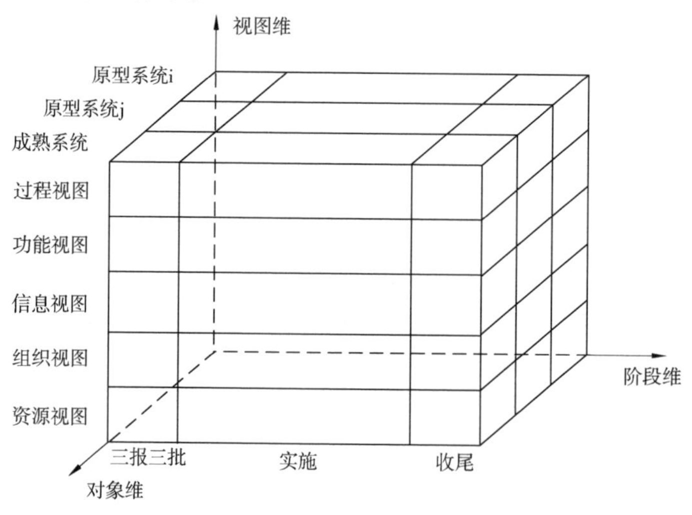

图 7-13　神光-Ⅲ主机装置可靠性数据管理三维体系结构

1）对象维设计。

对象维对应霍尔三维结构中的逻辑维，主要包括原型 i、原型 j 和成熟系统 3 个基本要素。对象维完整地描述了复杂系统在其研发过程中遵循的基本规律，即由原型系统到成熟系统一步一步不断演化的技术进化规律。

装置系统对象维中包含的每个系统在不同阶段都有预期的可靠性要求；每个系统必须达到其预计的可靠性水平，才能进行下一阶段的可靠性试验。为了有效地检测系统是否达到预期的可靠性水平，需要对系统的可靠性增长情况进行准确的评估，因此必须要有大量的系统原始运行数据来支撑整个评估过程，而这些原始的可靠性数据最能反映系统现阶段的可靠性水平。通过该模型，可以对复杂系统横向数据进行收集和管理，可以有效地为下一步系统研发提供借鉴。

2）阶段维设计。

三维数据管理模型中的阶段维对应霍尔三维结构中的时间维，以系统的完整生命周期为阶段坐标轴，包括涵盖神光-Ⅲ项目全生命周期的 3 个阶段。

阶段维以工程的整个生命周期为阶段坐标轴，反映工程经历的主要阶段和模型的演进过程。每个阶段都有其具体的可靠性建设要求。阶段维提供了复杂系统纵向的可靠性数据信息。

装置在整个生命周期中，不同的阶段会有不同的可靠性要求，也就需要有不同的研发方案。针对装置可靠性数据管理建模，必须将这些特征覆盖于整个工程的全生命周期中。建立数据管理三维模型的阶段维，主要任务是为了收集和处理单个装置全生命周期中各阶段产生的可靠性数据信息。

3）视图维设计。

在装置可靠性数据管理模型中，视图维包括资源视图、组织视图、信息视图、功能视图和过程视图。

（3）装置可靠性数据管理模型成熟度。

在神光-Ⅲ主机装置系统建设中，建立了完整的可靠性管理体系，搭建了可靠性数据管理模型并进行了模型的共性和差异的研究，较全面地解决了系列装置间的管理模型继承性和数据共享性等工程管理问题。

根据神光-Ⅲ原型装置的数据基础，结合主机装置的可靠性数据分析，构建神光-Ⅲ主机装置跨系统管理模型的成熟度曲线，如图 7-14 所示。横轴表示从原型系统到成熟系统的进化路径，纵轴表示可靠性数据管理模型在对每个系统的可靠性数据进行管理时达到的管理成熟度。S 曲线簇展示了系统经历技

术进化的 n 个完整进化周期，这 n 个周期共同构成系统的完整进化路径。在图中每条 S 进化曲线不但对应一个系统，还描述了系统经历的 4 个进化时期即婴儿期、成长期、成熟期和衰退期。

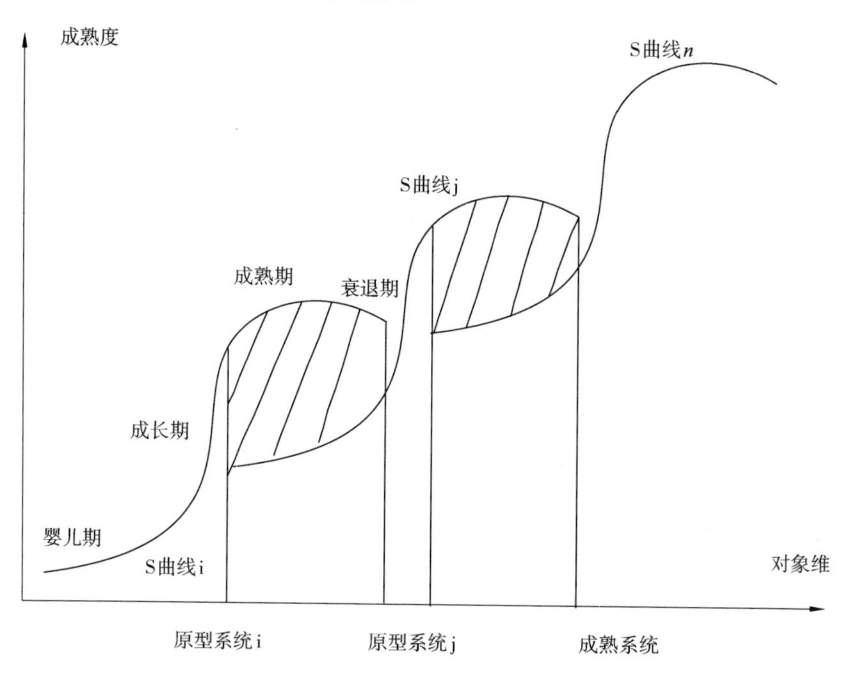

图 7-14　神光-Ⅲ项目跨系统管理模型成熟度曲线

装置可靠性数据管理模型在对各系统各时期的可靠性数据进行管理时达到的成熟度也各不相同。如图 7-14 所示，两条 S 进化曲线之间存在交集，即图中的阴影区域是因为后一轮的 S 进化曲线（Sj）开始于前一轮 S 进化曲线（Si）的成熟期，而两条 S 进化曲线之间的成熟度存在差异所导致的。

在阴影区域内，Si 进化至成熟期，资源投入增加，资源充足度提高；组织经过一段时间的运作也能适应数据管理的需要，提供的信息完整性也较高，功能完备性和过程的满意度方面都大大提升。Sj 则处于婴儿期新一轮的进化刚刚诞生，资源投入相对较高，但组织适应性、信息完整性、功能完备性和过程满意度方面都比较低。所以在图 7-14 阴影区域中，Si 的成熟度高于 Sj。

以 S 进化曲线中的婴儿期和成熟期两个阶段为代表，分别从资源的充足度、组织的适应性、信息的完整性、功能的完备性和过程的满意度等 5 大方面进行对比，分析可靠性数据管理模型的跨阶段成熟度的差异，见表 7-8。

表7-8　神光-Ⅲ主机装置可靠性数据管理模型成熟度对比关系

S曲线 \ 成熟度		资源充足度	组织适应性	信息完整性	功能完备性	过程满意度
S曲线i	婴儿期	低	低	低	低	低
	成熟期	高	高	高	高	高
S曲线j	婴儿期	高	低	低	低	低
	成熟期	更高	更高	更高	更高	更高

在工程建设中，由于新系统建设需要投入更高的研发费用、更多的技术人员，才能保证S曲线j的诞生，所以曲线Sj对应的资源充足度较高。但是，由于技术的更高要求和管理脱节、组织间磨合等原因，所以整体成熟度还较低。

装置可靠性数据管理模型在神光系列装置建设中取得显著的成效，包括运用阶段维对系统的各阶段产生的可靠性数据进行规范的收集和处理，通过视图维分别从资源、组织、信息、功能和控制5个方面分别对系统建设过程的可靠性数据进行系统化管理和控制，并通过对象维实现跨系统间的数据共享以及模型继承等。

（4）装置可靠性数据收集规范。

规范神光-Ⅲ主机装置6大束组在安装集成调试和试运行阶段发生的故障数据的收集工作和集中管理活动；有序地开展故障的原因分析，纠正措施的制定、实施以及故障归零的工作；使可靠性数据能够完全遵循“发现—报告—分析—纠正—审核”的闭环流程，并对可靠性信息进行集约化管理；同时提高可靠性信息的再利用能力，为主机装置可靠性评估提供数据依据，为主机装置建设积累相关的处理经验；减少重大故障和重复故障的发生，为主机装置的持续改善提供数据基础，促进主机装置可靠性增长。

7.3.4　可靠性管理效果评估

（1）测评目标完成效果。

通过建立完整的可靠性数据管理模型，神光-Ⅲ主机装置故障数据的收集整理完成率达到100%。可靠性统计分析覆盖了装置至底层元器件等多个层次，统计分析覆盖率达到100%。

（2）卓越程度。

项目单位建立了完善的管理制度，有效地保证了故障数据收集整理的完成率；研发了神光-Ⅲ主机装置可靠性工程信息管理和评价系统。通过“横到边、纵到底”的手段，实现了统计分析覆盖率100%，也保证了项目按检查点及时完成结果评价。

（3）持续改进策划。

项目单位通过组织实施可靠性工程知识和数据收集规范的培训，促进现场故障记录更加规范和准确，使故障数据及相关知识库的建设逐步走向自动化，提升了项目的整体可靠性水平。

7.4 小结

在神光-Ⅲ项目质量管理中，围绕质量管理目标，按照全面质量管理理论建立了基于“定量分解，分级管控”的质量目标管理体系，在项目全生命周期中形成了“三审四控五评”的全过程质量控制方法。在过程质量管理方面，坚持以质量、进度、经费三控制的原则，坚决执行相关规章制度，同时从项目实施实际情况出发，建章立制，完善相关标准，依规管理；从项目的设计阶段、加工制造阶段、安装集成阶段、试运行阶段到验收阶段实现全过程管理，全面保障和促进项目质量提升，确保项目建设任务的顺利实施。

第8章　基于全面预算管理理论的神光-Ⅲ项目经费管理

目前，为实现科学研究的突破性发展，争取在某些领域走在国际最前沿，提升我国在世界科学领域的核心竞争力和持续发展能力，国家投入了巨额经费建设大科学工程。大科学工程项目经费管理的重要性和必要性日益明显。神光-Ⅲ项目存在投资大、建设周期长、经费管理风险大等特点。为了更好地实现对这类大科学工程项目的经费管理和控制，神光-Ⅲ项目管理团队按照全面预算管理理论建立了完整的神光-Ⅲ项目全面预算管理模型，从全组织全员的经费管理、全景计划的经费管理、全过程的经费管理等维度出发，保证了神光-Ⅲ项目费用目标的实现。

8.1　项目经费管理理论

8.1.1　项目经费管理的基本概念

项目经费是工程项目建设过程中各种消耗的货币表现。在项目管理中其概念用得比较广泛，建设过程中的不同主体均在使用，当然其含义也有差异。

项目经费管理是为确保项目在批准的预算内按时、保质、高效地完成项目的既定目标而开展的一种项目管理过程。项目经费管理的主要内容包括项目资源计划、项目费用估算、项目费用预算和项目费用控制，如图8-1所示。

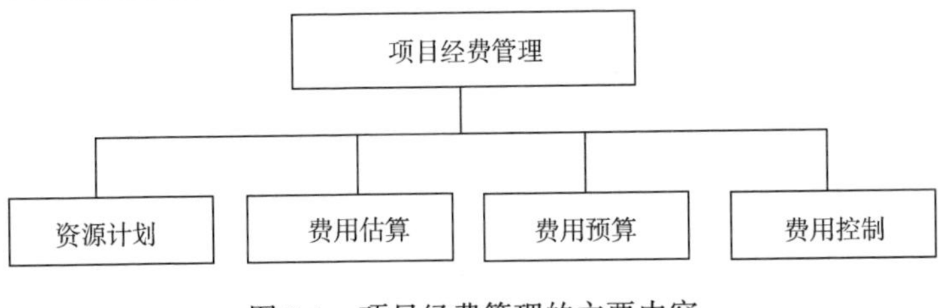

图8-1　项目经费管理的主要内容

（1）项目资源计划。

项目资源包括项目实施中需要的人力、设备、材料、能源及各种设施等。项目资源计划涉及分析和识别项目的资源需求，从而确定出项目所需投入的资源（人力、设备、材料）的种类、数量和时间，并制定出项目资源计划安排的项目费用管理活动。因此，必然是与费用估算相对应的，它是项目费用估计的基础。

（2）项目费用估算。

项目费用估算是指根据项目的资源需求和计划以及各种资源的价格信息，估算项目各种活动的费用和整个项目总费用的管理过程。主要包括识别各种项目费用的构成科目、估计和确定各种费用的数额大小、分析和考虑各种不同项目实施方案的费用估算。

（3）项目费用预算。

项目费用预算是把估算的总费用分配到各个工作细目中，建立基准费用以衡量项目执行情况。费用预算可以分为以下3个部分：直接人工费用预算、辅助服务费用预算和采购物品费用预算。

（4）项目费用控制。

项目费用控制是指在项目的实施过程中，努力将项目的实际费用控制在项目费用预算范围之内，依据项目费用的实施情况，不断预测项目费用的发展变化趋势，不断修订原先的项目费用估算，并对项目的总费用进行合理预期的项目费用管理工作和过程。费用控制的基础是事先对项目进行的费用预算。

8.1.1.1　项目经费管理特点

神光-Ⅲ项目属于大科学工程建设项目，经费管理具有较为显著的特点。

（1）经费管理复杂。

复杂的大科学工程项目必然给项目经费管理带来一定的管理难度。神光-Ⅲ项目是技术密集，研制规模大，涉及多学科、多部门以及多层面、多项批量事件的综合型大科学工程。项目涉及的分解结构及研究特性，导致了项目建设的复杂性，而项目建设的复杂性必然导致项目经费管理的复杂性。因此，必须立足于对项目实施过程的全面了解和把握，同时及时跟踪项目进展，了解动态变化，辨识可能存在的风险和问题，判断实施的合理性、合法性，为项目的建设提供保障。

（2）经费管理周期长。

由于项目投资规模大，项目建设周期长，投资项目经费过程控制周期与项目建设周期同步。项目自可研论证，到验收完成，历时十余年。在全生命周期中，经费管理还涉及各个不同的利益相关方，如行政审批部门、设计单位、施工单位、外协单位、中介审计机构等，这大大增加了经费过程控制的难度。

（3）经费管理风险大。

固定资产投资项目经费管理的各种分析、研究、设计、计划是基于正常的、理想的技术、管理、组织，是建立在对未来情况预测的基础上。而在项目实际实施过程中，这些因素都有可能发生变化，使得原定的方案、计划受到干扰，原定的目标无法实现，因此造成项目经费的管理风险。在神光-Ⅲ项目实施过程中，由于技术优化、深化及物价上涨等因素的影响，该项目预计经费总额突破了初步设计概算，因而面临调整概算等压力。这些都使得经费管理的风险增加，为控制带来一定的难度。

8.1.1.2　项目经费管理原则

经费管理必须严格遵守国家的财政政策，法律法规以及上级主管机构制定的各种规章制度。要保证经费专款专用，严格审核，办理准确和及时，并按项目进度控制使用。神光-Ⅲ项目经费管理中采用总额控制，以项目经费使用过程完全受控为基本目标，以保障项目建设任务为根本目的。

（1）合法性。

神光-Ⅲ项目的经费管理必须遵守国家的相关法律法规和财务规定。

（2）相关性。

神光-Ⅲ项目的经费管理必须遵从相关性原则，即项目经费的使用必须与项目的建设相关。依据神光-Ⅲ项目的任务分解结构，需将经费使用定位至最小子项中，以保证每一笔经费的使用都是与项目各子项进行绑定。同时，项目的人员培训费、会议费等管理性开支也必须保证与项目的相关性。

（3）全面性。

为保证神光-Ⅲ项目的建设进度，项目经费管理必须与项目建设计划以及项目外协进度进行耦合。一旦项目经费不能保证，很可能会影响到项目外协进度，进而导致项目总体建设的进度。

（4）准确性。

由于项目经费数量庞大、分类复杂、科目繁多，导致了项目经费管理的工作量巨大。但涉及经费的使用和统计时，必须及时和准确，以保证项目经费使用的合法合理性；同时便于决策层根据经费统计的使用结论进行项目建设的情况判断和评估，并进行相关调整。

8.1.2 全面预算管理理论

全面预算是总预算，它反映的是组织未来某一特定期间的全部生产经营活动的财务计划。它以实现组织的目标利润为目的，以销售预测为起点，进而对生产、成本及现金收支等进行预测。并编制预计损益表和预计资产负债表，以反映组织在未来期间的财务状况和经营效果。财务预算与业务预算、资本预算共同构成组织的全面预算。

全面预算管理是一种集系统化、战略化、人本化理念为一体的现代组织管理模式。组织以战略为导向。结合组织的实际情况，提出预算目标。通过预算编制、执行和监控、反馈、调整、考评和激励的预算管理循环，辅以相关的管理技术条件，对业务、资金、信息、人员加以整合，予以明确、适度的分权和授权以及战略驱动的业绩评价等，以保证预算管理真正得以落实、运行并发挥作用；同时创造管理效益，实现资源合理配置、作业高度协同、战略有效贯彻、经营持续改善、价值稳步增加，最终实现价值最大化的终极目标。

8.1.2.1 全面预算管理体系框架

全面预算管理按照组织制定的经营目标、战略目标、发展目标，层层分解，下达到组织内部各个经济单位，以一系列的预算、控制、协调、考核为内容建立起一整套科学完整的指标管理控制系统；自始至终地将各个职能部门、责任单位工作的目标同组织经营目标、战略目标、发展目标联系起来，对其分工负责的经营活动全过程进行管理控制，并对实现的绩效进行考评与激励。全面预算管理体系包括表8-1所示的9个模块。

表8-1 全面预算管理体系框架的静态描述

模块构成	功 能	内 容
1. 组织体系模块	组织建立	预算管理组织机构和职责分配/预算执行单位
2. 目标设定模块	确立预算目标	预算目标的选择/预算目标确立的方式
3. 编制模块	编制预算	预算编制的程序/预算编制的内容和方法/预算表格式设计

（续）

模块构成	功 能	内 容
4. 执行模块	执行预算	按预算责任网络分解指标/预算执行的监控
5. 审计模块	反映预算执行的进度和结果	采集预算管理所需的数据/实现会计核算与预算管理的集成
6. 分析模块	确定和分析预算与实际执行程度之间的差异，并进行预警	分析差异形成的原因和责任归属/预算预警
7. 反馈模块	各级管理人员对下属及自身预算执行过程的监控和在必要时采取监控措施	设计标准反馈报告、简式反馈报告和专项反馈报告/为整改措施拟定程序
8. 调整模块	在必要情况下对预算进行调整	预算调整的程序和方法/预算调整必须满足的条件
9. 风险模块	为预算管理提供所需的管理和技术支持，保证预算信息处理的及时性	设计各种管理制度，培育良好的组织文化/开发预算管理系统/预算管理制度能高效运行的环境

神光-Ⅲ项目在项目经费管理实践中，建立了一套适宜于项目建设的全面预算经费管理模型，包括组建了决策层、管理层和实施层3个组织体系，并且确定了项目经费管理的最终目标是基于国际和国内的技术基础，以最低的成本，提供最优质的产品。神光-Ⅲ经费管理模型提出了项目全景计划和年度计划编制，实施了项目全生命周期的估算、概算、预算和决算的预算管理。在项目实施过程中，通过审核执行、核算统计、对比分析、审计、定期反馈和风险管理等环节进行了全面的经费执行控制，在预期的经费目标下完成了项目建设任务。

8.1.2.2 全面预算管理特点

（1）系统性。

全面预算管理所涉及的具体系统性可分为纵向和横向两方面：纵向系统性是指预算的编制、执行控制、考核和奖惩各环节共同构成一个完整体系，上下环节紧密相连，共同形成预算的刚性；横向系统性是指各个部门的工作内容都是相互联系的，如某部门的预算目标未完成，会影响其他部门的预算执行，必须经过有权部门按照规定的权限批准。

神光-Ⅲ项目经费管理体现系统性的特点，如纵向上，项目生命周期的项目估算、概算、预算及决算等经费预算管理，以及项目执行实施和控制的各个管理模块，共同构成了神光-Ⅲ项目经费预算管理主要内容；横向上，不同层级的部门管理和项目的分系统管理，共同构成了神光-Ⅲ项目经费管理的系统性。

（2）战略性。

全面预算管理作为组织未来的一种规划，它的主要内容就是对资源的组织、使用做出合理安排。这样，预算管理的战略性特征也就显现出来了，它包含着3个方面的含义：一是经费预算管理的构建必须以组织战略导向为基准；二是符合战略要求的预算管理的实施能对组织战略的发展起到全方位的支持作用；三是不同组织以及同一组织在不同时期的战略重点会不尽相同，预算管理的重点也应随之而异。

神光-Ⅲ项目的预算编制实施也具有战略性特点，首先通过编制项目的全景和年度经费计划，将总的预算目标和项目实施不同时期的目标体现在计划体系中；其次在项目生命周期的不同阶段，预算编制的侧重点也随之不同，如项目立项阶段的估算编制、设计阶段的概算编制以及实施阶段的预算编制和项目竣工验收阶段的结算编制。

（3）全员性。

由于全面预算管理是一种涉及组织内部权、责、利关系的制度安排，因此，它不应是某一部门的事情，而是需要上下配合，全员参与。组织全面预算管理涉及组织的各个层面。实际工作中，只有组织全体员工积极参与了预算编制工作，并且受到了应有的重视，组织制定的预算才易于被员工接受，预算管理工作的推进才有可靠的群众基础。同时，只有动员组织全体员工积极参与预算管理，才可能减少组织管理层和一般员工之间的信息不对称，从而减少其可能带来的负面影响，为顺利实现组织全面预算管理目标提供保障。

神光-Ⅲ项目的经费管理过程往往涉及项目内部各管理层的权、责、利划分。在项目实施中也应用了分专项、分系统特点，采用了矩阵式的组织形式，建立了项目经费管理的三级组织体系，并对相关职责进行了分工，保证了权力的制衡和项目的有序运转。

（4）全面性。

全面预算管理的全面性是就预算管理的覆盖面而言的，并与全面预算管理的全员性密切相关。由于预算管理涉及组织的方方面面，要实施完整的预算管理，就必须将全面预算管理的触角延伸到组织的每一个环节。这样，利用预算管理这一行为就可以对组织内部管理起到统揽的作用，收到纲举目张的效果。这也正是为什么从某种程度上，预算管理可以代替组织日常管理的原因。

神光-Ⅲ项目在长周期管理中，经费管理涉及不同的利益相关方，如行政审批部门、设计单位、施工单位、外协单位、中介审计机构等，这就使得经费管理过程中不能以单一的一方利益为出发，而是要全面兼顾各方利益。

8.2 神光-Ⅲ项目的全面预算管理

8.2.1 神光-Ⅲ项目全面预算管理模型

神光-Ⅲ项目经费管理建立了以项目预算目标为导向，以神光-Ⅲ项目主机装置分项、主机实验室分项、精密校装系统、光学元件供货网络和精密光学制造车间等各个分项构成为基础；覆盖项目决策层、管理层和实施层等全组织体系；跨越项目三报三批、实施阶段和收尾阶段的经费匡算、估算、概算、预算和决算等全生命周期过程；遵循经费管理流程，以预算编制、预算执行控制等为内容的管理经费的全面预算管理模型，如图8-2所示。

8.2.2 神光-Ⅲ项目全面预算管理的组织体系

全面预算管理组织体系是由全面预算管理的决策机构、工作机构和执行机构3个层面组成的，承担着预算编制、审批、执行、控制、调整、监督、核算、分析、考评等一系列预算管理活动的主体责任。它是全面预算管理有序开展的基础环境。组织全面预算管理能否正常运行并发挥作用，全面预算管理的组织体系起到关键性的主导作用。神光-Ⅲ项目的实施具有分专项、分系统的特点，其采用了矩阵式的组织形式，形成了项目全面预算管理的三级组织体系，如图8-3所示，相关职责分工见表8-2。

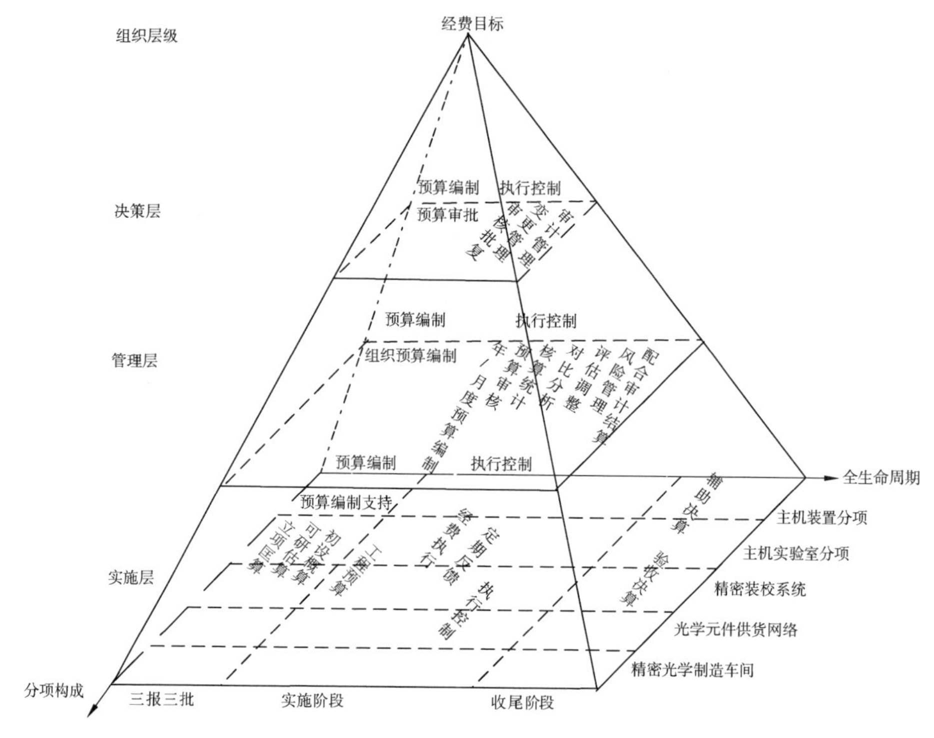

图 8-2　神光-Ⅲ项目全面预算管理模型

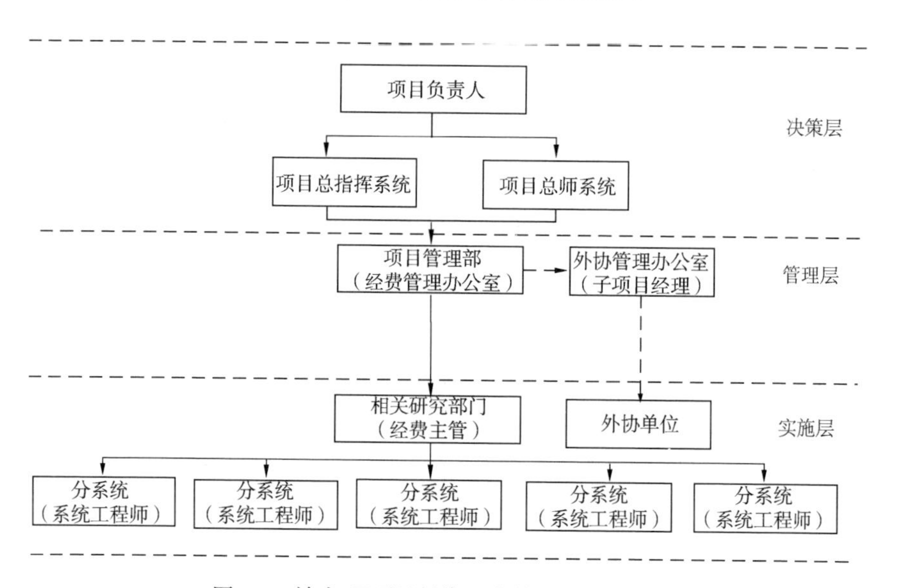

图 8-3　神光-Ⅲ项目投资经费管理组织机构图

表8-2　神光-Ⅲ项目投资经费管理机构责任分配

序号	部门/岗位	主要责任分配	备注
1	项目负责人	项目经费的第一责任人，对项目的投资经费负全责	决策层
2	项目总指挥系统	在项目负责人的领导下，对项目实施全过程的投资经费负责	
3	项目总师系统	在项目负责人的领导下，对项目实施全过程的投资经费负责	
4	项目管理部	在项目总指挥系统和总师系统的领导下，对项目投资经费进行估算和概算；负责年度经费计划总结和月度经费计划总结；进行合同报价审核以及合同支付审核	管理层
5	外协管理办公室	负责外协合同签订与支付申请	
6	外协单位	提出本单位所承担子项的项目投资经费需求	实施层
7	相关研究部门	负责组织落实部门承担任务实施过程中的经费控制工作	
8	系统工程师	负责具体落实所承担任务实施过程中的经费控制工作，并对投资经费负责	

8.2.3　神光-Ⅲ项目全面预算管理的预算编制

神光-Ⅲ项目经费管理周期跨越十余年，包括从项目可行性研究报告批复至项目验收全过程。提出了项目全景计划和年/月度计划的编制，实施了全过程的估算、概算、预算和结算的预算管理。

8.2.3.1　项目经费全景计划编制

根据初步设计批复及初步设计报告，对项目经费进行了分解并建立对应科目，开展了经费管理策划工作。在项目全周期计划中，对项目批复经费进行了使用范围界定等工作。在神光-Ⅲ项目中，采用系统化管理思路，将经费管理与进度管理等耦合在一起；通过项目整合管理进行统一控制，将经费计划纳入项目全周期计划、项目年度计划等一起进行策划，形成了项目经费全景计划的雏形。

随着项目建设的不断推进，神光-Ⅲ项目成立了独立的项目经费管理办公室。为更好地保证主机的建设进度和要求，将经费管理工作单独剥离，形成了项目经费管理的独立线条，以计划为牵引启动经费全景计划编制工作。经费管理依据初设批复，匹配项目的实际进展。依据项目建设的全景计划及子项计划的建设进度，结合外协进度实施，评估项目需要支付的经费，并编制项目投资经费的全景计划，将用款和投资耦合项目建设的计划进度划分到年度。

8.2.3.2 项目经费年/月度计划编制

在具体编制项目经费年度计划时，主要依据项目的经费全景计划、年度综合计划、年度外协/采购计划、上一年度经费总结及相关财务数据等信息，确认项目名称、经费渠道、任务范围及性质、经费需求额度、投资完成额度、完成方式、责任单位及责任人，进而编制计划初稿；经神光-Ⅲ项目管理团队审核后，上报项目总指挥批准，生效后发布。项目经费年度计划编制流程如图8-4所示，项目经费年度计划形式如表8-3所示。以此作为当年经费实施的基础。

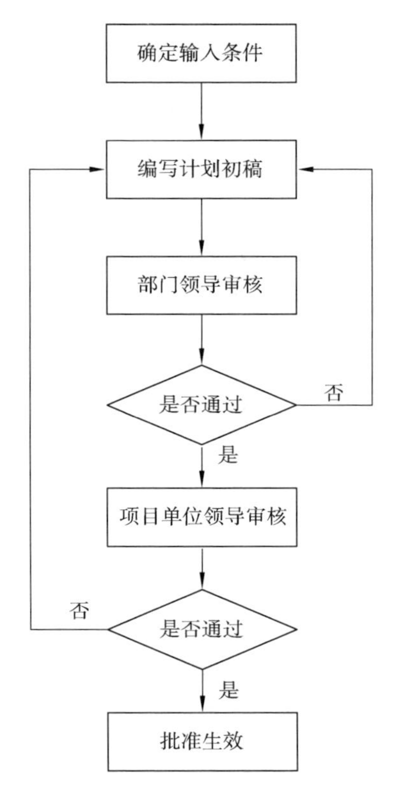

图8-4　神光-Ⅲ项目投资经费年度计划编制流程图

表 8-3　神光-Ⅲ项目分项投资计划表

单位：万元

序号	项目及建设内容	投资批复概算	年用款计划	年投资计划	备注
1	神光-Ⅲ项目				
2	主工艺设备				
3	神光-Ⅲ主机装置				
4	神光-Ⅲ精密装校系统				
5	神光-Ⅲ光学元件供货网络				
6	建筑安装工程费用				
7	工程建设其他费用				
8	预备费用				

当由于实际建设情况的变化，导致项目用款和投资情况出现偏差时，首先在当年的年度计划中进行调整和匹配；其次在每年第三季度，针对当年的计划和经费的具体实施情况，对下一年度的经费管理工作进行调整，形成系统的策划及周密的安排。

在年度计划编制完成后，耦合即将开展的项目月度外协进度，将用款和投资的计划细化到月份，如表 8-4 所示，以此作为项目投资经费控制的年度及月度目标。

表 8-4　项目按月检查控制表

单位：万元

月份		1	2	3	4	5	6	7	8	9	…	合计	备注
上报计划	已上报用款计划												
	已上报年度投资计划												
实际需求	年用款计划												
	年投资计划												

每个月都生成经费使用报告，以比较年度计划经费使用了多少以及剩余多少，反复迭代。每个月后期有月度经费使用计划，以便于决策层了解情况。

神光-Ⅲ项目按照建设阶段主要分为立项阶段、可行性研究阶段、初步设计阶段、深化设计阶段、实施阶段和验收阶段。项目建立了基于项目全生命周期的经费管理流程，如图 8-5 所示。

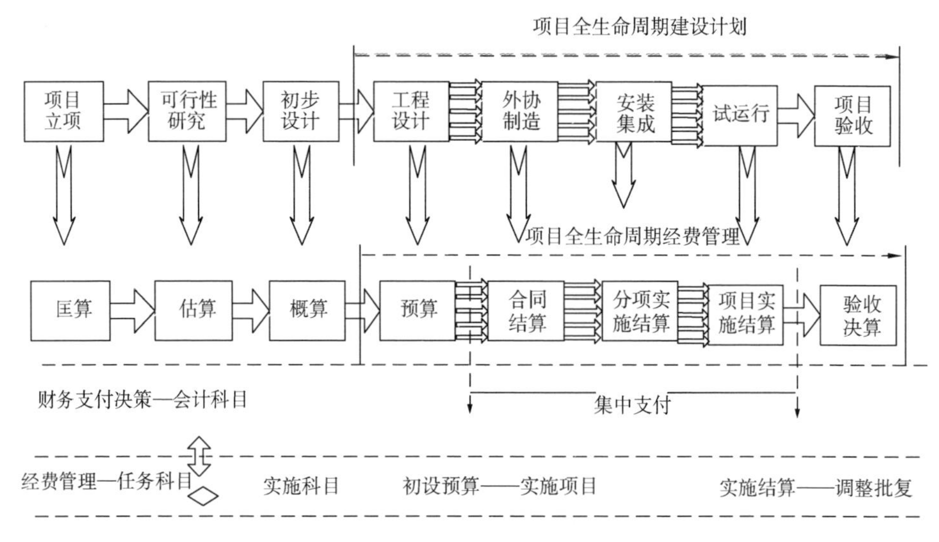

图 8-5　神光-Ⅲ项目全生命周期经费管理

神光-Ⅲ项目全生命周期经费管理的具体内容见表 8-5。

表 8-5　项目全生命周期经费管理具体内容

阶段	经费管理	具体内容
项目立项	匡算	参照国内已建激光装置的成本及市场调研情况，采取匡算方式，对项目建设成本及其构成进行预测和估计，完成项目规划
可行性研究	估算	对项目的建设规模、工程方案、工艺技术及设备方案、实施进度等方面进行研究；在基本条件已经确定的基础上，对建设项目的投资数额进行估算，作为项目投资的最高限额
初步设计	概算	在投资估算的控制下，根据设计要求对工程造价进行概算，以此作为预算构成的基准
工程设计	预算	以 WBS 分项工作包为基础，细化至可预算单元，分别对每个单元进行预算后签署合同
项目验收	验收决算	

8. 2. 3. 3　项目立项估算编制

神光-Ⅲ项目投资估算是在项目立项决策过程中，对项目的建设规模、工程方案、工艺技术及设备方案、实施进度等方面进行研究；在基本条件已经确定的基础上，对建设项目的投资数额进行估算。神光-Ⅲ项目投资估算是建设项目建议书、可行性研究的重要组成部分。

（1）项目投资经费估算依据。

神光-Ⅲ项目投资估算编制按照国家相关要求和主管部门的相关规定，结合可行性研究报告的图样、说明、主要设备与材料清单，以及项目单位提供的主工艺设备清单进行编制。主要参考的收费标准是按四川省 2000 年建设工程费用定额及有关文件规定、根据相应工程类别和施工组织级别制订的。

在投资估算编制过程中，参考的依据主要有：

1）土建工程价格依据 2000 年《四川省建筑工程计价定额》《四川省装饰工程计价定额》《四川省市政工程计价定额》。

2）安装工程价格依据 2000 年《全国统一安装工程预算定额四川省估价表》。

3）材料及设备价格部分，土建材料价差按 2000 年四川省定额基价与 2003 年四川省工程造价信息第三季度绵阳市结算价进行调整；安装工程未计价材料价格依据 2003 年四川省工程造价信息第三季度绵阳市结算价；主工艺设备、主机装置、精密装校系统和光学元件供货网络建设的内容是以神光-Ⅲ原型装置为主要依据。

（2）项目投资经费估算科目设置。

神光-Ⅲ项目投资估算科目包含工程建设费用、工程建设其他费用和预备费用的估算，见表 8-6。在项目建议书和可行性研究阶段，项目投资估算的科目设置一致，但估算深度有所不同。

表 8-6　项目投资估算科目组成表

<table>
<tr><td rowspan="7">神光-Ⅲ项目投资估算科目</td><td rowspan="5">工程建设费用</td><td>建筑工程费</td></tr>
<tr><td>建安设备购置费</td></tr>
<tr><td>建安设备安装费</td></tr>
<tr><td>主工艺设备购置费</td></tr>
<tr><td>主工艺设备安装费</td></tr>
<tr><td>工程建设其他费用</td><td>建设单位管理等费用</td></tr>
<tr><td>预备费用</td><td>基本预备费</td></tr>
</table>

（3）项目投资经费估算方法。

神光-Ⅲ项目建设的主要内容包括神光-Ⅲ主机装置、主机实验室、精密光学制造车间、精密装校系统和光学元件供货网络等 5 大分项。考虑到神光-Ⅲ主机装置作为一套大型的科学装置，必须留出足够的试运行时间，以便充分考核装置的主要性能是否达到设计要求。因此，在项目建设经费估算中，还考虑了神光-Ⅲ主机装置两年试运行的费用。

1）神光-Ⅲ主机装置。

神光-Ⅲ主机装置投资估算是依据神光-Ⅲ原型装置造价的外推法并考虑当时的市场价格变化来进行测算的。

2）神光-Ⅲ主机装置实验室及精密光学制造车间。

神光-Ⅲ主机装置实验室及精密光学制造车间是按照装置建设的相关基础设施需求，以设计图样、基建设备清单等为基础，依托具有资质的设计院开展投资估算的。

3）神光-Ⅲ主机装置精密装校系统。

神光-Ⅲ装置精密装校系统经费估算是建立在神光-Ⅲ原型装置精密装校实验室建设的基础上，结合原型装置精密装校系统建设的实际情况进行估算的。

4）神光-Ⅲ主机装置光学元件供货网络。

光学元件供货网络建设经费估算同样是在神光-Ⅲ原型装置工作的基础上，考虑进一步扩大其规模，提高神光-Ⅲ主机装置所需光学元件的批量生产能力，即在4年左右时间内完成数千件主机装置大口径光学元件、近万件小口径光学元件的加工任务来进行测算的。

5）神光-Ⅲ主机装置工程建设其他费用。

对于工程建设其他费用，其投资估算按照国家规定的方法及收费标准进行测算，如项目单位管理费按财政部相关规定计取；工程设计费按国家发展和改革委员会、住房和城乡建设部相关规定计取；工程勘察费按建筑安装工程费的1%计取。

6）神光-Ⅲ项目基本预备费。

基本预备费用是以工程费用和工程建设其他费用之和为基数，乘以基本预备费率测算得出的。基本预备费率是按照行业规定，结合拟建工程的具体情况确定的。

神光-Ⅲ项目投资估算管理中，充分利用以往的项目经费使用资料，在对比分析的基础上，合理做好经费测算；做到了从全局出发，考虑整个项目的经费需求，做出科学合理的经费规划。

（4）项目投资经费估算实施管理与控制。

项目投资经费估算是项目建议书和可行性研究阶段经费控制的重点。由于项目主体实施任务尚未启动，主要开展的工作内容是设计、调研、程序报批及评审等。对该阶段投资经费的实施管理与控制，主要参照前期工作费用开支范围的要求。

8.2.3.4　项目设计概算编制

神光-Ⅲ项目设计概算是指在初步设计阶段，在投资估算的控制下，根据设计要求对工程造价进行的概略计算。这是设计文件的组成部分，也是国防科工局批准项目投资和制定投资计划的依据。

（1）项目投资经费概算依据。

为了提高概算编制的准确性，要对工程所在地的建设条件和可能影响造价的各种因素进行周密的调查研究，要收集包括国家、地方或行业有关政策、法规、建设项目资料以及建设地点的自然、社会经济状况等有关资料。

项目初步设计概算编制的主要依据有：

1）神光-Ⅲ项目可行性研究报告的批复。

2）国家主管部门对固定资产投资的相关规定。

3）初步设计项目一览表，编制设计概算的设计图样、文字说明和主要设备、材料表及相关附图、附表。

4）安装工程价格依据2004年《全国统一安装工程预算定额四川省估价表》。

5）土建材料及设备价格部分：土建材料价差按2006年省定额基价与2006年四川省工程造价信息第三季度绵阳市结算价进行调整，安装工程未计价材料价格按2006年四川省工程造价信息第三季度绵阳市结算价。

6）主工艺设备：神光-Ⅲ主机装置、精密装校系统和光学元件供货网络建设内容以神光-Ⅲ原型装置工程为主要依据。

7）四川省建设工程工程量清单计价定额及取费标准。

8）2006年《四川工程造价信息》、四川省及绵阳地区关于费用调整的规定。

（2）项目投资经费概算科目设置。

按照国家对固定资产投资项目建设管理规定，结合本项目的特点，在投资估算基础上对相应科目进行了细化。项目建设各概算科目包括的主要内容如图8-6所示。

（3）项目投资经费概算方法。

项目投资经费概算编制的方法在可行性研究阶段的投资估算的基础上，主要考虑了装置相关性能指标的变化及实施内容的增减所导致的经费变化。

相比于可行性报告中的投资经费估算，初步设计概算与之的差额主要体现在神光-Ⅲ主机装置设计方案发生调整，即光束口径扩大、激光束数变化

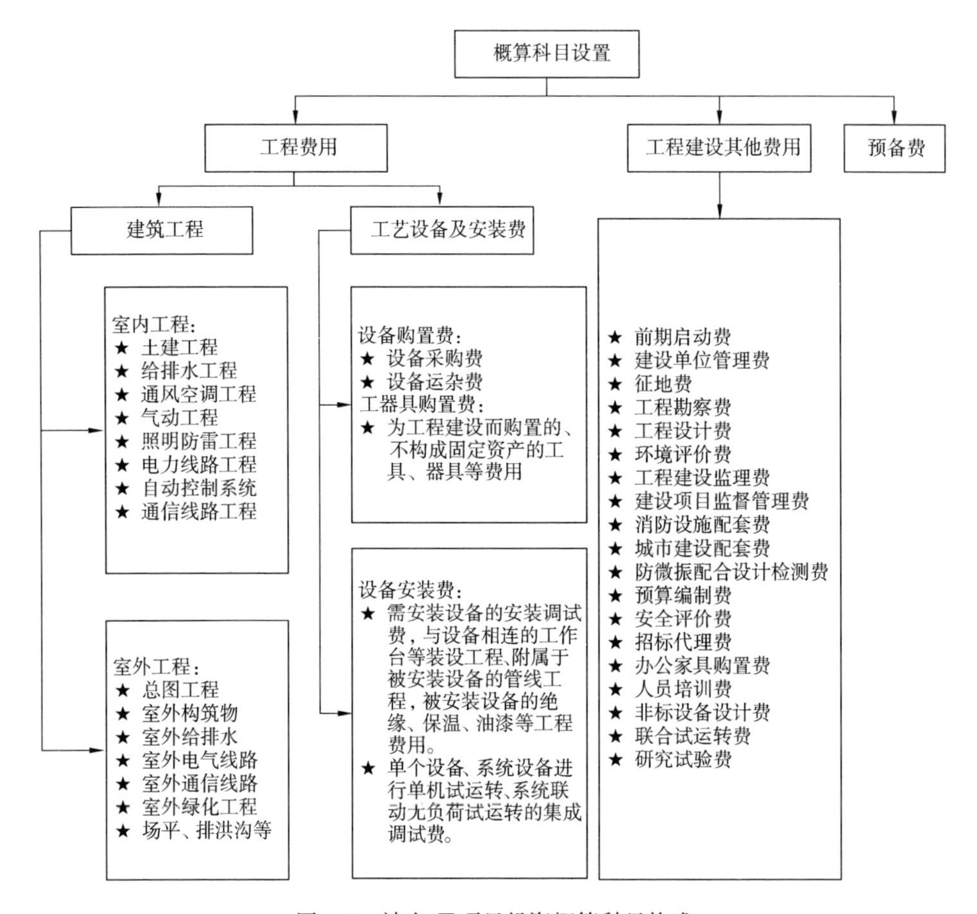

图 8-6　神光-Ⅲ项目投资概算科目构成

上。在口径变化为原来 4/3 时，所有光学元件、机械元件的单价将按平方、甚至立方的关系增长，如光学件及机械件材料、真空机组按体积计价，将成立方关系增长；而光学件及机械加工等按面积计价，将成平方关系增长。故神光-Ⅲ主机装置本身的硬件费用和其他相关费用都发生了相应调整。

（4）项目投资经费概算实施管理与控制。

在神光-Ⅲ项目初步设计阶段，投资经费管理与控制的主要思路是：

1）全面规划的经费使用原则。统一策划，形成科学的经费使用原则，确保经费使用按照国家及上级机关的规定和要求。

2）切实可行的经费管理办法。针对项目特点和概算科目设置，制定项目投资经费管理办法，对概算内实施内容的经费办理原则和方法予以明确，同时对实施过程中可能发生变更内容的经费使用，约定了规范的审批和执行程序。

3）详细的经费使用方案。按照项目管理的进度、质量要求，遵循经费管理的基本原则，对整个项目经费进行全景考虑和策划，并细化至各个阶段、各个年度对应的投资额度中。

8.2.3.5　项目外协预算编制

以 WBS 分项工作包为基础，细化全可预算的单元，分别对每个单元进行预算后签署外协合同，并开展外协全生命周期全流程的成本控制。

制定外协实施预算是指对项目外协采购成本的一种前期全面测算。它是结合项目实施周期要求，并按照国家相关管理的经费预算使用标准进行编制，合理规划项目的实施经费。认真细致地制定外协实施预算不仅能够有效核算项目的外协采购成本，便于指导项目的外协采购工作，而且能够更好地满足国家的相关管理要求，便于项目的审计和验收检查。

项目实施的成本与质量、进度要求是密不可分的。全项目的实施周期与质量要求影响的是“大钱”，子项目的实施周期与质量要求影响的是“小钱”，因此，全项目成本控制的关键点在于总体规划的合理性。而对于与外协实施直接相关的外协实施子项目的实施预算，神光-Ⅲ项目从生产制造、安装调试、系统集成等产品实现的全过程的成本均进行了综合考虑，是全流程、全周期的预算。这样可以有效指导神光-Ⅲ项目外协实施过程经费合理分配，进一步提高项目经费的使用效果，进而实现控制外协实施全流程成本的目的。

8.2.3.6　项目验收决算

（1）项目投资经费执行情况梳理。

在项目建设接近尾声时，针对项目投资经费进行了多次梳理和统计，确定了项目已实施经费的内容、完成时间等基本信息，明确了待实施项目的内容和经费需求，并形成暂估列支清单提交财务进行结算。

（2）项目资产核查。

为保证项目审计的顺利开展，项目管理部门在审计进场之前对项目形成的资产进行了 3 轮全面的核查，明确了项目资产的责任单位、责任人以及使用状态、存放地点等信息，有效地对资产情况进行了自查和统计，为审计进场后的资产盘点提供了完整的素材。

（3）自查报告的编制。

项目结算完毕后，项目管理部门协助财务部门对项目的情况进行了全部梳理和自查，并编制项目审计自查报告。涉及单位概况、项目建设依据及内容、资金到位情况、项目组织管理情况、投资支出情况、交付使用资产及结余资金情况、尾工工程、项目评价、其他需说明情况等 10 项内容，附项目竣工财务决算报表，以此作为项目审计的依据。

8.2.4 神光-Ⅲ项目全面预算管理的执行控制

8.2.4.1 审核执行

为保证项目经费支出的合理性和可控性，项目经费管理部门采取了每年分批次下达课题经费卡的形式，同时满足了研究部门对经费需求的及时性。每年年初，项目经费管理部门根据当年的任务量，同时参考上一年度的经费使用情况，对项目需要发生的差旅费、联合试运转费等其他费用进行部门分解并下达可用的经费指标。经费使用部门可使用经费课题卡进行权限范围内的经费支付。在经费课题卡指标使用完毕后，需通知项目经费管理部门，待项目经费管理人员对已经使用的经费课题指标的使用情况进行核对确认后，再次进行经费指标的下达工作。

（1）按照金额及支付方式划分。

项目经费的实施按照金额大小及支付手段分为以下 4 种方式进行，即合同签订、零星支出、常规能源支出以及其他支出。具体分解如图 8-7 所示。

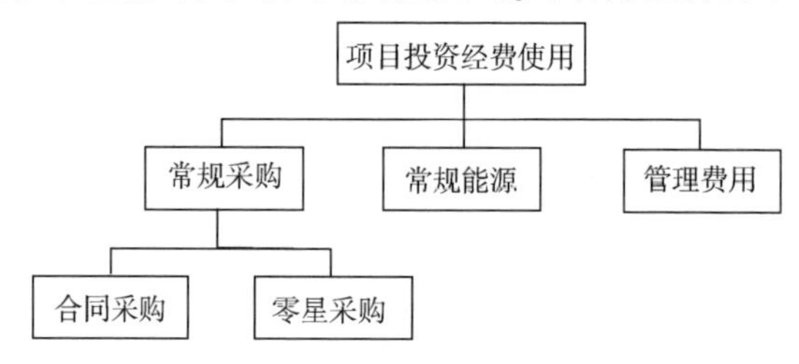

图 8-7　神光-Ⅲ项目经费实施分解图

1）合同签订。

按照项目经费使用办法，对经费预算超过一万元（含）的项目，需签订合同以保证经费的实施及项目的完成。依据实施方案或者计划，针对实施部门提出的采购审批表进行审核和批准，明确实施项目是否属于该项目、经费测算是否合理并涵盖于实施方案之内。事项明确后，为了保证该项目的实施，将该部分项目经费进行预留冻结，直至合同签订。另外，剩余项目经费依旧可以使用。

2）零星支出。

按照项目经费使用办法，对经费预算不超过一万元的项目，可以通过零星采购的方式进行购买。该部分支出并不需要以合同作为支付凭据。在采购或者获得服务结束后，可以凭借发票进行项目归属确认。

3）常规能源支出。

按照项目经费使用办法，对于日常运行和实验的水、电、气等的实验室能源开支，可直接通过单位能源管理部门据实上报，待核实经费与出处后进行支付。

4）管理费用。

按照项目经费使用办法，在项目建设过程中发生的必需的、与项目相关的差旅费，用车费、会议费等其他费用，可通过经费使用部门领导批准后进行直接确认。

（2）按照实施类别划分。

项目投资经费支付按照实施类别分为合同支付、非合同支付两种类型。由于神光-Ⅲ项目为固定资产投资项目，项目所需资金为国家全额拨款，项目经费并未直接进入所账户，而是由项目单位所属院集中支付中心进行管理，因此项目的经费支付也需通过院集中支付中心进行控制。为了便于项目经理和研究人员对物资进行采购和支付，项目单位内按照经费使用额度部分进行垫支，以确保项目进度不受影响。

1）合同支付。

合同支付流程如图 8-8 所示。

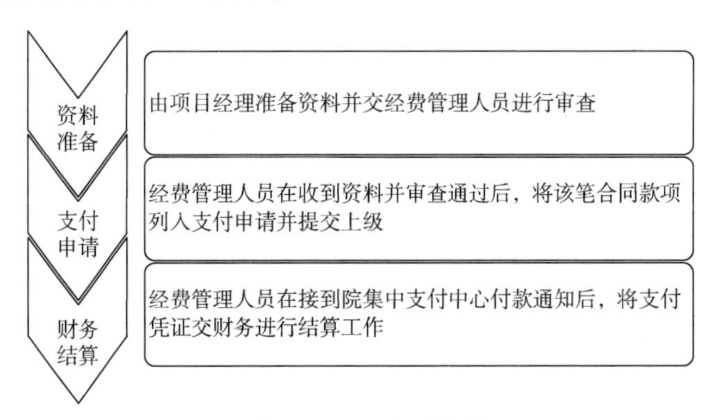

图 8-8　神光-Ⅲ项目合同支付流程图

项目合同支付时，项目经理需将采购审批表、合同审核单、生效合同、合同阶段进度报表、借款单、发票、验收等资料提供至项目经费管理人员以备查验，同时需填写付款（冲账）通知单，详细说明合同所属课题、合同付款金额及付款方式，如表 8-7 所示。

表 8-7　付款通知单

第____次付款（冲帐）通知单

<table>
<tr><td>合同名称</td><td colspan="2"></td><td>承担单位</td><td></td><td>总金额</td><td></td></tr>
<tr><td>付款（冲帐）
说明</td><td colspan="6">借款支付：¥________　挂账支付：¥________
发票支付：¥________　发票冲账：¥________　发票挂账：¥________

申请人：　　　　时间：</td></tr>
<tr><td rowspan="2">新合同填写</td><td>招投标方式：</td><td rowspan="2" colspan="2">课题号：</td><td colspan="3">是否为安装费□</td></tr>
<tr><td>形成资产情况：</td><td colspan="3">自研编号及科目：</td></tr>
<tr><td>资料审查</td><td colspan="6"></td></tr>
<tr><td>部门领导审批</td><td colspan="6"></td></tr>
<tr><td>备注</td><td colspan="6">办理：　　年　月　日　凭证号：　　　　经办人：　　　　时间：</td></tr>
</table>

付款反馈单　　　　　　　　No

<table>
<tr><td rowspan="2">付款情况</td><td>合同名称</td><td></td><td>承担单位</td><td></td></tr>
<tr><td colspan="4">第____次：付款____万元，冲账____万元，挂账____万元
办理时间________年____月____日　　　经办人：　　　　时间：</td></tr>
</table>

同时，对于设定有支付节点的合同，在支付合同阶段款项的同时，项目经理需提供项目进度报表，明确外协执行进度情况，确保外协执行进度与合同约定的节点匹配，并经过相关责任人确认。合同进度报表如表 8-8 所示。

表 8-8　合同进度报表

_________________________合同进度报表

<table>
<tr><td>合同名称</td><td colspan="3"></td></tr>
<tr><td>乙方单位（章）</td><td colspan="3"></td></tr>
<tr><td>合同总金额</td><td></td><td>累计已支付金额</td><td></td></tr>
<tr><td>本次进度时间节点</td><td></td><td>本次申请支付金额</td><td></td></tr>
<tr><td>合同安排进度节点</td><td colspan="3"></td></tr>
<tr><td>实际完成进度情况</td><td colspan="3"></td></tr>
<tr><td>乙方项目负责人意见</td><td colspan="3"></td></tr>
<tr><td rowspan="2">甲方项目负责人意见</td><td colspan="3">系统工程师：</td></tr>
<tr><td colspan="3">子项目经理：</td></tr>
<tr><td>甲方部门负责人意见</td><td colspan="3"></td></tr>
<tr><td>甲方所领导意见</td><td colspan="3"></td></tr>
</table>

项目经费管理人员在收到项目经理的付款申请后，将合同录入系统并进行集中支付的处理。项目经费管理人员办理合同支付程序后，将合同付款的时间等信息填写至付款反馈单（下联）中返回给项目经理。上联由项目经费人员留存，作为合同付款依据，便于日后进行查验。

2）非合同支付。

以非合同方式约定，需要办理经费支付手续的使用经费包括项目单位管理费、主机实验室水费和电费等能源费、非标设备设计费、外聘人员工资、跟产费用以及单笔金额小于万元的零星购置费用等。

对于项目非合同支付，需提供财务报销使用的有效凭据，并说明项目相关性。由项目经理直接提交财务部门进行所内垫支，财务部门定期将项目单位垫支情况进行汇总后，申请院支付中心将垫支资金申请回项目单位。详细流程如图 8-9 所示。

8.2.4.2　核算统计

合同经费的使用情况根据当月反馈的付款（冲账）通知单进行统计。项目经费管理人员将付款通知单的付款金额、付款方式等录入系统，生成当月

图 8-9　神光-Ⅲ项目非合同支付流程图

合同支付情况表记录，如表 8-9 所示。同时，将付款时间凭证号等与合同要求的付款条件进行耦合，便于项目经理对于合同的控制。

非合同的零星经费支出通过财务每月的辅助明细账记录，如表 8-10 所示。进行统计和整理后，汇总至项目经费使用情况总表中。

表 8-9　××月份主机合同支付情况

合同编号	合同名称	承担单位	合同金额	借款支付	发票支付	挂账支付	冲账	挂账	借款转投资	退款	计入投资金额	预算执行率
…												
…												
…												

表 8-10　XX 月神光-Ⅲ项目财务明细辅助账

项目编号	科目名称	年	月	日	凭证编号	摘要	金额
…							
…							
…							

8.2.4.3　变更管理

项目经费的预算可能会因为物价上涨、进口管制、技术变更等一系列原因而产生变更。为满足项目技术要求及项目建设进度，必须对项目预算进行及时的跟进和处理。项目经费管理采用了总量控制，内部调整并明确预算变更原因的方式，以确保项目经费使用的合理性。

项目投资经费变更管理流程如图 8-10 所示。详细步骤如下：

1）确定变更额度及所属的分项目：对经费统计分析汇总，得出的经费变更内容重新进行确认，初步确定其变更额度及所属的分项目。

2）提出变更处理建议：根据已确认的变更内容，由计划办提出经费变更处理申请，阐明变更所属的分项目、额度、原因及调整建议等方面内容。

3）项目管理部门领导审核：将经校对的经费变更处理建议交由部门领导审核。

4）项目总指挥审批：将经校对、审核的经费变更处理建议交由项目总指挥审核批准。

5）经费变更处理：经会议同意或文件批准后，编制经费变更报告上报，获批复后作为后续实施的依据文件。

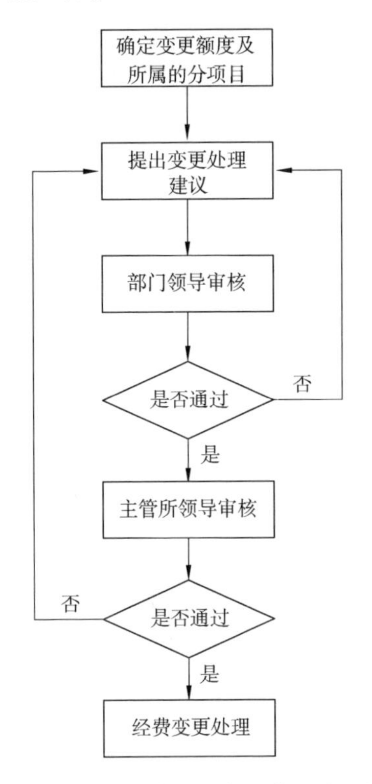

图 8-10　神光-Ⅲ项目投资经费变更管理流程图

针对物价上涨及进口管制等客观因素所导致的预算变更，经费管理人员将超出部分进行统一登记和规划；针对技术变更等由于主观因素导致的预算变更，需要研究部门对建设过程中的技术风险和设计变更进行评估，并明确对项目经费产生的影响。如表 8-11 所示。

表 8-11　设计和开发更改申请表

RCLFP　　　　　　　　　　　　　　　　　　No：

<table>
<tr><td>标题</td><td colspan="5"></td></tr>
<tr><td>项目名称</td><td colspan="3"></td><td>项目编号</td><td></td></tr>
<tr><td>技术状态标识文件（图样）名称、编号</td><td colspan="5"></td></tr>
<tr><td>申请单位</td><td></td><td>申请人</td><td></td><td>申请日期</td><td></td></tr>
<tr><td>更改前内容</td><td colspan="5"></td></tr>
<tr><td>更改后内容</td><td colspan="5"></td></tr>
<tr><td>更改原因</td><td colspan="5"></td></tr>
<tr><td rowspan="4">更改产生的相关影响及解决措施</td><td colspan="2">对相关项目影响及措施</td><td colspan="3"></td></tr>
<tr><td colspan="2">对接口的影响及措施</td><td colspan="3"></td></tr>
<tr><td colspan="2">对成本进度和使用的影响及措施</td><td colspan="3"></td></tr>
<tr><td colspan="2">对已制品、在制品影响及措施</td><td colspan="3"></td></tr>
<tr><td>建议更改实施日期</td><td colspan="5"></td></tr>
<tr><td>验证方法</td><td colspan="5"></td></tr>
<tr><td colspan="4" rowspan="2">申请单位意见：
签字：　　　　年　月　日</td><td colspan="2">建议更改类别</td></tr>
<tr><td colspan="2">□一般
□重要</td></tr>
<tr><td colspan="6">主管部门意见：</td></tr>
</table>

8.2.4.4　对比分析

近年来，国家主管部门逐步加大对固定资产投资领域的管理力度，从项目的立项审批、过程监督检查、固定资产投资完成率、预算执行率到项目的竣工验收，都加强了管理与监督；进一步规范项目相关管理工作，特别是对军工固定资产投资项目的固定资产投资完成率、预算执行率提出了新的要求。神光-Ⅲ项目的投资执行情况分析，正是基于这两个指标来进行的。

在项目经费管理过程中，按照要求每年年末需对下一年的项目年度固定资产投资额度和预算执行额度进行规划，并将年度目标细分至各月。在项目年度和月度经费管理目标的牵引下，对项目投资执行情况分析以月为单位，在月末将每月实际实施内容汇总，得到当月固定资产完成额度和预算执行额度；并相应地计算年度累计完成额度，将实际完成额度与计划额度进行对比分析，如表 8-12 所示。

表 8-12　项目 XX 月投资执行情况分析表

序号	分类	计划金额	实际金额	完成比例	备　注
1	月份用款				
2	月份投资				
3	年度用款				
4	年度投资				
说明：年度计划完成投资额度为　　万元，实际完成　　万元，累计完成　　万元；预付款累计　　万元（含转投资　　万元）。					

对投资执行情况的分析，还需将实施内容与计划内容逐一核对，核实两者之间的差距；对未完成内容进行统计和原因分析，相应在下月投资计划额度进行修正。

以上述信息为基础，每月编制项目固定资产投资完成情况通报、项目某年固定资产投资某月完成情况及某月投资计划，向相关主管和项目管理人员反馈当月投资执行情况，对执行不利的合同和内容提出预警，以确保项目任务的顺利推进。

8. 2. 4. 5　决算审计

（1）项目决算审计配合。

依据国家和上级主管机构的规定，神光-Ⅲ项目进行了竣工决算审计。

在审计工作的前期准备过程中，项目单位针对审计项目和审计资料开展了整理工作，并进行多轮自查整改，保证项目现场审计的顺利开展。

在现场审计过程中，项目单位成立审计小组，组织专人努力配合现场审计工作，及时提供审计工作条件和相关资料，积极配合现场审计人员的工作，保证项目现场审计的顺利完成。

（2）项目决算审计整改。

针对现场审计过程中口头或书面提出的问题，项目单位积极组织相关人员进行反复斟酌、讨论，并将最终汇总意见进行口头或书面答复。同时，针对存在的疏漏或不足，项目单位在审计过程中积极进行整改，对于整改完毕的项目进行及时通知和汇报，并反映在审计工作底稿中，不将问题拖延至项目验收。

（3）项目尾工工程审计。

项目竣工验收审计结束后，由于项目建设的复杂程度，出现了部分合同和子项并没有完结的情况。经过对项目实施情况梳理统计，项目管理人员确认竣工审计时无法完成的内容在自查报告中予以反映，经过审计人员确认后认定为尾工工程。

在项目竣工结算审计完成后，项目单位对确认尾工的实施情况进行了随时跟踪确认，并随时准备尾工工程审计以及对尾工工程投资进行审定。

8.2.4.6 定期反馈

项目投资经费可分为合同和零星两个部分。在合同方面，按照合同结算情况进行逐条清点，依据当月的项目投资经费使用计划逐条比对，得出未完成合同清单并顺延至下月计划。在零星支出方面，则依据财务辅助明细账进行统一核对和数据归拢，跟进了解项目各子项经费使用及剩余情况。每月初期，形成项目投资经费定期汇报，包括投资及用款的当月及累计数据、未能按计划完成投资任务的主要原因分析，对存在风险项目进行提前预警并通知相关责任人。针对项目经费总体使用情况以及经费完成情况，进行总体评估并汇报和反馈。

8.2.4.7 评估调整

神光-Ⅲ项目采用基于“PDCA”的投资动态评估方法，主要经过计划－执行－检查－反馈4个环节。

（1）有效的计划。依据神光-Ⅲ项目的建设目标及要求，结合项目建设实际情况，按照经费科目分解，明确当年经费使用情况，制定年度经费使用计划及年度固定资产投资计划并细化到月。以此为牵引，开展年度经费管理工作，保证项目建设进度不受影响。

（2）缜密的执行。项目建设各相关部门根据神光-Ⅲ项目年度计划，结合各研制单位实际情况编制年度生产任务计划，以此规划本年度经费使用情况。项目管理部门根据上述经费使用计划，并依据年度经费计划进行指标下达工作，以此对各部门经费使用进行监督和控制。同时，在项目进行过程中，由于各方面因素造成进度推迟或者提前，或者存在新增的项目，在进行项目相关性确认后，将对项目经费进行相应的调整。

（3）定期的检查。为了更好地对项目经费使用情况进行监督和控制，经费管理针对单笔和总量都进行了控制。同时，定期对项目经费使用的明细情况进行更新和回归，针对经费情况进行滚动和迭代，有效保证了项目经费数据的准确性。

（4）及时的反馈。依据实际经费使用情况，比对年度经费使用计划，每月进行项目经费使用及固定资产投资完成情况总结，将项目经费情况及时进行准确的反馈。同时，依据本月情况对次月计划进行迭代和更新，使经费与进度相匹配，同时保障年度经费计划的完成。

这样，随着一个“PDCA 循环”结束后，再将其转入下一个循环。经过不断循环，使控制费用管理的工作能不断进行，不断总结经验，弥补不足。每次完成一次循环，就可以解决一些问题，使经费管理工作进入到一个新的水平。计划、执行、检查、反馈不断地循环。一旦计划实现，该实现的目标即成为下一步继续改进的目标。“PDCA 循环”法的意义就是要让人们永不满足现状。因为人们通常喜欢停留在现状，而不喜欢主动去改变它。所以，应当不断地设定新的挑战目标，推动“PDCA”的循环。

为了增加“PDCA 循环”法在费用管理工作中的效果，在整个项目管理这个大循环的基础上，形成各部门、各环节、各项目费用管理的小循环，依次又有更小的循环，直至落实到各科室和个人。这样，形成了大循环套小循环，小循环保大循环的循环体系，因此对项目经费管理的控制、预测、考核起到了周而复始的推动作用。

同时，对于神光-Ⅲ项目这种超大型研究型科学工程，由于缺乏广泛的工业技术支撑基础，且在国内首次建设如此复杂的科学、技术、工程一体化的固体激光工程，建设之初对项目的不确定性、复杂性、系统性认识不够深入、技术路线论证不够充分，导致投资概算有所偏离；又由于项目建设周期长，建设过程中面临的经济、政策、自然等外部环境不断变化，导致项目实施成本控制难度增大。因此，在神光-Ⅲ项目实施中采取了部分或阶段性调整，以实现批复建设目标、完成批复建设内容的要求。

8.2.4.8　经费风险管理

神光-Ⅲ项目经费的风险管理主要通过以下几个方面实现：一是以技术为牵引，对建设过程中的技术风险和设计变更进行评估，明确对经费的影响，并采取相应的措施进行风险规避或防范，降低技术变化带来的影响。二是以市场为导向，及时了解市场信息和动态以及国家宏观政策的变化，并选择合适的供应商。对于供应商不能承接的任务，采取非标自研的形式，集智攻关，达到降低经费和缩短周期的目的。三是以政策法规要求为准绳，积极学习新颁布的各类规定，评估其对项目建设的影响，并及时调整项目的总预算，有效保证了项目建设的正常进行。

8.3 小结

神光-Ⅲ项目经费管理运用全面预算管理理论，建立了合理、适用的项目全面预算管理模型，将经费管理的职责层层落实，确保经费在批复预算范围内，按照严格的预算执行和控制流程进行使用，保证了项目经费管理符合国家和上级主管机构的要求。

第9章　基于系统思维方式的神光-Ⅲ项目技术状态管理

技术状态管理内涵十分丰富，贯穿项目的整个生命周期。它有助于项目各阶段的建设及管理工作实施，并使项目相关人员清楚掌握技术状态情况。

对于技术含量较高的大科学工程，技术状态管理已经成为确保产品质量的重要手段之一。产品研制过程中的诸多质量控制活动都是围绕技术状态管理开展的。技术状态管理是否到位、产品技术状态是否受控关系到产品研制的成败及研制质量水平的高低。

在通用的项目管理体系中，一般没有单独设立技术状态管理。但是，由于大科学工程项目中技术不确定性是影响项目成败的关键因素之一，因此在神光-Ⅲ项目中将技术状态管理作为一个独立的要素进行管理。本章研究了基于系统思维的神光-Ⅲ项目技术状态管理理论与实践，从管理对象、管理程序、项目周期3个维度出发，建立了神光-Ⅲ项目技术状态管理模型，通过技术状态标识、技术状态控制、技术状态纪实和技术状态审核4个管控手段，严格管理项目技术状态，为项目管理目标的实现，特别是项目质量中功能特性和物理特性的实现提供了保证。

9.1　项目技术状态管理理论

技术状态管理是一门管理学科，它把技术和管理手段用于产品的开发、生产和保障系统，可用于硬件、软件、流程性材料、服务及其相关的技术文件等的管理。技术状态管理的主要目标：一是最终确保产品的功能特性和物理特性满足用户的需求；二是实时反映产品技术状态情况，以及产品满足功能特性和物理特性的状况并形成文件，从而确保参与项目的所有人员都能够使用正确和准确的文件。

9.1.1 基本概念

技术状态，是指在技术文件中规定的并且在产品中达到的功能特性和物理特性。

技术状态管理，是指在产品生命周期内，为确立和维持产品的功能特性、物理特性和产品需求、技术状态文件规定保持一致的管理活动。技术状态管理的主要内容包括技术状态标识、技术状态控制、技术状态记实和技术状态审核。技术状态管理的 4 项活动内容是相互关联的，缺一不可，无论缺了其中的哪一项，都不能构成技术状态管理的完整活动过程。技术状态管理不只是设计文件管理，还包括了所有技术状态文件的管理和对技术状态项的形成过程的管理。

技术状态项是指能满足最终使用功能，并被指定作为单个实体进行技术状态管理的硬件、软件或其集合体。技术状态项的选择需遵循特定的方式和方法，9.1.2 章节中将对其进行介绍。

技术状态文件是规定技术状态项的功能特性和物理特性，或从这些内容发展而来的关于技术状态项验证、使用、保证和报废要求的技术文件。技术状态文件一般分为功能技术状态文件、分配技术状态文件和产品技术状态文件。并非所有的技术文件都是技术状态文件。技术状态文件通常是直接作为产品研制、生产或使用保障依据的技术文件，主要包括规范、图样及其他需要的技术文件。计算报告、试验报告等技术文件一般不作为技术状态文件。

技术状态基线是指在产品生命周期内的某一特定时刻，被正式确认并作为今后研制生产、使用保障活动基准，以及技术状态改变判定基准的技术状态文件。一般包括 3 种技术状态基线，即功能基线、分配基线和产品基线。功能基线是经正式确认的功能技术状态文件，分配基线是经正式确认的分配技术状态文件，产品基线是经正式确认的产品技术状态文件。

神光-Ⅲ项目在建设初期选择了 3 级技术状态项，并在项目全生命周期不同阶段编制了相应的、能全面反映产品在某一特定时刻技术基准的技术状态文件，分别建立了功能基线、分配基线和产品基线；通过技术状态标识、技术状态控制、技术状态记实和技术状态审核进行全项目的技术状态管理，并在技术状态管理全过程形成文件，使其具有可追溯性。

9.1.2　技术状态管理内容

9.1.2.1　技术状态标识

技术状态标识是指确定技术状态项及其所需技术状态文件、标识技术状态项及其技术状态文件、发放和保持技术状态文件、建立技术状态基线的活动。技术状态标识是技术状态管理的基础，它为技术状态控制、技术状态纪实和技术状态审核提供了确定的文件依据。

（1）技术状态标识任务。

技术状态标识的任务包括：

1）选择技术状态项。

2）确定各技术状态项在不同阶段所需的技术状态文件。

3）标识技术状态项和技术状态文件。

4）建立技术状态基线。

5）发放经正式确认的技术状态文件并保留原件。

（2）技术状态项。

项目中应选择功能特性和物理特性能被单独管理且有助于达到总的最终使用要求的产品作为技术状态项，并且使它与以产品组成进行分解的工作分解结构单元对应。较高层次的技术状态项可在方案阶段初期或之前选择，较低层次的技术状态项可在工程研制阶段初期或之前选择。技术状态项的选择分为多个角度，被选择作为技术状态项的产品一般包括：

1）系统、分系统级产品或跨单位、跨部门研制的产品。

2）在风险、安全、完成任务等方面具有关键特性和重要特性的产品。

3）新研制的产品。

4）接口复杂且重要的产品。

5）单独采购的重要产品。

6）使用和保障方面需着重考虑的产品。

每个技术状态项都应有标识，标识内容包括技术状态项的型号、序列号（或批次号）等信息。标识号具有唯一性。

（3）技术状态文件。

项目中应确定每个技术状态项在不同阶段所需技术状态文件的名称、标识号、内容和责任主体，而技术状态文件随着项目生命周期阶段递进并逐步完备。

（4）技术状态基线。

在项目生命周期内，一般应建立 3 种技术状态基线，即功能基线、分配基线和产品基线，如图 9-1 所示。3 种技术状态基线应循序渐进地描述技术状态项的要求，并由相应的技术状态文件体现，即功能技术状态文件、分配技术状态文件和产品技术状态文件。3 种技术状态文件之间相互协调并具有可追溯性，且后者应对前者进行扩展和细化。如果这三者之间出现矛盾，其优先顺序是，先功能技术状态文件后分配技术状态文件和产品技术状态文件。

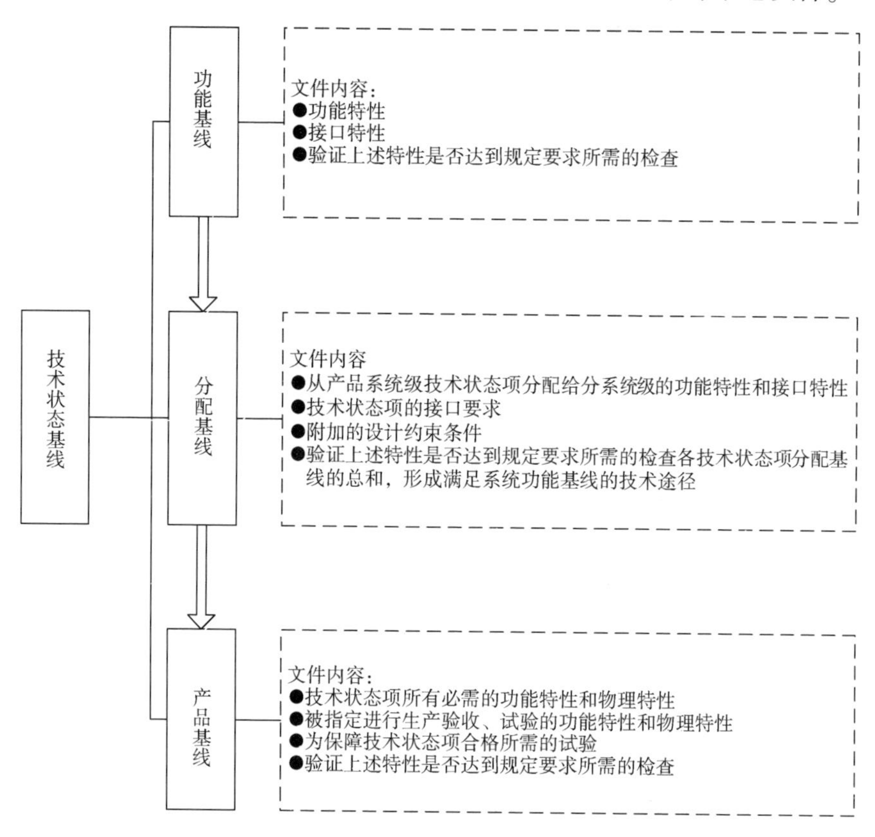

图 9-1　技术状态基线和文件内容

建立技术状态基线是技术状态标识中最核心的部分。神光-Ⅲ项目同样建立了这 3 条技术状态基线，各个基线的确定时间点为：

1）初步设计初期建立功能基线，工程设计阶段加以固化。

2）初步设计后期建立分配基线，工程设计阶段加以固化。

3）首件鉴定阶段完成后，生产加工阶段初期建立产品基线。

9.1.2.2 技术状态控制

技术状态控制是在技术状态基线建立后，对提出的技术状态更改申请、偏离许可申请和让步申请所进行的论证、评定、协调、审批和实施的活动。技术状态控制是技术状态管理的重要手段，它为产品技术状态的演变和追溯性提供证明和保证。

（1）技术状态控制的内容。

技术状态控制始于功能基线确定之时，贯穿于技术状态项研制、生产的全过程，技术状态控制包括控制技术状态更改、偏离许可和让步 3 个部分：

1）技术状态更改是在项目生命周期内，对已正式确认的现行技术状态所做的更改。

2）偏离许可是在技术状态项制造之前，临时偏离已批准的技术状态文件。

3）让步是指在技术状态项制造期间或检验验收过程中，对不合格品的返修或原样使用。

经批准的偏离许可和让步仅在指定范围和时间内适用，不能作为功能技术状态文件、分配技术状态文件和产品技术状态文件的更改依据。

（2）技术状态更改的程序一般包括：

1）判定技术状态更改需求。

2）确定技术状态更该类别。

3）编制技术状态更改申请。

4）评审技术状态更改申请。

5）审批技术状态更改申请。

6）编制技术状态更改通知。

7）实施并检查技术状态更改。

（3）偏离许可和让步的程序一般包括：

1）编制偏离许可、让步申请。

2）审批偏离许可、让步申请。

3）控制偏离许可和让步。

技术状态更改应十分慎重，一般需要几级技术状态管理委员会进行审查论证。对于那些涉及产品主要性能、人身安全、保密安全与巨大经济效益的更改，既要严肃认真，又要及时决策。为此，一般在技术状态更改制度中，将更改分成3类，对于功能基线、分配基线的更改，在达到重大程度时，应视为产品改型。

神光-Ⅲ项目技术状态控制中，制定了技术状态更改流程、偏离许可流程和让步流程。在项目实施过程中，技术状态管理团队依据流程对项目进行管控，如在技术状态更改过程中，要求更改提出方编制《神光-Ⅲ项目设计和开发更改申请表》《神光-Ⅲ项目设计和开发更改通知单》《神光-Ⅲ项目设计更改影响评估意见表》等文件，并提交项目管理部执行审批和下发流程，详见本章9.2.3.2小节。

9.1.2.3 技术状态记实

技术状态记实是指在项目生命周期内，为说明产品的技术状态状况所进行的记录、报告活动。技术状态记录一般供内部使用，技术状态报告一般供外部使用。技术状态记实是技术状态标识、控制、审核等技术状态管理活动过程的信息库，是技术状态管理过程的真实写照，为技术状态管理提供了决策依据。技术状态记实的任务包括：

（1）记录并报告各技术状态项的标识号、现行已批准的技术状态文件及其标识号。

（2）记录并报告技术状态更改从提出到实施的全过程情况。

（3）记录并报告技术状态项所有偏离许可和让步的状况。

（4）记录并报告技术状态审核的结果，包括不符合的状况和最终处理情况。

（5）记录并维持已交付产品的版本信息及产品升级的信息。

（6）定期备份技术状态记实数据，维护数据的安全性。

技术状态记实可采用纸质载体或电子载体，可归档的数据应有纸质载体，并保持完整性和正确性。

神光-Ⅲ项目中开展了全生命周期的技术状态记实活动，建立了大量的技术状态记实资料，按项目档案管理的相关规定采用纸质载体进行了存档，并视情况存档了部分电子资料。

9.1.2.4 技术状态审核

技术状态审核是为确定技术状态项与其技术状态文件的一致程度而进行的正式检查。技术状态审核是对技术状态标识和控制有效性的确认，是产品技术状态满足规定要求的保证，为循序渐进实现技术状态管理最终目标提供保证。技术状态审核包括功能技术状态审核和物理技术状态审核。

（1）功能技术状态审核。

功能技术状态审核是为验证技术状态项的功能特性是否达到功能基线、分配基线规定的要求而进行的技术状态审核。根据产品的复杂性，功能技术状态审核可分步进行，与产品的技术审查（评审）工作相结合。

（2）物理技术状态审核。

物理技术状态审核是为建立或验证产品基线，对技术状态项试制试产样品的完工状态、所依据的技术状态文件而进行的技术状态审核。物理技术状态审核应在功能技术状态审核完成之后或与功能技术状态审核同步进行。

神光-Ⅲ项目技术状态审核按照审核内容，划分了功能技术状态审核和物理技术状态审核两个方面，并确定了具体的审核项。同时为了方便管理，又按照技术状态审核方式划分了日常技术状态审核和专题技术状态审核。

9.1.3 基于系统思维的技术状态管理

技术状态管理是项目管理的重要内容，是保持产品研制有序进行和保证研制项目的完整性和可追溯性的重要手段。系统思维，简单来说就是对事情全面思考，把想要达到的结果、实现该结果的过程、过程优化以及对未来的影响等一系列问题作为一个整体系统进行研究。系统思维方式主要以整体性、动态性、综合性等特点见长。

9.1.3.1 系统思维方式

系统思维方式在技术状态管理中的应用，具体体现为以完整、统一、经济、及时与可追溯等方式确保技术状态管理的质量，使产品技术状态达到既定目标要求。

（1）完整。

完整，一方面是指技术状态管理应从各个维度、各个方位确定包含所有与实现项目功能特性和物理特性有关的技术状态项，保证技术状态项覆盖全面、完整无缺；另一方面，是指对技术状态项的管理，要涵盖其从产生到验收确认的全过程。这样才能满足项目全生命周期技术状态管理的要求，否则，产品质量就失去准绳，难以达标。

（2）统一。

统一，一方面是指技术状态基线（技术状态文件）自上而下的统一，包括系统与分系统文件中的技术状态统一，设计文件、工艺文件、检验文件和使用维护文件的技术状态统一，设计文件中的图样、技术条件、说明书、大纲、任务书、技术单与更改单等中的技术状态统一，图样中的零件图、组件图与总图中的技术状态统一等；另一方面，是指产品与技术状态基线的要求统一，即产品的功能特性和物理特性与功能基线、分配基线、产品基线的要求协调一致。

（3）经济。

经济，是指在满足任务书要求的条件下，应用价值工程，在工程设计确认后，执行严格的变更程序，尽量避免不必要的费用支出。技术状态管理是否到位，对项目成本影响很大。技术状态管理的一项重要任务就是要有效地发挥有限资金的作用，最大限度地做到少花钱、多办事、多出成果。

（4）可追溯。

技术状态管理贯穿于产品形成与使用的全过程，同时还在不同阶段产生了大量的技术状态文件。因此，要特别强调做好技术状态基线更改与执行情况的记实工作，保障技术状态基线的可追溯性。主要包括：

1）编制技术状态文件，建立技术状态基线，并保留所有现行已批准的技术状态文件的原件。

2）落实技术状态更改与执行的责任制，明确分工，分清职责。

3）及时发现技术状态基线中存在的缺陷。经过分析论证，对技术状态基线进行更改控制，使技术状态基线不断合理化。

4）在生产与使用过程中，根据情况提出偏离许可申请或让步申请，经审批通过后执行并记录。为避免偏离、不合格的情况重复发生，应分析不合格品信息等，为改进技术状态管理提供依据。

9.1.3.2　系统思维下的大科学工程技术状态管理要点

为了达到系统化技术状态管理的目的，根据国内外实践经验，在大科学工程中，对项目技术状态管理要按照以下要点进行。

（1）建立分级分阶段的技术状态管理与产品质量评审制度，促使技术状态管理不断成熟与完善

由于大科学工程技术异常复杂，在工程开始时，人们不可能立即认识到产品相关技术在某些方面存在的问题，并给出合理的解决方案，而必须有一个由粗到细、由浅入深、由初级到高级、由片面到全面的实践、认识、再实践、再认识的过程。产品分阶段研制正是认识了这个过程而进行的科学总结，它反映了开发大科学工程产品的客观规律。在划分后的各个阶段，都有明确的起始条件、工作内容、责任权利与质量标准。因此，在结束一个阶段的工

作，开始进入下一个阶段工作之前，要对技术状态项进行相关的技术状态审核，对产品进行总结鉴定，衡量产品符合技术状态要求的情况，对是否转入下一个阶段做出决定，以便及时发现与消除缺陷。实践证明，这是保证技术状态管理实现又快、又好、又省目标的重要措施，也是使技术状态管理不断趋于成熟与完善的关键环节。

（2）建立与健全技术状态管理责任制。

在大科学工程中，明确规定各类人员在技术状态管理与硬件生产过程中的相关责任，包括建立技术状态文件校对、审核与批准的审签制度，建立质量会签、首件鉴定、标准化检查制度，建立技术状态更改制度，建立技术状态审核制度，建立技术状态文件归档制度，以及建立各种检验、试验、鉴定与定型等制度，确保技术状态管理的完整、统一及可追溯。

（3）技术状态管理应覆盖项目全生命周期。

对技术状态管理应从方案阶段开始，在产品设计、开发、采购、生产、试验、安装、服务、使用直至产品处置的全生命周期内，准确、清楚地表明产品的技术状态，并对技术状态更改进行有效的控制。

（4）一个有效的项目技术状态管理体系的特点。

1）项目单位应认识到正确的技术状态管理在项目研制中的重要性，及时制定适当的技术状态基线。

2）项目单位应有能力对一套有效的技术状态管理指南和标准基线进行裁减，以适应项目的特点。

3）考虑到项目生命周期内的每个阶段要求和系统技术状态的复杂性，应对技术状态基线在项目生命周期内不断完善。

4）通过技术状态管理基线，在项目单位、供方之间建立起接口关系。

9.2　神光-Ⅲ项目技术状态管理

9.2.1　神光-Ⅲ项目技术状态管理模型框架

神光-Ⅲ项目全生命周期分为 3 个大阶段、10 个小阶段。在项目全生命周期中，都要进行技术状态管理，其中重点在初步设计、工程设计、加工制造、安装集成、试运行这 5 个阶段。

神光-Ⅲ项目作为一个大科学工程，由于受到项目研制周期长、接口复杂等多方因素的影响，技术状态管理难度较大。为实现项目技术状态全面控制，对神光-Ⅲ项目技术状态管理按照系统工程方法论中的霍尔三维结构进行管理，如图9-2所示。结合工程实际，以多时间维度、多管理对象控制模型为主线，引入技术状态管理标准和规范，设计了技术状态管理多维度、多变量的三维控制模型。

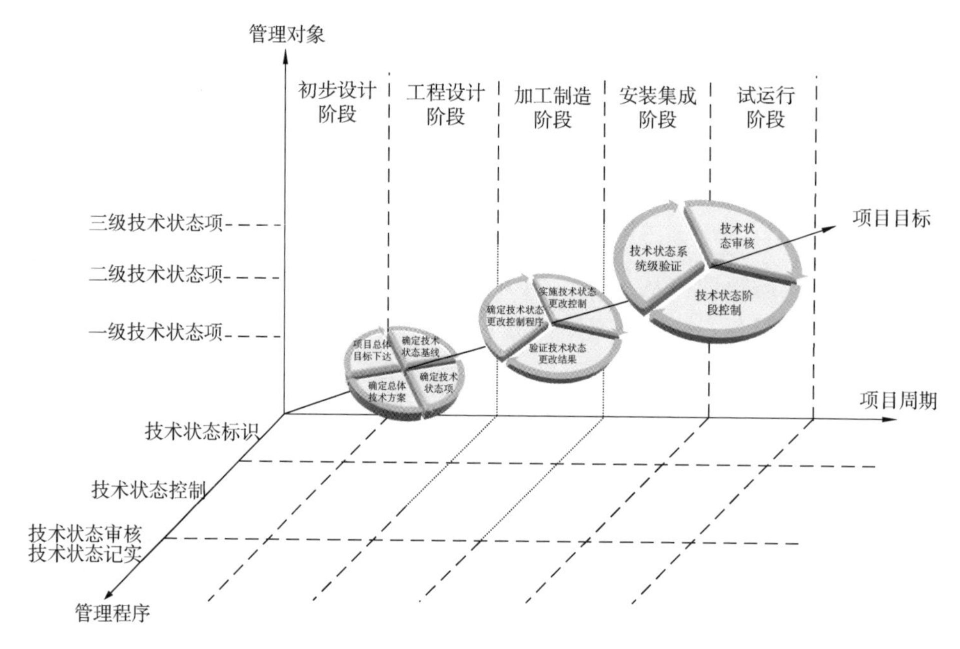

图9-2　神光-Ⅲ项目技术状态管理三维控制模型

9.2.2　神光-Ⅲ项目技术状态管理组织层级

技术状态管理架构与整个项目的组织层级一致，分为决策层、管理层和实施层，如图9-3所示。

决策层的项目总指挥是技术状态管理的第一责任人，主要负责技术状态管理各项管理工作的决策和批准。项目总设计师是项目主要技术目标制定、技术方向确认和技术审查的责任人，为项目总指挥最终决策提供支撑。

管理层职能部门的主要职责是制定和发布技术状态管理相关政策、标准、规范等。管理层项目管理部的技术状态管理团队是神光-Ⅲ项目技术状态管理的具体实施与管理部门，主要职责包括落实各项技术状态管理政策、标准和

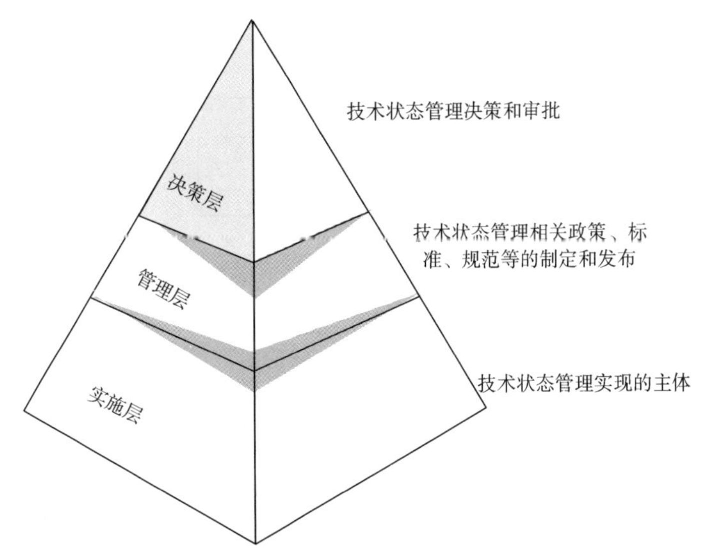

图 9-3　神光-Ⅲ项目技术状态管理组织层级

规范，组织实施技术状态管理所涵盖的培训、标识、控制、记实、审核等管理工作。

实施层是技术状态管理实现的主体部门，负责技术状态管理目标的落实和具体执行。

9.2.3　神光-Ⅲ项目全生命周期技术状态管理过程

9.2.3.1　技术状态标识

神光-Ⅲ项目在技术状态标识方面的主要管理工作如图 9-4 所示。

根据神光-Ⅲ项目结构特点、最终使用功能、接口及共用分系统特性、日常维护等综合因素，建立了神光-Ⅲ项目任务结构分解图（WBS），并对装置各系统、组件单元和模块进行了中英文对照标准命名、名称缩写和编码标识等管理工作。根据神光-Ⅲ项目 WBS、各系统的接口关系及各组件的重要性，确立了一级技术状态项、二级技术状态项和三级技术状态项，如图 9-5 所示。如表 9-1 所示，按照神光-Ⅲ项目初步设计、工程设计、外协加工制造、安装集成及试运行的实施流程，分别建立了项目各阶段技术状态基线，并且按照建设实施流程建立了较规范的技术状态管理文件系统，将文件的要求延伸至外协单位，保证了项目建设全过程文件的完整化、规范化、标准化，这对项目的实施起到了较好的支撑作用。

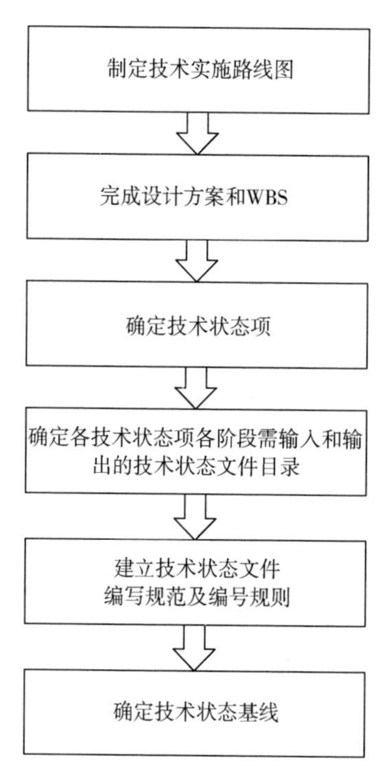

图 9-4　神光-Ⅲ项目技术状态标识流程示意图

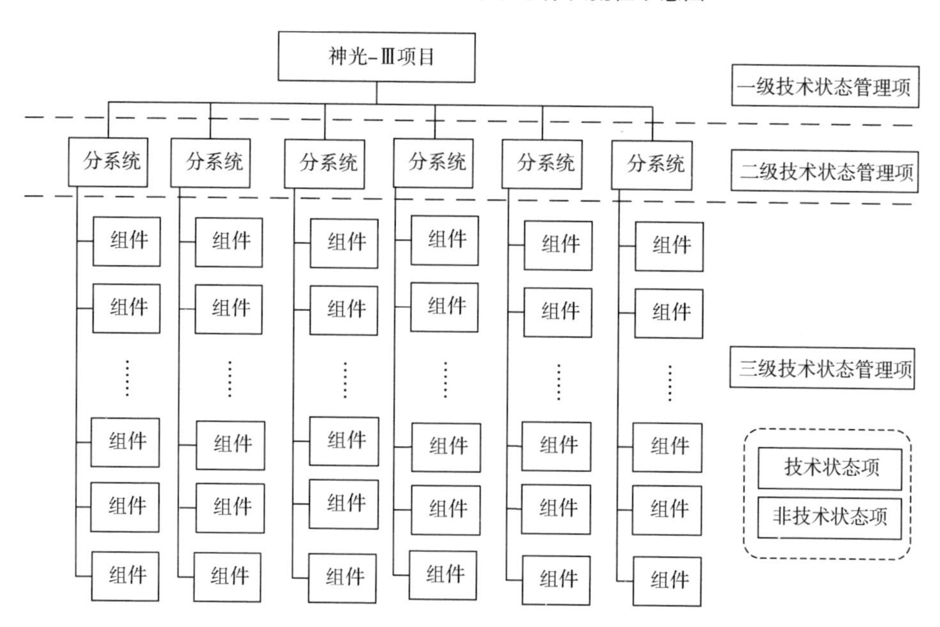

图 9-5　神光-Ⅲ项目 WBS 及技术状态项标识示意图

表 9-1　神光-Ⅲ项目技术状态基线表

阶段	技术状态基线类型	基线建立依据	主要作用	形成技术状态文件（基线）	
				标准规范	技术文件
初步设计	功能基线	1. 神光-Ⅲ项目立项报告和批复 2. 神光-Ⅲ项目总体技术研究报告 3. 神光-Ⅲ项目总体设计要求、设计指标	技术方案 设计依据	1. 初步设计要求 2. 设计规范和标准	1. 神光-Ⅲ项目系统技术方案 2. 神光-Ⅲ项目总体技术方案 3. 神光-Ⅲ项目初步设计报告
工程设计	功能基线 分配基线	1. 神光-Ⅲ项目初步设计报告书 2. 神光-Ⅲ项目系统工程设计任务书	工程、工艺设计依据	1. 工程设计标准和规范 2. 光学、结构、电气、集成等 4 大总体设计要求 3. 系统设计要求	1. 神光-Ⅲ项目（总体/系统）工程设计报告 2. 神光-Ⅲ项目工程验证总结报告 3. 神光-Ⅲ项目工程技术条件需求报告
外协 加工制造	分配基线 产品基线	1. 神光-Ⅲ项目工程设计输出文件 2. 神光-Ⅲ项目系统或单元研制任务书	工程研制、产品定型批量制造依据	1. 研制规范 2. 接口规范 3. 检验测试大纲 4. 产品规范 5. 工艺规范 6. 系统工程验收图样	1. 工程设计图样 2. 工艺文件（工艺转换形成的技术文件） 3. 工程实施方案 4. 工程验证总结报告 5. 测试、检验技术文件 6. 首件鉴定文件 7. 设计工艺定型报告
安装集成	产品基线	1. 神光-Ⅲ项目安装集成设计文件、实施方案 2. 神光-Ⅲ项目基准体系设计文件 3. 神光-Ⅲ项目各系统安装调试大纲	安装集成依据	1. 系统/装置集成调试规范 2. 系统/装置现场联调技术状态评估要求或规范	1. 各分系统离线调试、在线安装调试总结报告 2. 装置现场联调总结报告 3. 神光-Ⅲ项目机械元件和组件洁净控制要求报告
试运行	产品基线	1. 神光-Ⅲ项目各分系统试运行调试方案 2. 神光-Ⅲ项目试运行实施方案 3. 神光-Ⅲ项目验收测试大纲	试运行依据	1. 系统/装置试运行规范 2. 系统/装置技术状态评估要求或规范	1. 各分系统试运行调试总结报告 2. 神光-Ⅲ项目试运行总结报告 3. 神光-Ⅲ项目验收测试报告

9.2.3.2 技术状态控制

技术状态基线建立后并不是一成不变的。随着研究不断深入，若有理有据，并对项目建设产生积极的影响，便可对其进行更改，这也是神光-Ⅲ项目技术状态控制工作的重点。神光-Ⅲ项目技术状态控制主要是对技术状态基线更改的管理、对偏离许可和让步接收的管理。

如图9-6为神光-Ⅲ项目技术状态更改流程示意图。从图中可以看出，承担神光-Ⅲ项目建设任务的各相关研究部、内外部外协单位均可根据需要提出更改请求。在更改请求提出之后，进行影响评估，在评估完成后再履行审批程序，并且对更改的全过程及实施情况要进行存档和记录。在技术状态更改过程中，技术状态管理团队制定了《神光-Ⅲ项目设计和开发更改申请表》《神光-Ⅲ项目设计和开发更改通知单》《神光-Ⅲ项目设计更改影响评估意见表》等一系列标准化表单，进行规范化管理，见表9-2、表9-3和表9-4。

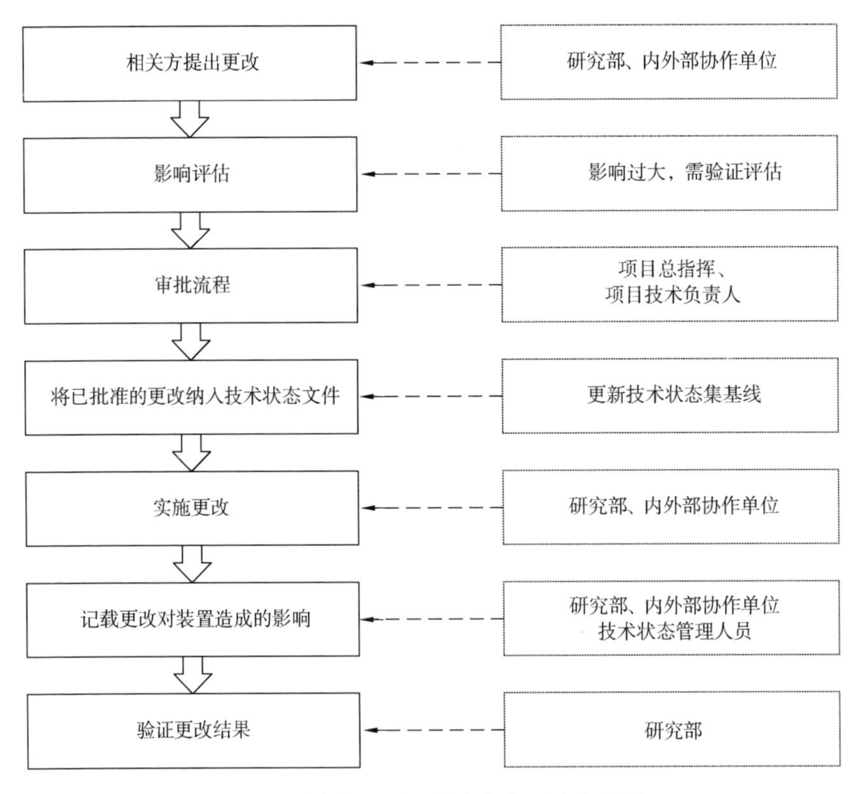

图9-6 神光-Ⅲ项目技术状态更改流程图

表 9-2 神光-Ⅲ项目设计和开发更改申请表

<table>
<tr><td colspan="2">标题</td><td colspan="4"></td></tr>
<tr><td colspan="2">项目名称</td><td colspan="2"></td><td>项目编号</td><td></td></tr>
<tr><td colspan="2">技术状态标识文件（图样）名称、编号</td><td colspan="4"></td></tr>
<tr><td>申请单位</td><td></td><td>申请人</td><td></td><td>申请日期</td><td></td></tr>
<tr><td colspan="2">更改前内容</td><td colspan="4"></td></tr>
<tr><td colspan="2">更改后内容</td><td colspan="4"></td></tr>
<tr><td colspan="2">更改原因</td><td colspan="4"></td></tr>
<tr><td rowspan="4">更改产生的相关影响及解决措施</td><td>对相关项目影响及措施</td><td colspan="4"></td></tr>
<tr><td>对接口的影响及措施</td><td colspan="4"></td></tr>
<tr><td>对成本进度及使用的影响及措施</td><td colspan="4"></td></tr>
<tr><td>对已制品、在制品的影响及措施</td><td colspan="4"></td></tr>
<tr><td colspan="2">建议更改实施日期</td><td colspan="4"></td></tr>
<tr><td colspan="2">验证方法</td><td colspan="4"></td></tr>
<tr><td colspan="5" rowspan="2">申请单位意见：
签字： 年 月 日</td><td>建议更改类别</td></tr>
<tr><td>一般 重要</td></tr>
<tr><td colspan="6">主管部门意见：
签字： 年 月 日</td></tr>
<tr><td colspan="6">相关部门会签意见：（部门签字和日期）</td></tr>
<tr><td colspan="5" rowspan="2">所技术负责人意见：
签字： 年 月 日</td><td>建议更改类别</td></tr>
<tr><td>一般 重要</td></tr>
<tr><td colspan="6">主管所领导意见：
签字： 年 月 日</td></tr>
<tr><td colspan="6">顾客或上级主管部门意见：
签字（盖章）： 年 月 日</td></tr>
<tr><td colspan="6">备注：</td></tr>
</table>

表 9-3　神光-Ⅲ项目设计和开发更改通知单

项目名称		项目编号	
技术状态标识文件（图样）名称、编号			
更改依据		建议更改类别	
		一般　　重要	
更改方案：			
主管部门意见： 签字（盖章）：　　年　月　日			
更改执行情况验证： 验证人签名：　　年　月　日			

表 9-4　神光-Ⅲ项目设计更改影响评估意见表

子项编号：　　　　NO：

更改项目名称		更改申请单位	
更改子项目负责人		更改申请日期	
设计更改影响评估意见			
序号	更改涉及研制单位	更改影响评估意见	涉及子项技术负责人签字
1			
2			
3			
结论意见	更改子项负责人签字：　　年　月　日		
部门审核意见	审核签字：　　年　月　日		

图 9-7 为神光-Ⅲ项目偏离许可管理流程。从图中可以看出，偏离许可申请提出前要进行偏离原因分析；研究部和内外部协作单位均可提出偏离许可申请；经审批后执行，并留存技术状态管理档案。

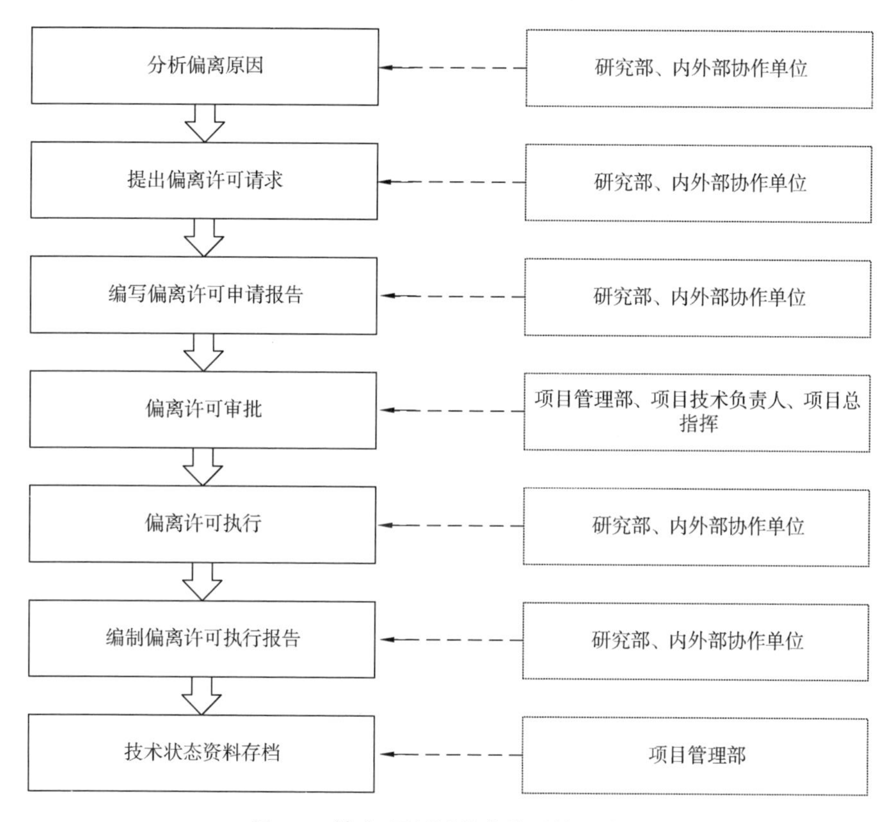

图 9-7　神光-Ⅲ项目偏离许可管理流程

图 9-8 为神光-Ⅲ项目让步接收管理流程。从图中可以看出，在产品制造期间或检验验收过程中，如出现不符合技术状态基线要求，但不影响正产使用的情况，由研究部和内外部协作单位提出产品让步接收申请；经审批后执行，并留存技术状态管理档案。

9.2.3.3　技术状态记实

神光-Ⅲ项目技术状态记实是记录所有技术状态管理活动产生的依据和文件并整理归纳，维护技术状态管理数据、文件的安全性、可靠性和系统化的管理过程。神光-Ⅲ项目之初，就对项目进行了技术状态记实管理。在管理过程中，准确地记录了每一项技术状态项的现状及其变化过程，保证其可

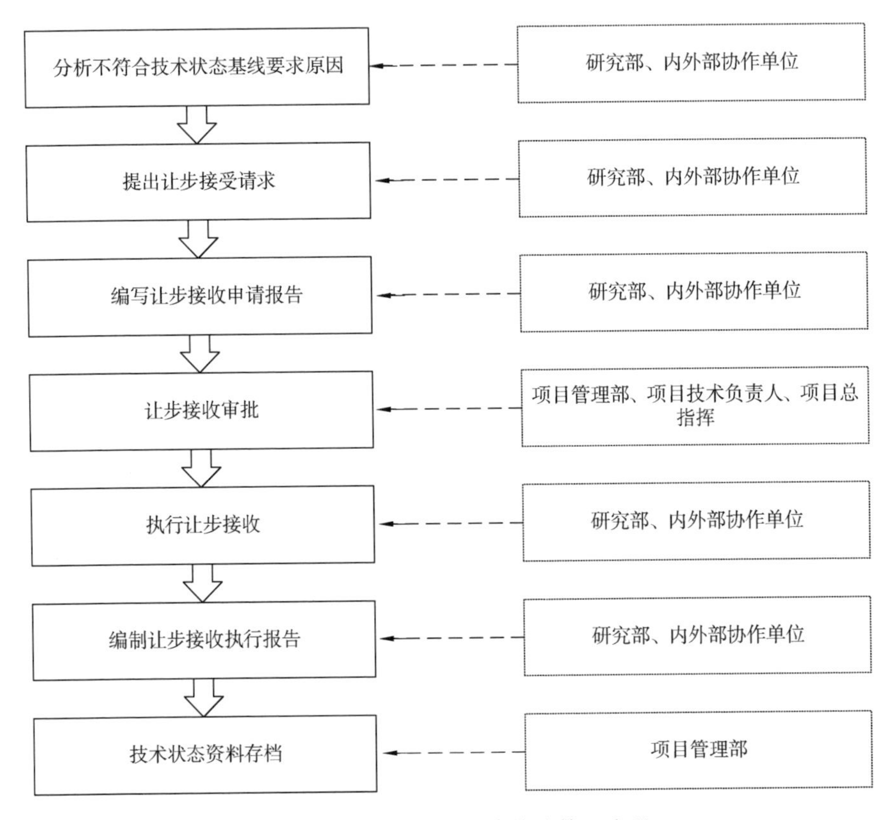

图 9-8　神光-Ⅲ项目让步接收管理流程

追溯性。

在神光-Ⅲ项目中，技术状态资料主要包括技术状态项清单、技术状态文件清单、经过批准生效的技术状态文件、设计更改申请表、设计更改影响评估表、设计更改通知单、偏离许可申请表、让步接收申请表、技术状态报告等文件资料。对技术状态资料的存档，原则上先存档纸质版资料，再视实际需要存档电子版资料。

9.2.3.4　技术状态审核

神光-Ⅲ项目技术状态审核从内容上可分为项目功能技术状态审核和物理技术状态审核两个方面。其审核内容见表 9-5。

神光-Ⅲ项目技术状态审核从方式上可分为日常技术状态审核和专题技术状态审核。

（1）日常技术状态审核。主要是审核技术状态文件的合理性并使其生效，

表 9-5　神光-Ⅲ项目技术状态审核内容

功能技术状态审核内容	物理技术状态审核内容
1. 审查神光-Ⅲ项目工程验证方案和验证结果是否符合技术状态文件规定的功能特性要求。若未完全通过试验认证，需详细审查其验证方案等的正确性、充分性，并确认其结果是否满足功能特性需求 2. 审核已通过审批的设计更改等技术状态控制工作是否体现到技术状态文件（基线）中并实施 3. 审核项目建设过程中技术问题处理的正确性	1. 审查神光-Ⅲ项目各系统工程设计文件、设计图样、安调技术要求规范等文件，确认产品全套资料的正确性、完整性 2. 审查系统研制技术状态是否文实相符 3. 审查系统或组件设计指标、设计功能是否符合规范要求 4. 审查功能技术状态审核遗留的问题是否已经解决 5. 审查更改在生产中的落实情况

由项目管理部技术状态管理团队负责组织实施，并将审核结果进行实时记录。日常技术状态审核重点针对项目实施流程中重要的标志性节点产生的技术状态文件进行审核，审核项目技术状态项在技术状态文件中的技术指标是否符合项目目标要求。项目各阶段日常技术状态审核的主要审核点及审核内涵见表 9-6。

日常技术状态审核分为会议审核和文件会签审核两种方式。较为重要的技术状态文件审核均采用会议审核方式，即通过召开技术状态文件评审会议对其进行民主、集中的评审与决策。

（2）专题技术状态审核。是指在合适的时间点，对项目技术状态项进行专门的技术状态审核。神光-Ⅲ项目专题技术状态审核主要包括半年技术状态自审和年度技术状态审核两种类型。

半年技术状态自审于每年 6 月下旬开展，审核重点集中在技术状态文件的传承性方面。年度技术状态审核于每年 12 月下旬开展，审核重点集中在技术状态文件的传承性和技术状态文件与产品实物的一致性方面。年度技术状态审核以现场审核为主，其中很重要的一部分为安装验证、操作验证和性能验证，以验证结果作为评定年度技术状态审核的基础。

表 9-6　神光-Ⅲ项目各阶段日常技术状态审核的主要审核点和审核内涵

阶段	设置审核点	审核内涵
初步设计	1. 初步设计实施计划评审 2. 初步设计规范和标准评审 3. 初步设计总体/系统技术路线评估 4. 初步设计院级、国家级评审	1. 审核初步设计技术实施路线、设计任务目标和实施流程是否满足项目立项要求 2. 审核项目标准化工作的可行性、有效性等，是否符合“六性”要求 3. 审核总体技术设计方案对装置设计原则的满足性和对最终功能的实现性
工程设计	1. 工程设计任务书评审 2. 工程设计标准规范评审 3. 工程设计方案审核 4. 工程设计评审	1. 审核设计任务书技术标识是否清晰，审核设计内容是否遗漏 2. 审核项目工程设计标准、规范和大纲的适用性 3. 工程设计审核： （1）阶段评估。“六性设计”“归一化设计”情况审查以及设计指标、功能的审核 （2）工程设计资料审核活动。资料完整性、规范性 （3）工程设计闭环审核。资料归档及遗留问题解决情况审查
加工制造	1. 外协研制任务书评审 2. 外协研制实施方案和质量计划评审 3. 工艺方案和流程评审 4. 首件鉴定 5. 出厂验收	1. 审核研制实施过程中技术要素和产品功能基线的准确性、完整性以及是否能满足设计技术指标要求 2. 审核技术状态控制流程、技术状态评价依据和保障措施的有效性 3. 审核产品功能基线、关键件、重要件控制手段的有效性和批量研制的一致性 4. 对产品功能和性能检测验收
安装集成	1. 现场基准体系评审 2. 系统离线调试评估 3. 系统在线安装调试评估 4. 束组联调测试评估 5. 全装置联调测试评估	1. 建立的审核基准体系是否有序、是否有效传递技术实施路线 2. 审核系统离线调试是否符合基线要求 3. 安装精度和洁净保障是否符合基线要求 4. 离线/在线安装调试和检测是否符合基线要求 5. 在线安装技术状态是否符合基线要求
试运行	1. 系统试运行测试评估 2. 全装置试运行测试评估 3. 全系统测试验收	1. 审核系统及全装置试运行报告及测试报告的准确性、完整性以及是否能满足设计技术指标要求 2. 验收全系统测试结果，评估其是否能达到验收水平

9.3 小结

大科学工程项目中，技术状态管理是与进度管理、费用管理、质量管理并重的管理要素。尤其是在科研性质突出的神光-Ⅲ项目中，更加需要有科学、合理的技术状态管理，以确保项目目标的实现。在神光-Ⅲ项目中，项目管理团队以系统化思维的方式着眼于整个项目生命周期，围绕项目总体目标建立了涵盖技术状态管理内容的神光-Ⅲ项目技术状态管理模型。在模型中，明确了神光-Ⅲ项目生命周期每一个阶段的管理内容，通过不断循环控制过程，最终成功实现技术状态管理要求，进而实现项目目标。

第10章　基于分级分类思维的神光-Ⅲ项目外协管理

神光-Ⅲ项目是典型的大科学工程，项目单位担负着项目建设“总设、总成、总体管理”的责任，因而这种管理模式决定了项目完成需要进行全国大协作。神光-Ⅲ项目的外协管理贯穿整个项目生命周期。不管是在项目的设计阶段，还是在生产制造阶段、集成阶段都需要大量的外协单位参与。据统计，本项目涉及的外协单位有数百家，包括科研院所、高等院校、国有企业、民营企业等，其中签署的外协合同近两千份。面对如此庞大的外协单位群体及其采购任务和合同管理任务，项目单位建立了基于分级分类思维的外协管理模式，并形成了战略合作伙伴供方关系的项目外协联盟，充分耦合、利用国内优势资源与条件，发挥不同行业、单位、部门的优势，圆满完成了神光-Ⅲ项目相关单元、组件、系统的外包和供货任务。应该说，神光-Ⅲ项目外协管理独具特色，是神光-Ⅲ项目建设管理的重点，也是支撑项目管理目标实现的关键要素。

10.1　项目外协管理理论

10.1.1　基本概念

在介绍项目外协管理之前，需梳理采购、外购、外包、外协等与外协管理有关的几个概念。

采购的定义有很多种。狭义的采购，就是买东西，是一个组织根据需求提出采购计划、审核计划，选好供方，开展商务谈判等方式确定价格和交货条件，最终签订合同并按要求收货付款的过程。广义的采购，是指除了以购买的方式占有物品之外，还可通过租赁、借贷和交换等其他途径取得物品的使用权，来满足需求。一般情况下，采购就是从“合格的”供方处，在“需要的”时间内，以“合理的”价格和“合法的”方式取得数量“正确”“符合品质要求”的物料与服务。

外购的对象主要是货物与产品，而且这些货物和产品通常对组织产品性能或精度起着重要的作用，如各种机械、电子元器件、电器等。这些外购件一般都是由外部组织按照国家、行业或企业标准生产的，即通常所说的标准件。因此，外购是指采购单位按照外部生产企业货物与产品的技术标准来进行订货和采购，并对货物和产品进行相关的质量检验和控制的过程。

外协与外购很相似，所不同的是，外协的货物和产品完全是按照采购单位设计和要求的技术条件、外观等进行定制生产的，即通常所说的非标准件。外协的对象既有技术含量较高、生产难度较大、对采购单位产品和货物有重大影响的系统或组件，也有一些零件或元件。

外包是指一个组织将传统上由内部处理的一些非核心、次要或辅助性的功能或业务（产品、知识产权、服务等），通过分工合作的方式委托外部的专业服务机构来承担执行，从而达到降低成本、提高服务质量、充分培育核心竞争力和增强环境适应能力的一种管理模式。

从逻辑上讲，外购属于采购的范畴，二者是被包含与包含的关系。但在特定情况下（指在不同的单位或场合），二者可以等同或相互替代。从定义上讲，外包包括外协，国军标（GJB9001B－2009）《质量管理体系要求》注释中也明确了这一点，“外包过程，是为了质量管理体系的需要，由组织选择，并由外部方实施的过程。外协是外包的一种形式。”

在神光-Ⅲ项目中，项目管理团队在项目之初就利用产品分解结构（PBS）工具对项目进行了分解，确定了需采购的对象包括设计服务、非标设备、非标元器件、标准件。其中非标设备和非标元器件的采购，无论是在采购的金额上还是在采购的工作量占比上都是整个采购过程的核心。为了统一定义并凸显非标件的重要程度，在神光-Ⅲ项目中，将外协和采购概念做了整合，采用“外协”这一说法作为对所有需采购产品和服务的统称。

神光-Ⅲ项目外协管理可以定义为“为达到项目范围而从组织外部获取货物或服务所需的过程”。项目外协管理是神光-Ⅲ项目管理的重要组成部分，贯穿整个项目生命周期，其成效直接关系到项目的成败。

10.1.2 外协的分类

根据不同分类方式，外协可以分为不同的类型。

按照外协的单位划分可分为普通外协与战略合作两种。普通外协是指外协单位是一般的供应商，仅提供普通产品；战略合作是指外协单位是核心供应商，将提供关键技术和产品支持。

按照外协的范围划分完全外协和部分外协。完全外协是由外协单位研制或生产完整的产品，即完全外包，如专用工装、非标设备或典型设备等；部分外协是将产品某部分有选择性地交给一家或多家外协单位进行生产，同时在组织内也保留一部分工作。例如，与高等院校、研究院所合作开发产品设计，由外协单位承担本单位产品的部分生产、调试、装配任务等。

按照外协的内容划分为设计外协、标准产品外协、非标元器件外协、非标设备外协等。

10.1.3 外协管理过程

项目外协管理，包括项目人员依据项目需求确定外协任务和外协计划，是通过对供方的了解、初步筛选，然后采用一定的采购策略、选择和确认供方、签订合同，并对合同履行进行管理控制、一直到合同验收的过程。

10.1.3.1 外协计划

（1）外协计划的范围。

项目外协计划是在考虑了买卖双方之间关系之后，从购买者的角度来进行的。项目外协计划过程就是识别项目有哪些需要，可以通过从项目组织外部采购产品和设备得到满足。外协计划中一般要对下列事项做出决策：

1）通过一家总承包商采购所有或大部分所需要的货物和服务。在这种情况下，从询价到合同终止的各个过程都只要实施一次。

2）向多家承包商采购大部分需用的货物和服务。在这种情况下，从询价直至合同终止的各个采购过程，都要为每一个任务采购实施一次。采购活动有可能会发生在项目生命周期的任何一个阶段。

3）采购小部分需用的货物和服务。这种情况下，从询价直到合同终止的各个采购过程，为每一采购任务实施一次。

依据神光-Ⅲ项目的特点，项目单位主要负责“总体设计、总体集成、总体管理”职责，而对项目来说，从工程设计阶段开始，就需要对工程设计、设备、系统、组件、元件等进行采购。外协管理工作量在整个项目管理总工作量中占比很大，符合上面所说的第二种情况。在本项目全生命周期内，采购与外协出现在任何一个阶段，采购与外协工作贯穿项目的全过程。

（2）外协计划的依据。

1）项目的范围。包括项目目标和 WBS。

2）交付物说明。提供了有关在外协计划过程中需要考虑的所有技术问题或注意事项的重要材料。

3）采购活动所需的资源。如果项目单位内没有供方库等资源，则需要项目管理团队自行去考察供方等。

4）市场状况。外协计划过程必须考虑市场上有何种产品可以买到、从何处购买以及采购的条款和条件是怎样的。

5）其他计划结果。如项目进度计划、费用计划、质量管理计划等，在外协计划过程中都必须加以考虑。

例如，在神光-Ⅲ项目中，项目交付物形成的 WBS、项目全周期计划和项目年度计划就是年度外协计划编制的重要依据。

另外，由于神光-Ⅲ项目是项目单位首个以现代项目管理方式实施的项目，而项目涉及的设计、生产外协要求较高，且许多供方都不在项目单位原有的供方库内，因此，需要在外协计划时考虑前期对供方的考察情况。根据前期对供方考察的结果，确定不同的采购策略。如经过前期对供方的考察，发现没有一家单位能独立承担整个前端系统的设计、生产和制造任务，在确定采购策略时，就采取了“分包总成”的方式，将前端系统分解后承包给多家单位，最后再进行集成。

（3）外协计划的结果。

1）外协计划。

外协计划应当说明具体的外协采购过程将如何进行管理。它包括：

①应当使用何种采购策略和何种类型的合同；

②是否需要有独立的预算作为评估标准，由谁负责，以及何时编制这些预算；

③项目单位是否有采购部门，项目管理组织在采购过程中自己能采取何种行动；

④是否需要使用标准的采购文件，从哪里找到这些标准文件。

根据项目的具体要求，采购管理计划独立成文，并作为项目整体计划的一部分。

2）辅助说明文件。

在外协采购过程中，还存在多种辅助说明文件，如质量要求文件、性能说明文件、相关标准和规范等。这些文件详细地说明了对潜在供方提供的货物或服务的要求，说明的详细程度可以视采购任务的性质、买主的要求或者预计的合同形式而异。

神光-Ⅲ项目中，根据外协工作的要求，编制了不同层级的外协采购计划，如针对神光-Ⅲ项目外协采购年度计划、外协采购季度调整计划和紧急新增计划等。在外协过程中也提供了类似性能说明的文件，如工程设计阶段采购时提供的外协设计任务书，就是在明确对某一采购任务交付物的具体要求。

10.1.3.2　外协实施

（1）项目采购方式的选择。

根据需要采购货物的特色和市场供货环境等情况，选择不同的采购方式。传统的采购方式有以下 5 种：

1）公开招标。

公开招标方式是针对达到招标限额标准以上且无其他特殊情况或要求的招标项目采用的采购方式。在项目实施公开招标时，需要在公共媒体发布公开广告，所有对该招标有意向且符合投标条件的组织或个人都可以在规定的期限内向项目单位提交意向书。公开招标是政府采购的主要采购方式。

2）邀请招标。

邀请招标方式是针对具有特殊性，只能从有限范围的供应商处采购的招标项目采用的采购方式，是指招标单位根据已知的材料，经验或者由专业咨询机构推介，向某些选定的合格单位发出招标邀请，然后应邀单位在规定时间内向招标单位提交投标意向并进行投标。

3）竞争性谈判。

竞争性谈判方式是针对在供方数量较少或技术复杂或性质特殊，不能确定详细规格或具体要求，招标时间不足等情况下采取的采购方式，是科研类外协较为普遍采用的一种采购方式。

4）询价。

询价方式主要是针对金额不大的标准规格产品采用的采购方式。因为标准规格产品的质量、功能、工艺等特性差异不大，可以通过比较价格的方式来进行采购。

5）单一来源。

单一来源是针对在特定的采购环境下，只有单一来源供货商或发生了不可预见的紧急情况不能从其他供应商处采购或需继续从原供应商处添购（不超过原合同金额的百分之十）采用的采购方式。这种方式对于采购的价格、期限等很可能涉及烦琐和艰难的采购谈判过程。

（2）供方选择。

供方选择是为项目选择最合适的供方，是外协管理中最重要的工作之一。

1）供方调查。

供方调查的目的是了解项目所需资源在市场上有哪些潜在的供方，每个供方的基本情况、特点是什么。这项工作为了解市场中供方情况和选择正式供货来源奠定了基础。

2）供方初选和开发。

在调查供方的过程中会发现一些比较适合的供方，这时就可以把这些供方放入项目潜在供方名单里。但是这些供方可能暂时并不完全符合项目的供货要求，需要对他们进一步开发，才能得到对项目供货基本满足的供方。这个开发过程包括对供方做进一步的深入调查、辅导、改进和考核等活动。

3）供方的评估与考核。

供方的评估和考试是选择供方的基础，也是决策与供方如何合作、如何培养、是否继续合作的基础工作。供方的评估和考核遍布在供方管理的各个阶段。

4）合格供方名单确定。

在对供方评估和考核的基础上，确定合格供方名单。根据项目供方名单选择项目最合适的供方。

如在项目质量管理章节提到神光-Ⅲ项目外协的“二方审核”，实际上就是通过对项目潜在供方进行考察、评价，最终确定神光-Ⅲ项目符合要求的供方名单。

10.1.3.3　合同谈判与签订

供方选择后，项目单位可与选出的最满意的一个供方进行合同文本的起草，合同的谈判和修订，最后签订合同。一般企业会对常用合同的文本进行规范，这既可以提升标准化管理水平，又可以减少重复性的工作量。

神光-Ⅲ项目中同样对合同文本进行了分类，出台了合同范本，对项目通用条款做出了约束；在具体的合同谈判过程中，在合同范本的基础上，细化合同的专有条款；编制合同文本经审核后签订。

10.1.3.4　合同履行与监控

合同管理是项目团队确保供方履行合同中对其要求的过程。合同具有法律效益，是管控供方的最为有效的方式。合同管理的主要内容包括监督和控制供方的合同履行情况、跟踪评价供方的工作、货物的验收和质量控制、合同变更的控制、合同纠纷的解决等。

神光-Ⅲ项目中对每一个合同都设置了技术负责人和管理负责人共同对合同执行过程进行管理，通过外协质量控制、进度控制、经费控制、安全控制、保密控制、合同管理、信息管理、技术状态管理、组织协调等“五控、四管、一协调”措施保证合同的顺利履行。

10.1.3.5 合同验收

合同验收是核实供方是否按合同要求完成所需要交付的产品，并完成相关文件程序的过程。一般合同中的条款会规定合同验收的具体程序。

神光-Ⅲ项目中规定了两种验收方式，即会议评审验收方式和文件确认验收方式。根据采购对象的重要程度、类型等确定验收方式。

10.2 神光-Ⅲ项目外协管理

10.2.1 神光-Ⅲ项目外协管理模型框架

神光-Ⅲ项目是由诸多紧密联系在一起且具有互相制约的重要功能单元组成，外协项目具有规模庞大、系统结构复杂、建设周期长、涉及技术专业众多、子系统的科技含量高、使用及管理要求非常复杂等特点。根据神光-Ⅲ项目采购对象和对供方的初步考察，项目管理团队确定了神光-Ⅲ项目的外协管理模型，如图 10-1 所示。

神光-Ⅲ项目外协实施的总体思路可归纳为“总体策划，分类实施；对称体系，全程控制”。神光-Ⅲ项目的外协管理模型由供方管理体系和采购管理体系构成。供方管理体系是对采购管理体系的支撑，同时采购管理体系反馈的结果又可以实现供方管理体系的优化改进。

在供方管理体系构建过程中，项目管理团队首先根据项目系统特性和功能特点把外协实施内容分为“工程设计类、标准产品类、非标设备类、光学元件类”4 大类型；其次在每个大类内又根据重要性等指标细了不同的分类等级；最后并根据采购金额和采购难度等指标确定了采购对象的分级，如非标设备类划分了复杂类非标设备和一般类非标设备等。

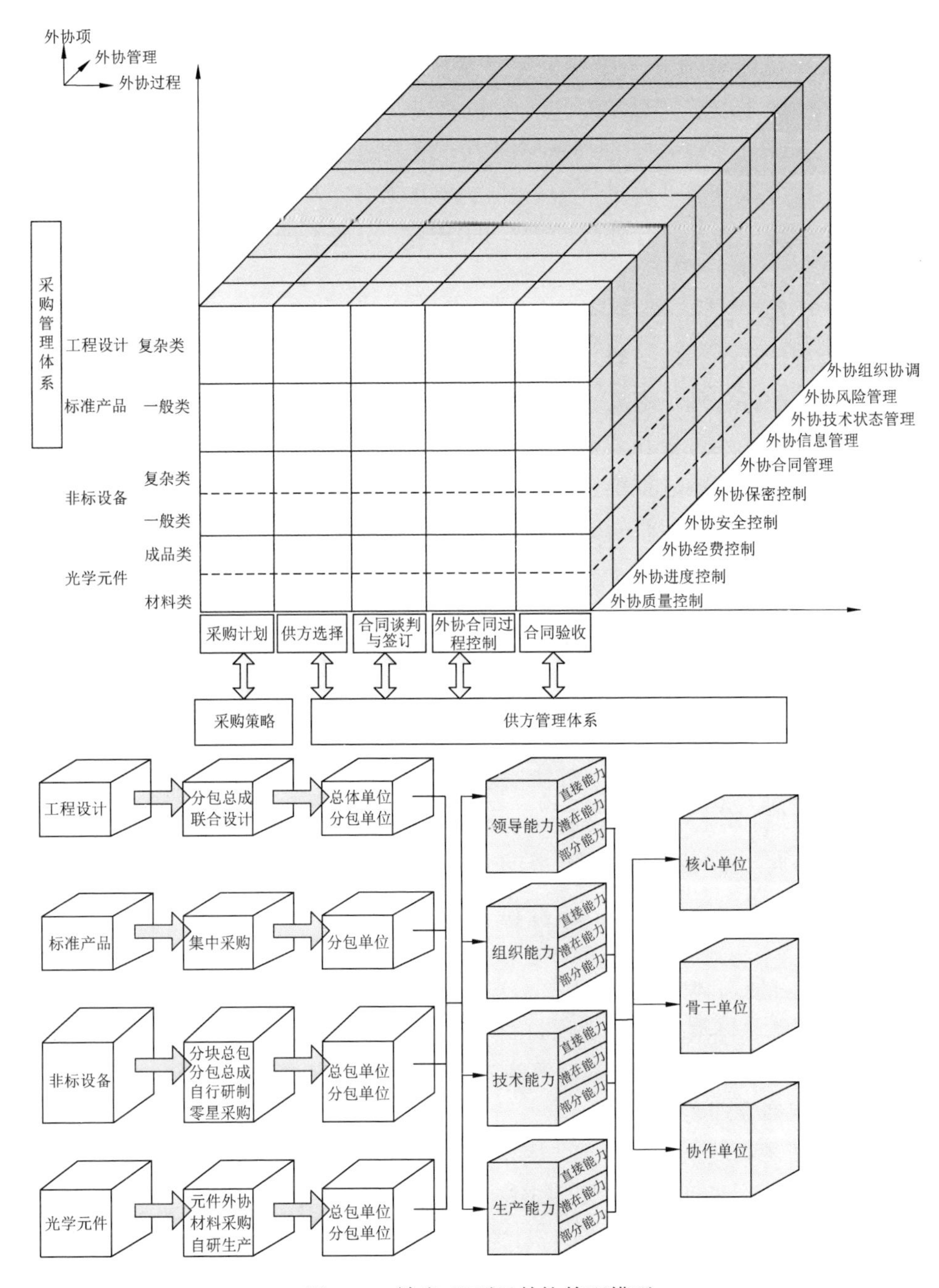

图 10-1 神光-Ⅲ项目外协管理模型

在供方管理体系构建过程中，通过对国内外供方市场的初步考察，发现没有一家单位能够独立承接一个完整系统设计、制造、集成等服务。因此，项目管理团队采取了“分块总包、分包总成、自行研制、零星采购”的采购实施策略，综合考察供方的“领导能力、组织能力、技术能力和生产能力”，对供方进行分级分类。通过“整合供方部分能力，发掘供方潜在能力；提升项目单位内部能力，联合外部能力”的措施，实现了项目单位和供方能力的共同提升。

供方管理体系的建立和实施，为采购管理体系的实现奠定了良好的基础。在采购管理体系中，项目管理团队按照采购对象划分了采购任务包，为每个采购任务包配备管理负责人（任务包项目经理）和技术负责人。采购任务包负责人通过对采购过程和采购管理要素的双维度控制，确保了每个采购任务的成功实施。在采购过程维度中，针对不同的采购对象采用不同的节点关键节点控制方式，如标准产品的采购在采购需求和计划明确后直接纳入项目单位上级主管机构进行集中采购，采购过程均由上级主管机构完成。因此项目管理团队重点控制采购需求和合同验收这两个环节。工程设计、非标设备、光学元件的控制采取全程控制方式，重点控制采购需求审核、合同文本审核、阶段付款审核等 3 个审核点和设计评审、方案评审、首件鉴定评审、出厂评审、验收评审等 5 个评审点。在采购管理要素维度，采取外协质量控制、外协进度控制、外协经费控制、外协安全控制、外协保密控制、外协合同管理、外协信息管理、外协技术状态管理、外协风险管理、外协组织协调等“五控、四管、一协调”措施保障采购任务的完成。

10.2.2 神光-Ⅲ项目外协管理模型特征

10.2.2.1 注重总体策划

外协实施总体策划对实现项目目标有着举重若轻的作用，主要包含明确管理要求、建立制度体系和编制实施方案等方面。

（1）明确管理要求。

神光-Ⅲ项目具有科研管理、固定资产投资管理等双重管理特征，但按照国家要求，神光-Ⅲ项目应按照固定资产投资项目管理模式进行管理。

国家和上级主管机构对固定资产投资项目有着明确的法律法规、管理和制度要求，神光-Ⅲ项目的外协管理必须在此框架内实施。为此，项目管理团队认真了解和学习了相关的法律、法规及管理文件，理解了固定资产投资管理的各项要求，确保了外协实施的合规性，避免在后期审计或验收时由于对管理要求的理解偏差而导致的纰漏。

（2）建立制度体系。

规范的外协管理制度可以有效指导项目外协工作。对神光-Ⅲ激光装置项目经过前期原型装置外协实施经验的积累和过程完善，已经建立了相应的制度体系和相对规范的外协管理制度。包括在国家法律法规方面，严格参照《中华人民共和国政府采购法》《中华人民共和国招标投标法》执行；在上级主管机构方面，严格执行相关的规定和办法；同时，项目管理团队结合神光-Ⅲ项目特点和工程建设实际需要，制定了与供方考察、采购、验收、检验、设计评审、协作配套等有关的专项管理制度，将国家要求转化为适合项目建设特点的二级制度，以规范各类外协采购活动的实施。

（3）编制实施方案。

由于神光-Ⅲ激光装置是国内首次研制，项目中涉及的重要设备和材料多数属于专用型或研制型，因而技术难度高。国内有类似实际工程经验的单位不多，设备和材料供方多为 3 家以下。考虑国内相关工业基础薄弱、技术积累欠缺、项目技术风险较大、实施周期紧张等因素，依据国家相关法律、法规要求，并结合项目特点，按照“公平、公正、合法”，并强调“质量第一”“技术风险控制”的实施原则编制了《神光-Ⅲ项目工艺设备部分外协实施方案》。将项目需求和管理要求“融合”为操作方案，为每个采购任务包的实施提供操作依据。

项目管理团队对各个采购任务包进行认真分析和分切，采用“先联合设计，再分包制造”的实施模式，采取“基于原型、纳新优化、分类实施、全程控制”的操作思路，快速推进、高效实施外协采购工作。

“基于原型”是指基于原型装置建设阶段部分部件、器件等标准件已进行过考核，为了加快项目进度并控制技术风险，对于有过原型装置承制经验的单位可以优先选择。

“纳新优化”是指通过业内了解和市场调研，寻找新的优势外协单位，并针对其领导能力、组织能力、技术能力、生产能力等进行重点考察，遴选出适合主机装置外协实施项目的优势单位，在具体实施时引入竞争资源，对原有协作资源进行补充或替换。

“分类实施”是指为了更好地做到技术风险控制，根据外协采购项目自身特点和外协资源状况，对其按照工程设计类、标准产品类、非标设备类、光学元件类等进行分类，根据供方状况选择分块总包或分包总成，必要时可选择二家承制或分步实施。

“全程控制”是指外协实施全过程做到外协方视同己方控制，在实施过程中设置实施方案、质量计划评审点，对全过程的关键进度、质量控制点等进行明确，并以此为抓手开展外协实施的全程控制。

10.2.2.2 “双线”管控机制

神光-Ⅲ项目外协实施中主要根据外协项目技术复杂、实施周期较长的特点，采取合同包管理负责人和技术负责人共同负责的“双线”管控制度。“双线”负责制对采购人员和技术人员的工作职责进行了明确的界定，并根据各自的工作身份和专业特长，对工作任务进行了合理分配。特别是在过程控制阶段，各合同包管理负责人、技术负责人及时组织过程控制小组，在组织形式的确定、现场监控方式的选择、节点的设置、过程记录的收集等方面进行策划和界定，对合同实施方案、质量计划、工程设计、关键工艺、阶段评估、首件鉴定、厂家验收和现场验收等进行评审和（或）现场鉴证，并形成跟踪记录/纪要、验收报告等，确保外协实施过程可查可控。这种“双线”负责制确保了外协实施过程中的各类工作有人管并且能管好，这是神光-Ⅲ项目外协实施值得推荐和发扬的一种管理机制。

10.2.2.3 关注过程控制

（1）外协实施过程控制措施。

神光-Ⅲ项目每个采购任务包都由技术负责人和管理负责人组成的专项管理小组，以“外协方视同己方管理”的原则组织实施，严格按照“五控、四管、一协调”的方式执行，具体如下：

1）质量控制。

根据合同技术文件、图样的要求和规定，编制质量控制计划，对外协项目加工过程中的设计评审、关键工艺、重要节点等进行严格、系统、全面地监督和管理，以保证其质量达到合同规定的要求。

2）进度控制。

在合同中设置实施方案评审点。在执行过程中，严格按照实施方案进度计划检查、执行，若出现偏差，分析产生的原因和对工期的影响程度，找出合理的调整措施，并协调解决，直至外协产品完成验收。

3）经费控制。

在合同谈判准备阶段，将外协技术及相关要求尽量明确，通过合同谈判将合同范围及内容固化，尽可能采用总价包干合同，将实施过程中可能存在的经费风险转移。

4）安全控制。

针对在现场需进行安装调试的外协项目，对其非安全因素应提前进行分析，并制定相应解决措施，签订现场施工安全协议，保证外包全过程安全进行。

5）保密控制。

神光-Ⅲ项目的大部分外协项目都进行了脱密处理。在外协实施时，针对一些关键项目需要保密控制时，应签订保密协议。

6）合同管理。

严格按照合同规定的数量和质量、价款、履行期限、履行地点和履行方式等开展检查，及时办理进度款支付，并对合同实施 5 个阶段产生的各类文件资料及时整理并归档。

7）信息管理。

对外协的产品和服务相关数据进行系统的收集、记录和分析，以支撑外协决策和售后服务。外协信息主要包括 3 个方面，即外协产品和服务信息、供方能力考评信息、其他市场资源信息。

8）技术状态管理。

采购任务专项管理小组和项目管理部专门设置了技术状态管理人员负责外协实施项目的技术状态管理，确保外协实施过程的顺利开展。

9）风险管理。

外协单位众多和外协内容占比大的特点决定了外协风险管理的重要性。外协内容的质量风险、延期风险等管理力度直接影响项目整体质量和进度等。为此，项目管理团队从供应商的考察到合同的执行，制定了一系列的外协风险管理措施，为项目目标实现提供保障。

10）组织协调。

专项管理小组组织协调的重点是供方、用户和管理层三方的关系，针对不同的外协项目可采用合同协调、计划协调、标准协调、会议协调、制度协调等。协调的原则是“外协方视同己方管理”。协调要点有：

①依据实施进度计划协调三方在进度控制方面关系，确保外包项目按进度计划进行，同时解决矛盾，实现进度控制目标；

②依据合同技术文件和质量要求标准协调三方在质量控制方面关系，以

达到质量控制目的；

③以合同造价为标准，及时支付，与供方共同控制造价。

（2）强耦合技术状态管理。

神光-Ⅲ项目非标研制很多。为了确保外协实施的顺利进行，在过程中，对于强耦合技术状态管理，由项目总师系统抓总，各个项目技术负责人负责具体技术状态落实，项目管理部专门设置技术状态管理人员和采购任务包管理负责人一并加强技术状态管理。具体可分为技术状态标识和技术状态控制两大部分。

1）技术状态标识。

在外协实施过程中，对外协项目与供方进行充分协商，确立技术状态管理项目，建立技术基线，明确输入输出技术文件清单，标识接口技术状态和文件，明确项目功能、性能和技术指标等技术状态，并在合同中写明。

根据装置构成特点、最终使用功能、与其他项目具有重要接口或共用分系统、日常维护等综合因素，确立五大总体工程设计任务包和21个子项目工程任务包，共确立26项技术状态管理项目。

2）技术状态控制。

第一步，项目管理团队对各大系统外协的关键技术进行梳理。关键技术示意见表10-1。

表10-1 神光-Ⅲ主机装置六大系统外协实施关键技术表

项目名称	关键技术
前端系统	多模光纤耦合效率、3倍频负载……
预放系统	多程放大、主动式光束控制……
……系统	大型结构真空密封焊接、高精密调整机构制造……
……系统	大型结构真空密封焊接、3次谐波转换……
……系统	光纤光源技术、光纤取样技术……
……系统	分层分布式控制……

第二步，项目管理团队在外协实施过程中严格执行技术状态评估和检查活动，包含设计、方案、工艺、产品定型前质量等各关键节点的评审和确认工作，并明确了各控制点的主要技术管理内容。具体见图10-2。

从外协任务书生效，直至完成现场验收，技术状态记实贯通了全过程。在管理过程中，准确地记录了每一项技术状态项的现状及其更改过程，保证

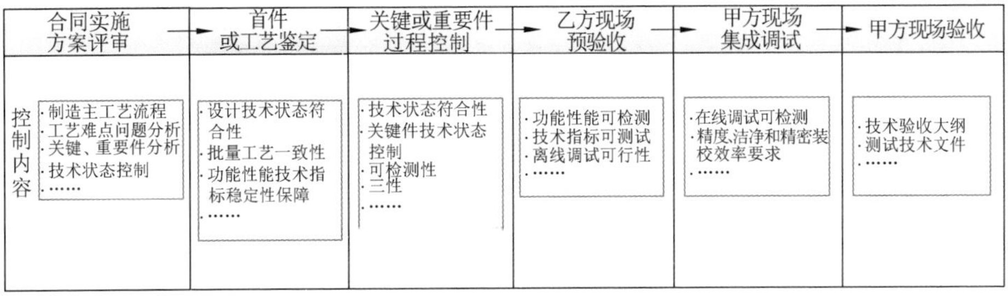

合同实施方案评审	首件或工艺鉴定	关键或重要件过程控制	乙方现场预验收	甲方现场集成调试	甲方现场验收
控制内容 ·制造主工艺流程 ·工艺难点问题分析 ·关键、重要件分析 ·技术状态控制 ·……	·设计技术状态符合性 ·批量工艺一致性 ·功能性能技术指标稳定性保障 ·……	·技术状态符合性 ·关键件技术状态控制 ·可检测性 ·三性 ·……	·功能性能可检测 ·技术指标可测试 ·离线调试可行性 ·……	·在线调试可检测 ·精度洁净和精密装校效率要求 ·……	·技术验收大纲 ·测试技术文件 ·……

图 10-2　神光-Ⅲ项目外协实施技术状态管理的控制内容及控制点

其可追溯性。其主要工作内容为：归档技术状态项标识文件；记录技术状态更改、偏离、超差、检验、问题归零情况以及所涉及的文件号、日期、发放状况、实施状况等。

（3）建立协同机制。

神光-Ⅲ项目外协实施早期的协同机制主要依靠的还是上行下达的传统模式，且内部资源之间的协同由于受项目管理与职能管理部门冲突的影响，信息传达和理解时有偏差，使得效率及效果均不甚理想。针对神光-Ⅲ项目外协实施项目这样的复杂系统，其组织协同管理中信息管理最为重要。信息协同的不通畅或不对称通常是导致项目外协实施运行不顺畅的根本原因。因此，神光-Ⅲ项目外协实施中，通过以信息协同作为主要抓手，从项目管理重点领域出发，归纳出影响项目外协实施协调的六大主要因素，即信息、文化、目标、范围、过程和资源，并据此建立神光-Ⅲ项目外协实施组织协同机制模型，见图 10-3。

（4）开展全流程成本控制。

神光-Ⅲ项目具有技术密集、研制规模大、投资强度高等特点，其经费总量受到严格控制，工程投资经费的管理与控制要求异常严格。在神光-Ⅲ项目的外协实施过程中，由于其科学工程的特点，时常会出现项目预算不足、临时新增项目、临时取消项目、设计变更等情况，这给外协实施的成本控制带来极大的困难。

为了有效地控制项目外协实施的成本，在神光-Ⅲ项目外协实施中建立了全流程成本控制理念，即从项目设计、项目外协实施和项目运行维护等全流程的各个方面加强成本控制，在全流程的各个阶段明确控制原则及控制措施，保证实施有效，实现预定目标。

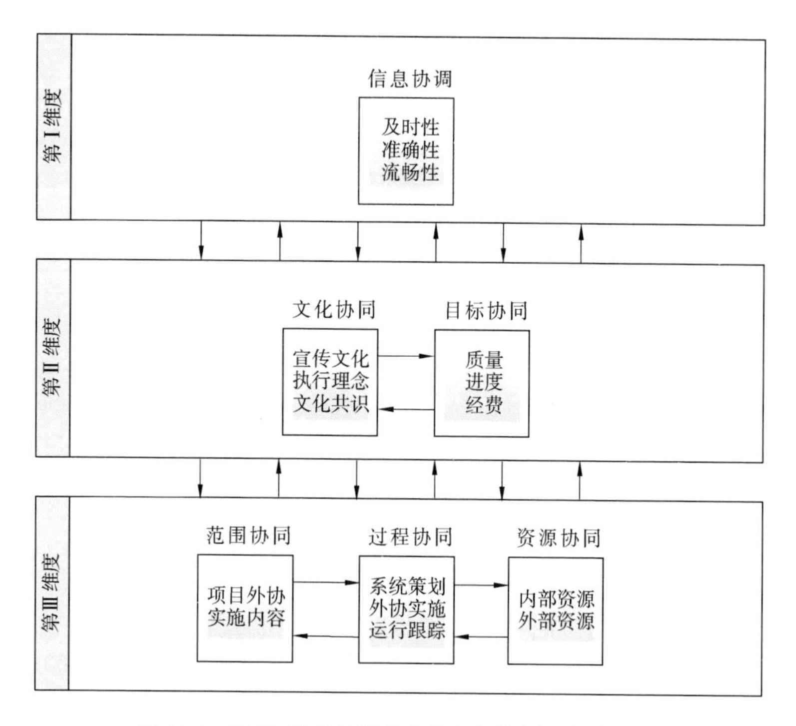

图 10-3　神光-Ⅲ项目外协实施组织协同机制模型图

1）神光-Ⅲ项目全流程成本控制原则。

a. 全面原则。

全面管理是指全单位、全员和全过程的管理，亦称“三全”管理。在神光-Ⅲ项目外协实施全流程成本控制中，项目成本的全员控制有一个系统的实质性内容，包括管理部门、财务部门及需求部门的责任网络和经济核算等，以防止成本控制出现“人人有责，但人人不管”的现象。神光-Ⅲ项目外协实施的全流程成本控制中，要求成本控制工作要随着项目进展的各个阶段连续进行，既不能疏漏，又不能时紧时松，应使项目经费自始至终置于有效的控制之下。

b. 全寿命原则。

全寿命管理是指外协采购产品从计划、设计、生产制造、到货验收、使用、维护等全生命周期的管理。在采购过程中，一般产品的设计控制很受重视，采购金额在合同签订后也即明确，但对产品的维护及售后管理由于涉及金额不多、时间跨度较长，往往是被忽视的环节。神光-Ⅲ项目有很多是非标研制或易损的产品，在过程中经常会出现设计更改或产品损耗。如果大面积替换会严重影响项目的成本，因此，强调全寿命的成本控制非常必要。神光-Ⅲ项目的全寿命成本控制要求工程技术人员增强设计的有效性，以及管理部门进行易损易换件的全寿命管理；也要求外协实施部门和供方进行沟通，尽量延长产品的质保时间，并要求其保证售后服务质量。

c. 相对成本最低化原则。

项目成本控制的根本目的，在于通过成本管理的各种手段，不断降低项目成本，以达到可能实现最低的目标成本的要求。在实行成本最低化原则时，应注意成本降低的可能性和成本最低化的合理性。

神光-Ⅲ项目外协成本控制中注重相对成本控制，即统筹安排成本、数量和支出的相互关系。一方面挖掘各种降低成本的能力，使可能性变为现实；另一方面，从实际出发，制定通过主观努力可能达到合理的最低成本水平。针对神光-Ⅲ项目的特殊产品，如光学元件供货，为了保证质量，适当地增加其附加成本，实际上这会对整个项目的全流程成本控制起到关键性作用。

d. 动态控制原则。

神光-Ⅲ项目成本控制应强调项目的中间控制，即动态控制。成本的全流程控制中，准备阶段的成本控制只是根据项目初步设计的具体内容确定成本目标、编制成本计划、制订成本控制的方案，为今后的成本控制做好准备；而项目结束阶段的成本控制，由于成本盈亏已基本成定局，即使发生了差错，也已来不及纠正。因此，对于涉及周期较长、内容较多、金额巨大的“中间”实施环节，需要加强其动态控制。当然，这其中也要体现及时性原则。

e. 责任制原则。

在神光-Ⅲ项目整个外协实施过程中，项目管理部门、需求部门在肩负成本控制责任的同时，也应受到激励机制的内在驱动。项目管理部门应对责任指标进行分析，制定项目目标成本，层层分解，责任到人，把降低项目成本与相关人员的直接利益和岗位工作业绩挂钩，并对工程实施部在成本控制中的业绩进行定期的检查和考评，实行有奖有罚。只有真正做好责、权、利相结合的成本控制，才能在全流程成本控制中收到预期的效果。

2）神光-Ⅲ项目全流程成本控制具体措施。

a. 按目标成本进行一体化设计。

项目外协实施有效的成本控制在设计阶段，而不是在外协实施阶段想方设法地开源节流。在项目的外协实施阶段，项目成本基本上都是不可逆转的，所采取的控制措施也仅是低约束性的，只能称之为成本抑制，而且通过管理手段难以弥补。由于设计方案不成熟，导致项目成本的二次甚至三次发生，这将造成较大的成本损失。而且，由于工期的反复，这对项目的质量和进度的影响会更大。

因此，在项目设计阶段就应树立成本控制意识，引入全面、全寿命的设计和成本控制理念，按目标成本进行一体化设计，这对有效控制外协采购成本非常重要。在神光-Ⅲ项目的设计阶段，通过全流程考虑项目发生的成本，对技术指标和功能要求进行合理化分配，并进行价值分析，剔除多余要求，明确功能定位，以减少无谓支出。然后再对产品从使用到运行维护全生命周期可能发生的成本进行统筹，在有效降低项目生产制造成本的同时，有效地指导了外协采购实施预算和过程控制，以实现合理控制外协实施成本。

b. 制定外协实施预算。

外协实施预算不仅能够控制外协采购成本，而且能确保项目成本控制在目标范围内。神光-Ⅲ项目外协预算合理，因而提高了整个项目经费的使用效果。

c. 产品标准化。

产品标准化是指对神光-Ⅲ项目的外协采购产品或零部件的类型、指标、规格、材料等进行分类“标准化”。由于神光-Ⅲ项目是大型科学工程，建设规模庞大和复杂，需求产品种类多、数量多，很多产品都属于边设计、边加工、边修改的“三边”产品，这就造成很多外协产品的成本难以测算。要想使其外协实施顺利有效进行，就要对其外协产品进行标准化，固化其中很多产品的技术和工艺，简化产品的品种、规格，加快产品设计和生产的准备过程，提高产品质量和成熟度，扩大产品零部件的互换性。同时，尽量鼓励采购标准或者成熟的产品，以更好地降低外协产品成本。

在神光-Ⅲ项目系统设计时就全面考虑成本控制，提出了模块化、互换性等有利于实施产品标准化的设计要求，这使得相关系统、特别是在易损件外协采购时，普通供方就能够很快理解需求并生产制造，外协管理人员也可相对容易地做到“价比三家”，进而有效地控制外协项目的成本。

d. 供方的管理。

①选择供方的数量。神光-Ⅲ项目外协实施中，秉着“公平、公正、公开”原则，给所有符合条件的供方提供均等的机会。这既能体现市场经济规则，又能有效控制外协成本。一般来说，单一来源供方不利于谈判压价，也

会增加项目的供货风险，较难控制成本，而通过多家招标或谈判选择的供方，在项目成本控制方面却能取得一定的效果。

对神光-Ⅲ项目而言，选择供方数量的问题，实际上还涉及供方承制份额的问题。由于项目实施进度的紧迫性和国内工业基础存在的局限性，某些项目需要两家甚至两家以上的供方同时生产才能保证实施进度。这就要求在项目外协实施的策划阶段就要对成本控制全面考虑，对实施任务包进行合理划分，以保证参与供方有足够份额，同时，可以有效地控制外协成本，保证满足神光-Ⅲ项目需求进度，有效控制全项目的建设成本。对于只能找到独家供方的特殊产品，为了健全供货网络，需要为其培养相应的竞争对手。这样做可能会增加短期的外协采购成本，但从整个项目长远利益和项目成本考虑，这既能有效控制外协实施成本，又提高了产品质量。一般来说，每种产品的供方数量应保持两家以上为宜。

②建立战略伙伴关系。对神光-Ⅲ项目来说，在确定了可以长期合作的供方后，就会与供方之间建立战略伙伴关系。双方本着“利益共享、风险共担”的原则，建立一种双赢的合作关系。这样既能使供方拥有长期稳定的客户，保证其生产的连续性和稳定性，便于对生产成本控制也能使项目自身在长期合作中赢得成本上的互惠。同时，对战略合作伙伴定期召开供货联席会，对其价格、质量、服务等考核和评级，并利用考评结果确定后续合作内容；进行动态控制，促进供方不断优化产品生产工艺和流程，逐步降低生产成本，进而有效降低项目外协采购成本。

建立战略伙伴关系另一个重大好处在于：运行维护阶段有售后服务的保障。神光-Ⅲ项目实施周期长，其试运行周期也很长，这其中会涉及大量的器件维护或更换。从外协实施全流程成本控制来看，有效地控制运行维护成本是非常重要的一环。建立战略伙伴关系，增强双方的理解与合作，有利于长期控制项目的外协采购总成本。

e. 充分利用市场资源。神光-Ⅲ项目建设期间正值我国经济高速发展时期，由于经济效益、国家任务等原因，加之神光-Ⅲ项目的产品需求具有小、多、散、杂、急、难等特点，导致部分有实力的供方对项目不是很感兴趣。而感兴趣的多是民营企业、高等院校和部分科研机构等。这些单位的综合实力、管理水平或多或少存在问题，注重签订合同却忽视于执行。拖期、涨价、降指标的情况经常发生，从而导致外协采购实际实施成本很难控制。

因此，神光-Ⅲ项目建设期间，通过加强市场调研以及项目合作，有意识地培养供方，并充分有效地利用现有市场资源。在此基础上，管理部门建立了相关的合格供方评审和市场信息机制，开展动态控制，如对供方供货情况进行定期考核，及时更新合格供方名录。在项目外协采购中，做到“知己知彼”，对市场环境有充分的了解和把握，进而使需求部门能够合理地设定项目要求和相应的预算，避免实施外协采购时预算超支，使得外协采购得到性价比相对较高的产品。

（5）加强对外协实施的风险管理。

神光-Ⅲ项目总体单位采用“总设总成”的实施模式，这决定了项目外协单位的工作成效对项目建设起着举足轻重的作用。项目建设的瓶颈有很多集中在外协实施过程中。由于外协研制过程中产生的失误，很可能对项目造成十分严重的影响。因此，外协实施管理能力的高低也就成为神光-Ⅲ项目建设任务是否能顺利完成的一个重要决定因素，而加强对外协实施的风险管理能够使项目实施中外协方的风险降到最低。为达到这一目标，在神光-Ⅲ项目外协实施的产品质量风险控制、供货延期风险控制和合同管理风险控制上，建立了一套行之有效的控制方法和措施。具体包括：

1）产品质量风险控制措施。

a. 按照全面质量控制原则，明确外包采购目的，确定详细的设备性能技术指标及检验标准，并在采购初期积极组织好设备技术交流工作，从源头上把握质量关。

b. 不把节约资金作为采购的首要和唯一目标，对所要采购的物资的质量和效用进行通盘考虑；在节约采购资金的同时，选择合理的评标方式，做到外包采购产品的性价比最优，保证采购质量。

c. 加强外包实施过程的控制，对关键控制节点严格把关，确保产品质量。

2）供货延期风险控制措施。

a. 在合同正式实施前，请供应商编制详细实施方案。要求对组织管理、生产流程、生产设备、生产进度、保障资源等逐一明确，并通过评审确认，尽可能降低实施过程中偶发因数造成的供货延期。

b. 加强对外包实施过程的技术状态控制，对于技术风险较大的项目及时进行生产评估和质量归零，保障供应商生产的正常有序开展，保证产品的正常供货进度。

3）合同管理风险控制措施。

a. 加强对外包采购实施管理人员的法律法规宣贯和业务培训，提高他们的岗位工作能力，降低合同签订风险。

b. 加强合同付款节点控制，并合理设置违约处罚条款，尽量避免合同经济损失风险。

c. 加强对供应商的资质审查和项目合格供方管理，确保选择的供应商实施能力好，避免合同履约风险。

10.2.2.4　建立供货网络，营造动态联盟

神光-Ⅲ项目中通过建立供货网络，营造动态联盟的方式，充分有效地利用外部资源，解决项目单位外协实施和管理资源不足的问题。要想建立供货网络、营造动态联盟，就要掌握大量的外部资源，然后才能有效遴选，合理利用。

神光-Ⅲ项目供货网络的建立不是简单地建立一个合格供方名录，它是供应链管理中重要的一环。要求供货网络中的外协方不仅要在自身综合能力上满足神光-Ⅲ项目外协项目要求的条件，而且还要求这些外协单位有较好的合作意识，能够在整个神光-Ⅲ项目建设过程中积极协助项目单位和其他外协单位，共同完成外协项目。这就是形成动态联盟的基础。在整个项目的外协实施过程中，有针对性地设立系统级外协任务包，然后在外协合同中明确系统级外协单位的“盟主地位”，并和其他参与建设的外协单位一起共同建立统一规范的工作流程及保障条件，以保证联盟期间各外协单位能够顺利地进行工作。这种营造动态联盟的方式可以在系统级合同签订时建立，合同结束后联盟解散。因此组织形式灵活、高效，比较适合技术复杂、接口较多的科学工程的大型外协项目。

10.2.2.5　强调战略型供方管理

神光-Ⅲ项目主要供方大都为科研院所、高等院校和国有企业，且很多都是通过原型装置建设或国家课题合作建立的长期合作伙伴。在神光-Ⅲ项目外协实施正式启动前，借鉴原型装置的外协实施经验，对主机装置核心和主要合作供方也进行了规划，这构建了主机装置外协供货网络的基础。因此，创新供方管理理念，建立战略型供方管理是保证神光-Ⅲ项目外协实施顺利开展的关键。

（1）战略型供方分析。

在大科学工程的外协实施项目中，有很大一部分存在着不同于一般建设项目外协实施的鲜明特点。首先，非标研制件多、技术难度大，部分合同金额巨大、外协实施的风险水平较高，这意味着在外协实施过程中出现的各类技术、管理问题就难以完全避免，需要运用各类手段进行控制。部分大科学工程中单份合同实施周期长达 5 ~ 10 年，关键节点按时按质的完成尤为重要。

基于这些原因，在遵守采购相关法律法规和适配国内现有产业结构的基础上，探索出一套适合大科学工程中大型外协项目的外协管理模式非常重要。采用战略合作伙伴关系的外协管理方式，就是在这一基础上逐步形成的。

外协管理中的伙伴关系，是项目各方一种出于自愿性的主动合作方式，通过共同组建突破组织界线的合作团队，实现资源的共享、信息的及时沟通以及问题的有效解决。而合作团队的实现，通常是以各方意识到对共同利益的实现所做的努力能确保各自利益得到充分实现为前提的。

战略合作伙伴关系是在此基础上更进一步强调合同甲方（业主单位）、乙方（合同承制单位）、第三方设计单位及其他相关方的“战略合作”，即并非单合同、单项目的合作，而是长期的、稳定的合作，将伙伴关系日益完善的一种管理模式。采用这种模式，在管理层面上，各方通过长期协作和磨合逐步在管理体系上实现良好对接；在技术层面上，各方的上一个项目中的技术积累和经验教训，往往能成为下一个项目的宝贵基础。因此，采用战略合作伙伴关系是与科学研究和大科学工程建设的特点相适应的。

（2）战略型供方管理重点。

神光-Ⅲ项目的主要供方为科研院所、高等院校和国有企业。成为伙伴型供方后，对他们的管理会存在一些问题，因此要会抓住重点。科研院所、高等院校的长处是研发能力较强，技术水平较高，短板则是组织结构较为松散，工艺水平较差，生产能力不是太强；国有企业的长处是工艺水平和生产能力较强，但研发能力相对薄弱。因此，对于这些主要供方的管理重点应该是关注其领导能力、组织能力、技术能力和生产能力。

1）领导能力。

领导能力主要指供方单位领导对承担项目的总体协调能力及重视度、关注度。由于大型科学工程都是国家指定建设项目，其外协项目存在难度较大而收益较小的特点。如果供方领导不能很好地协调各方资源，并予以重视和关注，则项目在实施过程中如出现问题就很难顺利解决。

2）组织能力。

组织能力强调的是组织结构的健全和体系的对接。由于大型科学工程的总成单位基本是科研院所或高等院校，其组织管理体系相对灵活性不强。如果供方的组织结构不能很好地进行对接，则组织能力很难有效体现。

3）技术能力。

技术能力主要指技术研发和技术理解能力。因大型科学工程存在技术不确定性，如在实施过程中出现技术变更或增减技术要求，供方需要有较强的技术能力才能从容应对。

4）生产能力。

生产能力指的就是生产设备能力和资源保障能力。其中，资源保障包括检测能力、产品备料、人员保证等。

（3）战略型供方管埋方法。

神光-Ⅲ项目不只是工程建设的实现，更是一种时代精神、优秀文化和价值观的体现。因此，对供方管理方法不是以传统的“经济”“行政”作为管理切入点，即进行普遍意义上的供方管理，而是以创新管理理念，与供方建立一体化的合作伙伴关系。这样，可以增强文化共识和互动，加强项目管理制度对供方的延伸和示范作用，促进供方能力提升，提高供方的综合竞争力，并建立规范的管理平台，形成全新的供方管理体系。

1）制度体系建立。

神光-Ⅲ项目建立了完备的制度体系，包括质量标准、可靠性标准、安全性标准、进度管理要求等；项目体系与供方管理要求达成一致，形成体系对称，达到了有效的管理和协调。

2）供方能力培养。

神光-Ⅲ项目专业性极强的特点决定了其供方要有更强的专业特质。为了保障项目的完成，加强了对供方能力的培养，包括对技术能力、组织管理体系建设以及人才资源管理等方面的培育和指导，促进供方体系的优化和能力的提升。

3）构建供方管理体系。

供方科学、规范、有效的管理、协调和控制，是实现供方管理目标的重要保证。因此，对神光-Ⅲ项目，通过编制合格供方名录，建立供方数据库，并两年对其进行一次综合考评，实现信息共享和动态管理，初步实现了供应体系的构建，进一步促进了供方管理的有效性。

4）形成文化认同。

文化认同是凝聚项目建设团队的关键，是培育项目参与各方统一意识的深层基础。只有将文化认同作为管理和协调的重要手段，通过项目团队文化提升供方团队的积极性，形成统一有序、团结协作的文化认同价值链，才能更好地达成团结一致合作的愿景。在神光-Ⅲ项目外协实施过程中，采用了发扬项目单位传统、联合设计模式、建立神光项目文化等方法，为整个项目外协实施的有效开展提供了保障。

10.2.3 神光-Ⅲ项目外协管理流程

为保证项目外协实施各个环节顺利进行和对外协项目从启动到结束全过程的管理、跟踪，便于实施控制，神光-Ⅲ项目外协实施流程严格按照“PDCA循环”过程进行，每个流程的输入文件是实施该流程的必要保障条件。神光-Ⅲ项目外协采购实施总流程如图10-4所示。

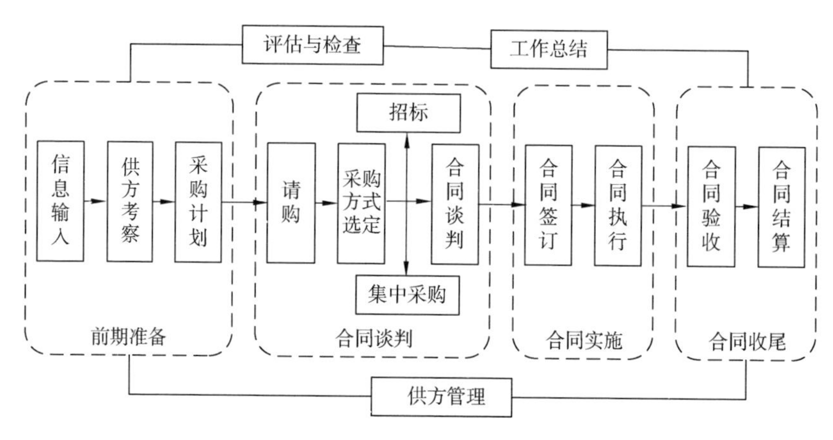

图10-4 神光-Ⅲ项目外协实施总流程

10.2.3.1 神光-Ⅲ项目外协前期准备

(1) 信息输入。

神光-Ⅲ项目外协前期准备的目的是形成采购计划，采购计划是项目整个外协工作的总体安排。采购计划编制就是要确定哪些项目需求需要通过从项目组织外部购买产品或服务才能得到最好的满足。采购计划的输入需要一定的信息，主要包括：

1）神光-Ⅲ项目实施计划。提供在采购计划编制中必须考虑的项目实施计划安排的重要信息。

2）神光-Ⅲ项目需求计划。提供了在编制采购计划中所需外协的物品量，为采购计划的编制界定了范围。

3）神光-Ⅲ项目经费预算。为采购计划的制订提供了资金保证，对主要物资的外协提供了资金保障。

4）其他计划编制的输出。在采购计划编制的过程中，凡是可获得的其他计划输出，都应尽量考虑。通常必须考虑的其他计划输出包括：神光-Ⅲ项目初步成本和进度计划估算、神光-Ⅲ项目质量管理计划、神光-Ⅲ项目工作分解结构、神光-Ⅲ项目可识别的风险因素等。

5）市场状况分析。在采购计划编制过程中，必须考虑到外协方能够提供何种产品和服务，以及适用的合同条件。

6）约束条件。指限制买方选择的因素。对神光-Ⅲ项目来说，最常见的约束条件是资金充裕度和项目组织措施。

（2）供方考察。

市场状况是编制采购计划的重要依据之一，因此，应对需要采购的产品或服务的供方情况进行考察。供方考察流程如图 10-5 所示。

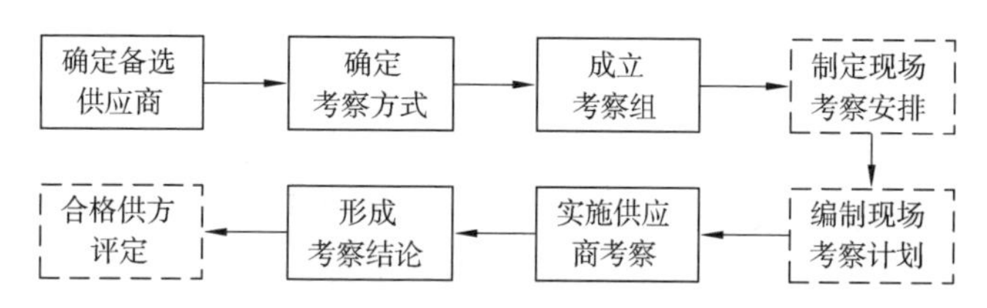

图 10-5　神光-Ⅲ项目供方考察流程

在合格供方确定过程中，根据外协产品需要，通过考察、调查、收集供方的领导、组织、技术和生产等 4 个方面的能力，按照供货、性价比、产品质量保证等评价指标确定合格供方名录，并按照外协产品的重要程度，对供方的供货能力、质量保证能力等进行评价。在神光-Ⅲ项目中，根据项目需要和对外协产品的要求，把外协产品分为不同的种类和不同的等级，并对应于不同的合格供方评定与选择条件。针对危险化学品及特种劳动防护用品，还设定了专有的合格供方评定与选择条件。为了评价供方能力以及外协产品质量，在评价标准中需包含供方以前生产的产品样品和对供方履约历史的审查。

（3）外协采购计划。

外协采购计划的编制是确定项目组织从外部外协哪些产品能够最好地满足项目需求的过程。采购计划编制过程如图 10-6 所示。

神光-Ⅲ项目的外协采购计划被纳入项目整合管理的项目计划体系中统一管理。外协采购计划分为 3 级管理，年度外协采购计划依据项目年度计划编制。对于年度计划中未包含，但根据项目进展状况需要调整的，在每个季度通过外协采购季度调整计划进行增补。对于紧急新增的、时间较紧迫的采购任务，填写紧急新增采购申请，并进行专项论证后由项目管理部计划管理办

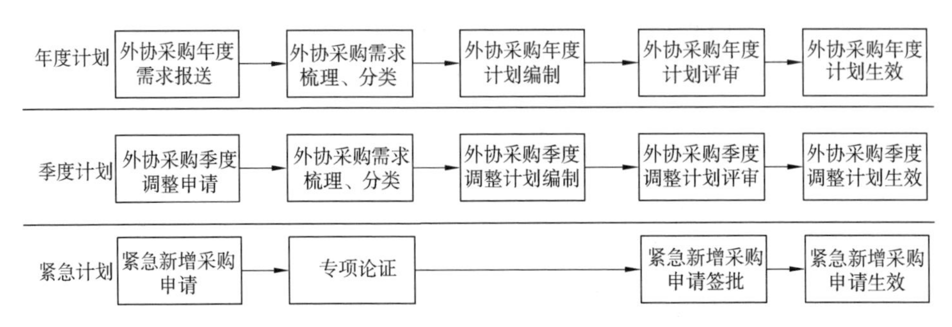

图 10-6　神光-Ⅲ项目外协采购计划编制过程

公室、质量管理办公室、经费管理办公室、外协管理办公室审核，由项目管理部负责人和项目总指挥批准后组织采购。

10.2.3.2　合同谈判

由于项目特点不同，面临的宏观和微观环境不同，项目外协可以选择的实施策略多种多样。不同的外协实施策略又分别适用于不同的项目外协规模、不同的资金来源、不同的对象性质和要求。因此，在项目实施过程中，就有必要选择适当的外协实施策略，甚至还可能出现在同一项目中同时使用多种不同的外协实施策略的情况。使用多种实施策略的合理组合，有助于提高外协效率和质量。

依据国家法律法规相关规定，外协采购项目采用集中采购（含引进采购）和分散采购（含招标、竞争性谈判、单一来源、询价等）相结合的政府采购模式。合同谈判过程如图 10-7 所示。

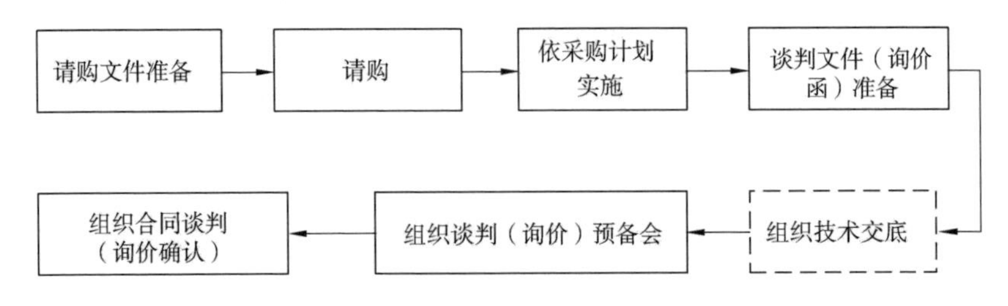

图 10-7　神光-Ⅲ项目合同谈判过程

10.2.3.3　外协合同实施

在神光-Ⅲ项目外协实施过程中，对于所签订的全部外协合同，依据合同要求，在合同执行过程控制中，根据项目需要编制过程跟踪控制表或过程跟踪作业计划，对合同的执行“五控、四管、一协调”。

合同执行过程控制如图10-8所示。针对非标类产品外协合同，外协实施部门采取关键节点控制方式，重点控制工程设计评审、实施方案、质量计划评审、关键工艺设计评审、阶段评估、出厂检验和现场验收等，并形成跟踪记录纪要。外协实施部门还应根据合同的实际进展情况，向经费管理部门提出付款申请，约束供方让其保证加工的正常进度。对于大型件和易碎件等，外协实施部门还应对产品的包装运输提出相应要求加以控制，保证所购产品及时安全的到达项目实施现场。产品到达现场后，对于产品的安装调试应严格按照安装调试方案实施，并形成安装调试记录；完成现场验收后，形成验收记录。针对标准类产品外协合同，外协实施部门主要对合同的“两端”进行控制，对供方进行相关节点的跟踪检查，以保证所购产品及时供货。

10.2.3.4 合同收尾

神光-Ⅲ项目合同收尾包括合同验收和合同结算两项工作。合同验收方式分为两类，分别为会议评审验收和文件确认验收。原则上，对系统级项目或关键重要产品采购合同采用会议评审验收方式，对一般产品合同采用文件确认验收方式，具体验收方式见图10-9。合同结算是在合同验收后，对合同涉及款项的最终审核和处理，包括资产入库、合同尾款支付、质保金管理等。

10.2.4 不同类型采购对象的外协管理重点

10.2.4.1 工程设计外协管理

（1）工程设计外协管理流程分析。

工程设计阶段的外协实施工作具有以下两项特点：一是技术性强，需通过前期充分的准备工作，厘清实施范围和要求，并使参与各方的理解趋于统一；二是工程设计是一个循环迭代、滚动完善的过程，过程中必然涉及总体与分系统、分系统之间、分系统自身等各个层次的大量协调工作，因而必须结合其自身实施内容，予以有效管理和把控。为此，将工程设计外协管理划分为5个阶段。具体见图10-10。

神光-Ⅲ项目工程设计包括总体工程设计以及分系统（或单元组件）工程设计两个层面。总体各部分之间、总体与分系统之间、各分系统之间存在大量的接口关系，对各工程设计任务界面划分非常重要。作为一项复杂、庞大的科学工程，神光-Ⅲ激光装置的许多工程设计内容都有其特殊性，必须在任务书编写阶段就由相关外协单位共同参与、深入沟通，才能保障工程设计的顺利实施。据此，以技术实力强、背景可靠、资质达标、相关项目参与时间长

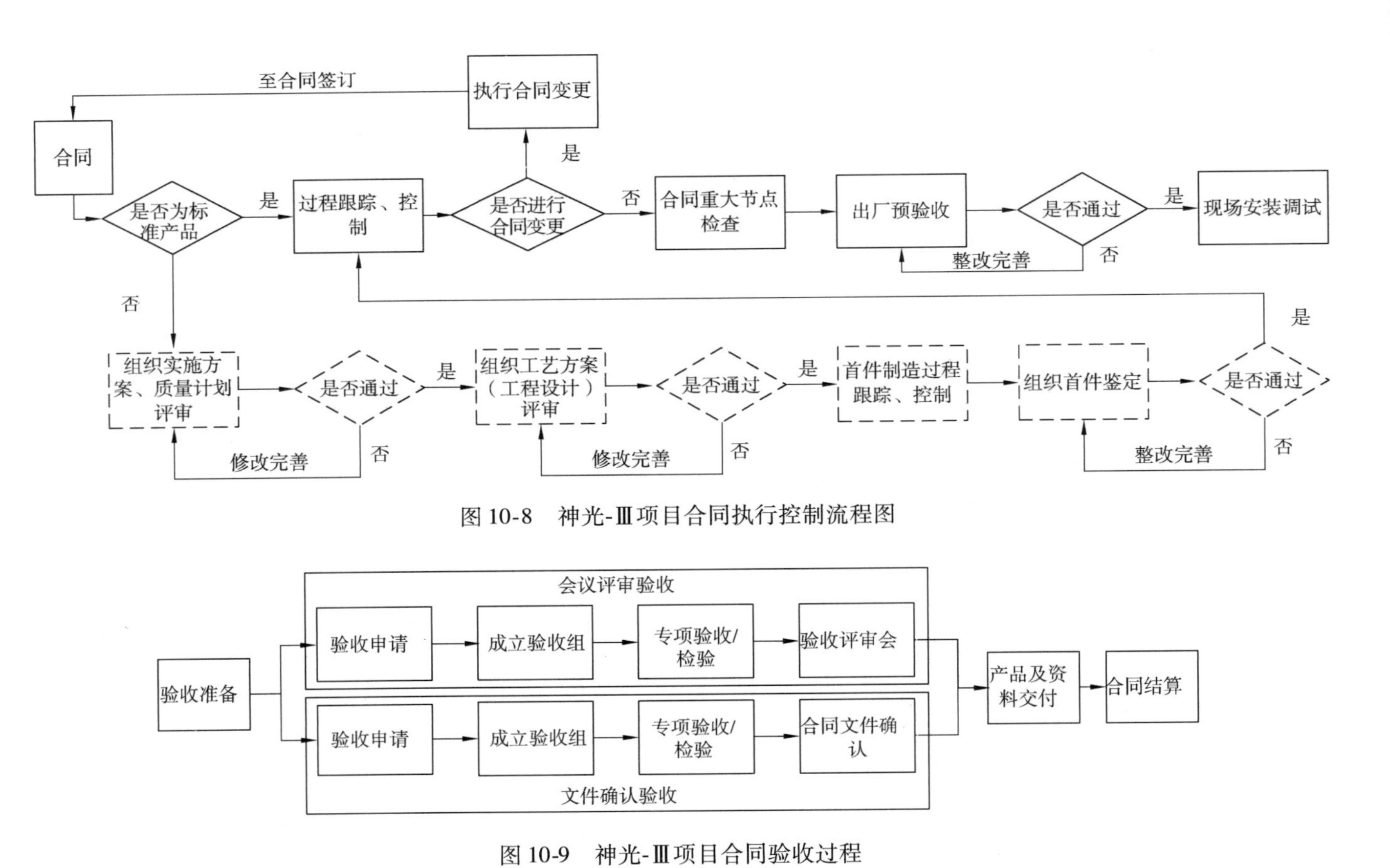

图 10-8 神光-Ⅲ项目合同执行控制流程图

图 10-9 神光-Ⅲ项目合同验收过程

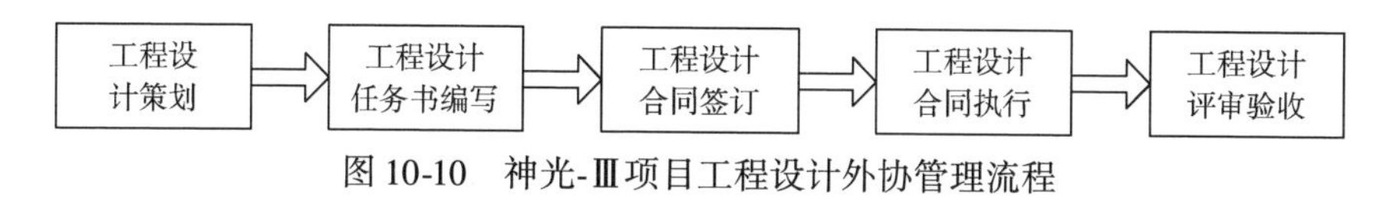

图 10-10　神光-Ⅲ项目工程设计外协管理流程

等作为标准，与各相关领域十余家外协单位签署了“工程联合设计启动协议”，共同开展任务书编写，最终形成了数十份工程设计任务书，为合同从签订到验收做好了技术支撑。

（2）工程设计外协管理实施。

工程设计外协管理虽然在实施周期和经费上，只是神光-Ⅲ激光装置总体建设历程的小部分，但为了适应多家单位紧密配合、协同参与的要求，必须在管理层面上投入相当大的精力。以全真空系统工程设计合同为例，其设计要求和内涵不仅与参与设计总体结构、总体控制层面的总体设计单位相关，也与需要实现真空环境的分系统息息相关。在这样的情况下，便形成了以业主单位为中心、工程设计承制单位为实施方、其他参与配合单位提供相应支撑和反馈的复杂协作网络。这一协作网络在工程设计过程中的基本运行情况如图 10-11 所示。

从邀请外协单位参与任务书的讨论开始，经过外协单位与业主单位、总体设计单位的多次沟通讨论，历时半年时间后正式签订的全真空系统工程设计合同。此后，在近一年的工程设计外协实施期间，采取工程设计承制单位设计人员在甲方单位现场集中办公的方式，极大地加强了双方配合的紧密程度、提高了效率。在组织工程设计评审后，又通过数月时间对照评审意见进行了较为详尽的完善工作，最终形成工程设计报告、安装调试大纲、技术验收规范、经济性评估报告、工程造价预算、制造技术条件、工程设计图集（3 册）等交付资料。这些交付成果成为了工程实施阶段全真空系统相关工作得以开展的基础，在神光-Ⅲ激光装置真空条件的建设、形成和维持等整个过程中，均发挥了重要的作用。

10. 2. 4. 2　标准产品外协管理

（1）标准产品特点。

标准产品采购属于有形采购，如机械、设备、仪器、仪表、办公设备等，是企业批量生产的产品。市场上有批量供应的商品，项目采购过程相对比较容易。神光-Ⅲ主机装置标准产品具有需求周期短、产品应用复杂、供应渠道有限、产品种类繁多等特点。特别是在国外对我国一些科研产品禁运的情况下，怎样快速、安全，有效地将产品供应到位，这是大力推动神光-Ⅲ主机装

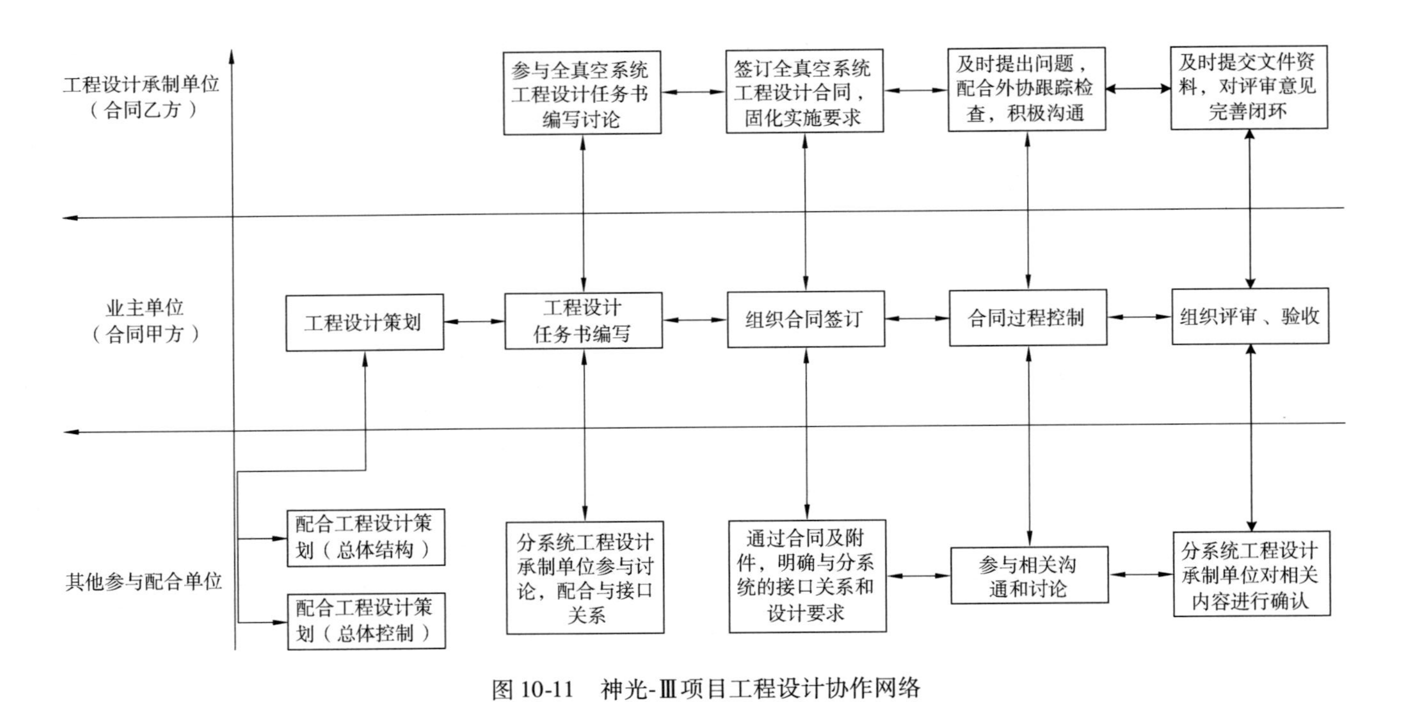

图 10-11　神光-Ⅲ项目工程设计协作网络

置工程建设任务的重要条件。

（2）标准产品外协管理重点。

1）建立多渠道外协管理保障体系。

神光-Ⅲ项目建设过程中，在时间、空间以及解决特定的问题上，存在一定的探索性及不可预见性。在神光-Ⅲ主机装置集成安装调试阶段，各分项系统逐级分类集成、安装调试串并结合。这一建设阶段需要大量标准产品以满足集成安装任务的要求，同时也造成了外协采购任务峰值期的出现。神光-Ⅲ项目管理部外协办公室，基于神光-Ⅲ项目外协阶段实施策划对外协管理保障资源进行了合理的调配，将非标产品、标准产品、国外产品进行了外协采购保障体系的分类。非标研制产品由神光-Ⅲ项目管理部外协办公室组织实施，标准产品、国外产品，其他耗材产品等，依托于上级主管单位物资采购部门组织实施集中采购。

2）双方管控、共同负责。

标准产品集中采购的全过程为双方单位共同负责制，根据产品类型特点，确定外协管控方法。在整个外协实施管理过程中，上级单位物资采购部门起到了很好的桥梁作用。作为另一个采购职能部门，不仅对合同谈判、合同验收、合同结算、产品加工全过程进行管理，同时也为申报用户部门提供了大量优秀的供方以及产品服务信息。神光-Ⅲ项目管理部结合标准产品外协特点，采用一头一尾的管理方法，对每个项目的启动、验收环节进行严格管控。项目实施过程管控，全权委托上级单位物资采购部门执行。具体实施流程见图10-12。

集中采购的管理模式节约了神光-Ⅲ项目管理部大量的人力、时间等资源。利用双方单位优势资源调配和优势资源整合，实现了标准产品采购由计划接收，采购过程，产品质量控制，财务结算、资料归档等各环节的高效流转。不仅加快了采购业务标准化进程，实现了业务模式的快速复制，而且还实现了“双监、双管、双责”的管理原则。

10.2.4.3　非标产品外协管理

（1）非标产品特点。

神光-Ⅲ项目是集光、机、电（强电/弱电）、控制等各专业技术为一体的大型科学研究精密光学工程，这使得其外协采购非标产品有供货小批量、品种多且杂、技术难度高、生产周期长、设计变更多、安装调试周期长、试运行周期长及接口关系复杂等特点，因此，其外协采购实施管理不同于普通的

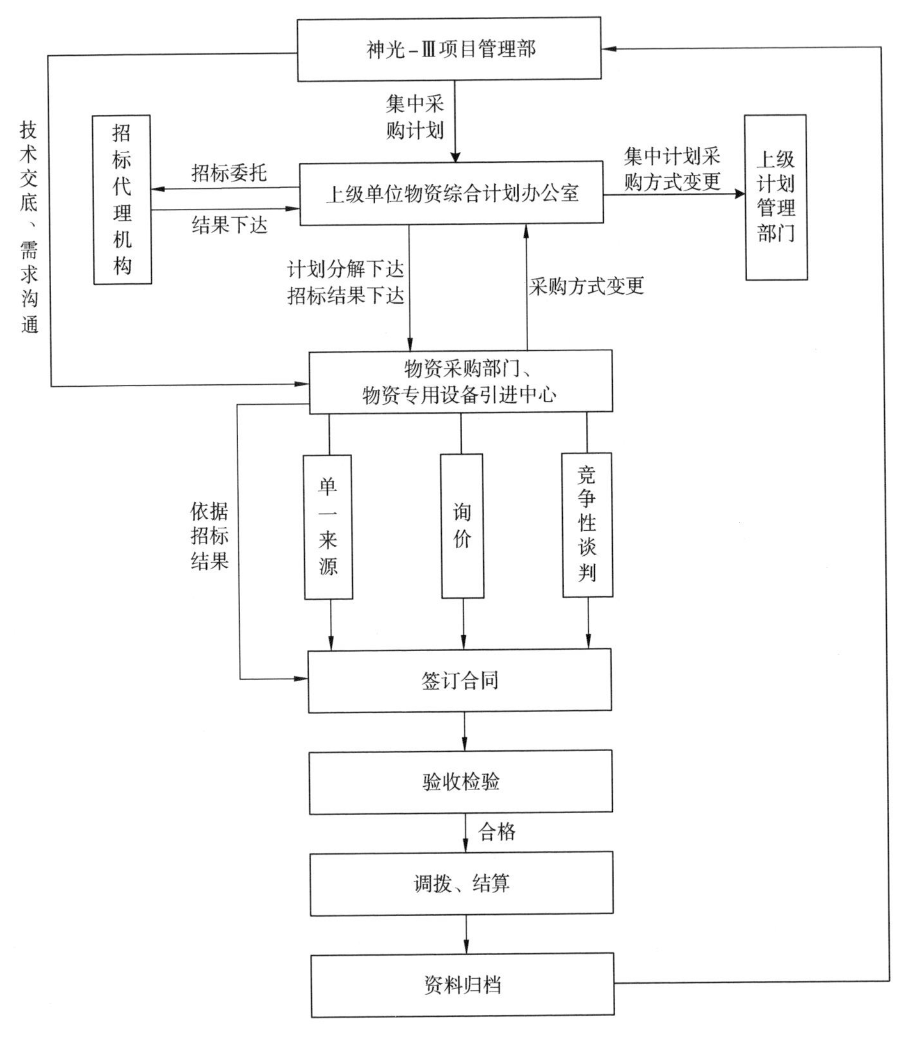

图 10-12　神光-Ⅲ项目标准产品集中采购实施流程

采购管理。

（2）非标产品外协管理重点。

1）建立创新型外协管理模式。

基于神光-Ⅲ项目非标外协实施的特点，采用科学先进的管理思路，即“一个管理流程，两种管理方法”的管理理念将非标外协产品分为了复杂类非标产品和一般类非标产品，并进行分类管理。神光-Ⅲ主机装置建设过程中，计划的变化以及项目建设不确定性，都会导致项目采购延期以及产品需求环境、需求周期的变化。这种情况下，如果把全部非标产品不经分类，按照既有的实施流程执行，势必会给项目管理工作及工程建设周期带来不可预期的后果，所以不能一味地追求项目实施流程复杂化。一方面要根据不确定因素带来的变动性，增强外协管理流程的柔性；另一方面，更要依靠既定的规章制度对外协实施流程进行控制约束。这样既可以简化实施过程，又可以利用管理制度将项目关键控制点约束在规定的范围内，保证外协实施流程按照既定的轨道合理、合规运行。

2）制定完善的项目全周期外协实施策划。

神光-Ⅲ项目需大量的人员参与建设，以及众多的外协单位加盟。尤其是非标产品实施过程中，由于各单位的经营模式、单位体制、质量体系、现场作业经验都不一致，由此产生了两种外协接口关系。

第一种属于顶层接口关系。它是在非标外协项目设计阶段，通过设计输出文件，明确了各分项系统之间的责任主体。神光-Ⅲ主机装置顶层接口关系是项目外协管理的重要组成部分，贯穿于项目工程设计阶段、加工制造阶段、安装调试阶段。

第二种属于常规接口关系。它是在设备安装调试过程中，所发生的人员、系统和设备等干涉。这一阶段主要做好问题鉴别、质量控制、接口对接、项目利益相关方的冲突协调。

全周期外协实施策划是实现接口技术顶层指标的一种手段。通过外协实施策划使人力、设备、周期、资金等各种资源得到充分有效的利用。在非标产品加工过程、验证过程中及时地对各方面的活动进行协调，以实现项目顶层设计目标，达到质量优良、供货周期合理、造价较低的管理目标。全周期外协实施策划过程中，实施方案质量计划评审、工程设计评审、首件检定等关键外协控制节点可为技术方案的可行性提供更为详尽的论证和依据。

由于神光-Ⅲ主机装置建设接口综合性强、技术复杂，往往涉及众多专业领域，并带来决策难题。外协实施过程中就是通过收集、整理和分析所掌握的信息，以验证技术方案是否可行以及可能达到的项目目标为依据进行决策。

依托神光-Ⅲ原型装置建设经验，结合神光-Ⅲ主机装置的建设特点，神光-Ⅲ建设团队通过实践总结，编制了结合工程实施特点的作业文件、加工制造规范等产品加工过程阶段、安装调试阶段指导性文件；实现了对外协实施关键环节直至全过程的有效控制，确保外协活动全过程能控制、可控制、在控制；使复杂类非标项目在实施、验证阶段做到有据可查、有法可依。因此，全周期外协实施策划使整个外协活动的实施、产品验证过程都在外协管理控制下进行。

3）采用项目精细化管理。

神光-Ⅲ主机装置建设过程中，一个分系统由多家单位承制的外协实施的情况时有发生。在外协管理过程中，需要掌握各承建单位的管理模式，单位体制类型。项目关键部位由多个外协单位共同承担。涉及多种技术路线的特殊复杂类外协项目，给外协采购管理带来了更多的难度。

通过精细化的外协管理手段，结合相关工程的实践，建立了注重目标实现，资源集成分层、沟通协调有效、进度全局统筹、信息分类记实的管理方法。

10.2.4.4 光学元件外协管理

（1）光学元件产品特点。

神光-Ⅲ项目作为一项大科学工程同时也是巨型光学装置的典型代表，光学元件是其中重要的组成部分。

由于神光-Ⅲ项目的复杂光路、庞大规模和高激光能量，其光学元件不但要求相对特殊，而且数目庞大、种类繁多，因而自成体系。由于每一件光学元件全生命周期的整个过程都需要纳入项目单位的管理范围，统筹协调的难度很大。

神光-Ⅲ项目光学元件外协采购管理的特点如图 10-13 所示。光学元件的外协采购分为 3 种情况：一是成品件的采购；二是材料采购后部分自行加工，部分外协加工；三是材料采购后全部自行加工。同时光学元件无论是成品市场还是材料定制市场可选择供方范围都比较小。正是由于如此特殊的内涵要求与外部条件，光学元件的采购管理在大科学工程中具有鲜明的特点。这些特点同时也是管理难点，给光学元件的采购组织管理工作提出了挑战。

1）外协采购策略选择，符合市场特征。

项目中采用的光学元件/材料包括钕玻璃、晶体、熔石英等，市场上基本没有成熟产品。产品极其特殊，相关技术参数指标要求非常高，达到了目前国际最高水平，因此大都需要单独研发、生产。在光学元件采购管理中，面对的往往是极其有限的市场资源，或是供应商专为本项目定制研发的产品或技术。市场环境的限制，加上国家各级法规对采购工作的严格要求和把控，以及项目自身要求的紧迫性，都要求项目管理团队必须制定合法、合理、科学的外协策略进行应对。

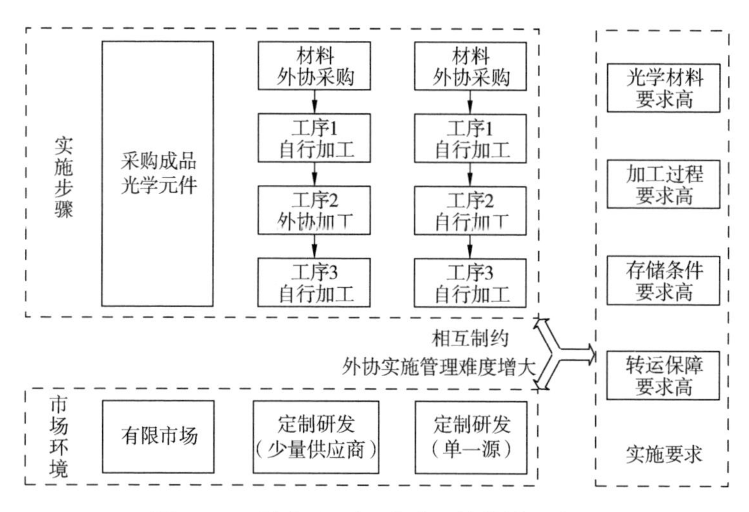

图 10-13　神光-Ⅲ项目光学元件外协的特点

2）外协过程多样化，存在转段状况。

作为一项巨型光学工程的重要组成部分，虽然通常被总称为光学元件，但实际上其中不同类别的元件的特点仍是不相同的，因此对应的实施步骤也有很大区别。少量类别的元件能够直接采购成品件，但绝大部分元件均需要在外协采购材料后，由项目单位开展多道加工工序。部分元件由于特殊的工序要求，甚至需要通过自行加工和外协加工交替完成。这些都需要通过管理人员的全程跟踪与管控。

3）外协技术指标的实现和保持要求很高。

光学元件要达到最终应用时各方面应达到近乎完美的状态，这意味着在整个实施过程中对每个环节的控制要求不但大大高于常规产品，甚至高于很多精密仪器。除了对光学材料和加工过程的要求非常高之外，哪怕是存储和转运这样看似简单的环节，常规方式也往往难以达到要求，必须配合专门的技术和管理方式来实现。光学元件在全生命周期中每一个阶段的完成，甚至包括各个阶段中工序间的转换，也都需要外协人员全程监控，整体管理工作量和难度都很大。

（2）光学元件外协管理重点。

依据光学元件外协管理的特点，神光-Ⅲ项目管理团队确定了管理重点，主要包括以下 3 个方面。

1）行政和市场双机制的供方管理。

如前所述，神光-Ⅲ项目的供方市场可选择范围较小，并且很多供方是属于国家行政事业机制下的单位，依托于国家财政支持发展。因此，单纯地采用市场机制去协调和管理供方效果较差。基于这种供方市场环境，外协管理人员确定了以行政手段和市场手段双管齐下的方式对供方进行管理。其中，行政手段包括协调供方上级主管单位，以行政指令或计划的方式明确要求等；市场手段主要是合同管理，在合同中明确约定项目的各种要求。

2）以光学元件全生命周期的精细化管控为手段。

由于光学元件的全生命周期涉及多个地点、多个环节、多个工序，所以过程涉及的实施部门也很多。因此，对于光学元件的精细化管控，最为重要的是对接口的精细化管控。从具体措施上来说，项目管理部门作为接口协调、管理的主体，不论涉及的是项目单位的内部流转还是外部流转，均按照统一的要求严格管理好每一次流转过程。在流转完成后，细节层面的管理主体转移到接手元件的部门或单位，但项目管理部门仍要履行跟踪和督促的职责。

3）加强质量和技术状态管理。

质量管理和技术状态管理是外协管理过程中重要的辅助手段。对于光学元件的外协过程控制，同样采取“三审、四控、五评”的质量控制手段和强耦合技术状态管理的措施。在光学元件/材料的合同签订前，要求必须制定有明确技术指标要求的图样，若技术指标发生变化，严格执行设计变更程序，确保技术状态的可控。在光学元件的每一次转段，都采取严格的检测程序对达标情况进行验证，并制定了一系列的未达标处理程序。另外，对光学元件还采取了工艺方案评审、首件鉴定、出厂鉴定等方式控制质量。在光学元件成品入库时执行严格的入库审查。

10.3　小结

在神光-Ⅲ项目外协管理中，项目管理团队运用产品分解结构梳理项目外协的主要内容，结合分级分类管理的思路，建立了融合外协采购管理体系和供方管理体系的项目外协管理模型。其中，外协采购管理体系体现了采购对象、采购过程、采购要素等维度的管理要求，明确了“五控、四管、一协调”的精细化外协管理措施，建立了外协实施过程技术、管理“双线”控制机制，从不同采购类型、不同采购级别角度说明了在采购过程控制中的侧重点。供方管理体系体现了不同类型采购对象的供方分级管理思路。根据神光-Ⅲ项目特点提出了供方考察和评价的 4 个重点能力，做到了“外协方视同己方管理”，并初步建立了培养并发掘供方潜力、与供方共同成长的“双赢”机制。

在神光-Ⅲ项目外协管理中，一是每一项工作都建立了严格的流程及工作要求。如外协采购计划，确定了年度计划、季度计划和紧急计划的 3 级计划体系，并规定了每一级计划的编制流程，使得外协采购计划工作有条不紊；如合同谈判，有明确谈判组织程序和针对程序的输入输出文件要求，将程序上的各项工作内容和档案管理结合一起开展，为项目后期的验收做好了支撑。二是在神光-Ⅲ项目外协管理中，项目管理团队还根据不同的外协采购对象或供应商制定了相应的合同谈判策略和外协过程重点管理环节，真正做到有的放矢、有备无患，确保了外协管理工作的顺利实施并最终实现了项目目标。

第11章　基于全面风险管理理论的神光-Ⅲ项目风险管理

项目不可能一直严丝合缝地按照最初设定的计划进行，期间总难免会有一些意想不到的不确定性事件发生。某些重大的不确定性事件或者大量微小的不确定性事件一旦积累起来，就可能会对项目造成难以挽回的后果，因此，对项目进行全周期的风险管理至关重要。像神光-Ⅲ项目这样的大科学工程，存在着大量的科研性、模糊性、创新性和不确定性，更加需要一套科学、系统、有效的风险管理方案。神光-Ⅲ项目管理团队将全面风险管理的理念和方法应用于神光-Ⅲ项目中，建立了全要素、全阶段、多层级、多角度的项目全面风险管理框架、流程和方法。

11.1　项目风险管理理论

11.1.1　项目风险管理基本概念

风险就是指某一事件发生与预期不一样后果的可能性，也可以说是预期目的和实际成果之间的不确定性。这种不确定性一般包括发生与否的不确定性、发生时间的不确定性和产生结果的不确定性。在生产、社会、企业经营等人类活动过程中，风险无处不在。但随着经验和知识的累积，人们会获取对风险的一些认知和预判，进而采取适当有效的防范措施，降低风险发生的概率或减小风险造成的损失。

项目风险是指可能导致项目损失的不确定性。但是现代项目管理理论认为，项目风险的不确定性既可能会给项目带来损失，也可能会给项目带来收益。比如某个技术可能会改进或者突破，从而缩短项目某项任务的工期，这种对项目有益的不确定性也属于项目风险的范畴。

项目风险管理是为了在项目不确定性事件发生之前提前识别风险和设置

风险优先级别，然后提出相应的应对方案与措施。项目风险管理包括风险管理计划、识别、分析、对策、监控、管控等，其目的是提升有益风险发生的可能性和产生的效益，降低不良风险发生的概率和影响。

11.1.2　全面风险管理理论

11.1.2.1　全面风险管理框架

（1）美国 COSO 全面风险管理框架。

美国 COSO 委员会（全美反舞弊性财务报告委员会发起组织）于 2004 年发布了《企业风险管理整体框架》，它成为目前为止最完备且最具有广泛适用性的风险管理理论。COSO 委员会定义全面风险管理为一个过程，由组织内不同层级的管理人员实施，应用于战略制定并贯穿于组织的各项生产经营活动之中，旨在识别可能会影响组织的潜在事项，管理风险以使其在组织的风险容量之内，并为组织目标的实现提供合理保证。COSO 的全面风险管理框架模型，如图 11-1 所示。

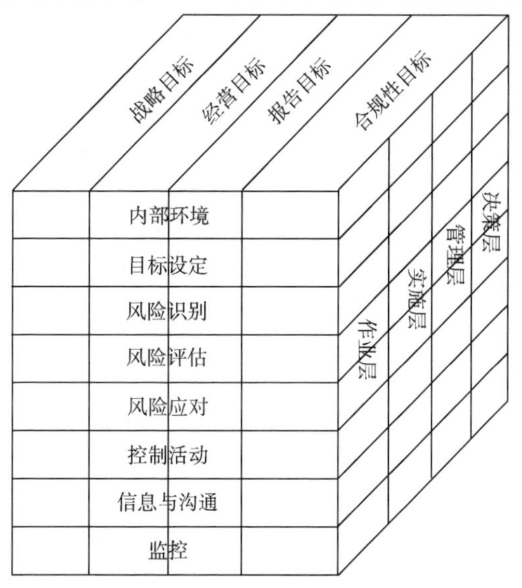

图 11-1　COSO 全面风险管理框架

1）第一个纬度是目标体系，包括战略目标、经营目标、报告目标、合规性目标。战略目标是组织的高层次目标，与组织使命相关联并支撑使命；经营目标即能高效率地利用资源；报告目标即报告的可靠性；合规性目标是指符合国家的法律法规。

2）第二个纬度是管理要素系统，将风险管理中 8 个互相关联的构成要素整合在一起。要素维度主要包括内部环境等保障因素及风险识别、风险评估等风险管理过程。

3）第三个纬度是组织的管理层级。风险管理的组织层级要与组织本身的管理层级相匹配。

（2）国务院国有资产监督管理委员会（简称国资委）全面风险管理框架。

为了指导组织开展全面风险管理工作，进一步提高组织管理水平，增强竞争力，促进组织稳步发展，国资委于2006年印发了《重要企业全面风险管理指引》。国资委的全面风险管理体系虽然主要针对的是企业，但其风险管理思路和全面风险管理体系的构建方法同样适用于项目组织。如图11-2所示，国资委的全面风险管理体系涉及3个维度：

1）第一个维度为风险类型维度。将风险主要定义为战略风险、财务风险、市场风险、运营风险和法律风险。

2）第二个维度为风险管理环境维度，组织需要构建完整风险管理策略、风险管理措施、风险管理的组织职能体系、风险管理信息系统和内部控制系统来确保风险管理机制顺利运行。

3）第三个维度为风险管理过程维度。风险管理的主要流程为收集风险管理初始信息，进行风险评估，制定风险管理策略，提出和实施风险管理解决

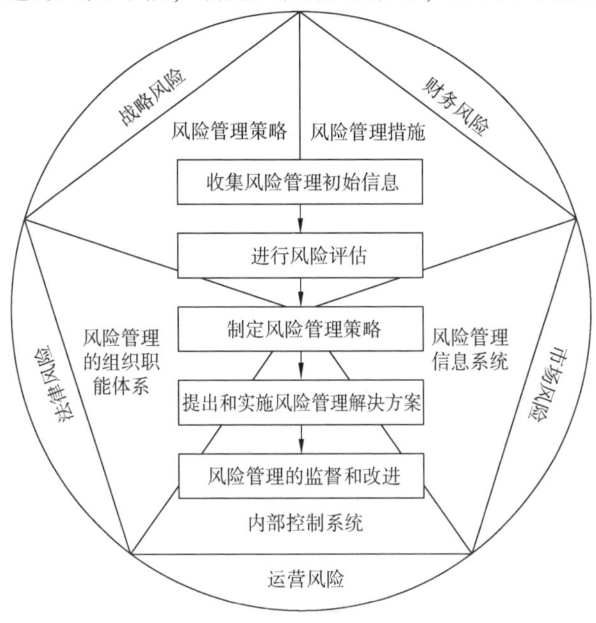

图11-2　全面风险管理框架

方案，以及风险管理的监督和改进。

综合借鉴以上两种全面风险管理框架，结合神光-Ⅲ项目特性和项目所处的组织环境，神光-Ⅲ项目管理团队构建了一套适合自身的、动态的、全面的、分层级、分阶段、全方位立体化的项目全面风险管理框架，通过识别项目主要风险事件和类别，在各个阶段动态实施风险管理的计划、识别、分析、措施及检测闭环。

11.1.2.2 全面风险管理流程

综合全面风险管理理论的研究成果，项目全面风险管理的基本流程主要包括5个方面，即风险规划、风险识别、风险分析、风险应对和风险监控。风险管理流程图见图11-3。这5项内容都不是独立存在的，而是一个连续不断的循环往复过程。

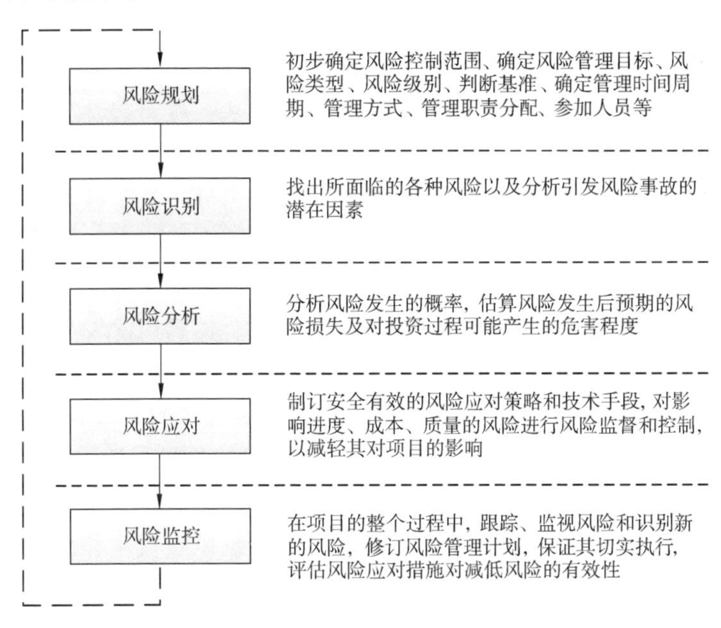

图11-3 项目风险管理基本流程图

（1）风险规划。

风险规划是确定一套完整全面、有机配合、协调一致的风险管理策略和方法并将其形成文件的过程。通过这套策略和方法，可以识别和跟踪风险源，拟定风险缓解方案，进行持续的风险评估，从而确定风险变化情况并配置充足的资源。其具体工作内容是在风险管理活动之初，制定切实可行的风险管理计划，把它作为后续风险管理工作的依据，包括初步确定风险控制范围、确定风险管理目标、确定风险类型、风险级别、判断基准、确定管理时间周期、管理方式、管理职责分配、参加人员等内容。

（2）风险识别。

风险识别是指在风险事故发生之前，运用各种方法、程序，找出即将面临的各种风险以及分析引发风险事故的潜在因素。风险识别是在项目之初就要开展，并在项目执行中不断进行。风险识别包括确定风险的来源、风险产生的条件、描述风险特征和确定哪些风险事件有可能影响本项目。

风险识别的过程包含以下两个程序：一是风险的调查。找出各种风险存在的类型，即根据风险出现的各种迹象判断所出现的风险属于哪一类，一般都是根据专家的经验及投资理论中对各类风险的描述进行判断；二是分析引起风险事故的各种因素。通过各种风险分析方法来查找潜在的风险及其产生原因，以便为后续风险管理工作奠定基础。

项目管理人员一般采用德尔菲法、头脑风暴法、核对表法、风险事件清单和损失事件记录、访谈与自我评估、引导式研讨会、SWOT 分析、风险问卷和风险调研、敏感性分析、系统分析法、事故树分析法等技术手段进行风险识别。

（3）风险分析。

风险分析的主要工作是分析风险发生的概率，估算风险发生后预期的损失及对项目可能产生的危害程度。其目的是在风险规划的科学性，风险识别的客观性、全面性、合理性的基础上，充分收集有关项目建设各方面的信息，利用概率——影响风险等级评估矩阵，对识别出的各种风险分别进行分析。风险分析一般包括定性、定量、定性和定量相结合的 3 种分析方式。其具体工作是对风险影响和后果进行评价和估量，是衡量风险概率和风险对项目目标影响程度的过程，即分析不确定的程度和与每个风险相关的损失程度，从而确立风险事件的风险等级，并对风险进行分类、等级排序，确定需要制定应对措施的关键风险事件。风险定量分析主要有矩阵图分析、风险因子计算、PERT 估计、故障树分析（FTA）、决策树分析、故障模式影响及危害性分析（FMEA，FMECA）、风险模拟等方法和工具。

（4）风险应对。

风险应对是指在风险识别、分析的基础上，为降低项目风险的负面效应、改变和清除可能引起风险的因素，制定安全有效的风险应对策略，对影响项目进度、成本、质量、安全的风险进行风险监督和控制，以减轻其对项目的影响。

制定的风险应对措施应包括处理已知风险的具体方法和技术，完成各项任务的进度安排，明确各风险区的责任者及估计费用和进度影响。它是一种规划和实施过程，目的是将风险控制在可接受的水平上。在风险管理实践中，项目管理团队应将此阶段的主要精力放在风险较大的因素上（关键风险因素）。

风险应对的手段通常有6种，即风险减轻、风险预防、风险转移、风险回避、风险自留和后备措施。

（5）风险监控。

风险监控主要是指在项目的整个过程中，跟踪已识别的风险，监视残余风险和识别新的风险，修订风险管理计划，保证其切实执行，评估风险应对措施对降低风险的有效性。随着项目的推进，风险会不断变化，即可能会有新的风险出现，也可能会有预期的风险消失。因此，风险监控是项目整个生命周期中的一种持续的过程，它的一个重要作用就是不断调整、更新风险规避计划和执行措施，保持风险控制过程的动态性，以达到风险管理的预期目标。

基于全面风险管理流程，神光-Ⅲ项目的风险管理流程设定为风险计划、风险识别、风险分析评估、风险规避措施制定、风险规避及监测闭环管理系统。根据神光-Ⅲ项目周期长、探索性强等特征，将全面风险管理流程的闭环与项目的阶段目标结合起来，在神光-Ⅲ项目全生命周期的各个阶段动态实施风险管理，以提高风险管理的有效性。

11.2 神光-Ⅲ项目全面风险管理

神光-Ⅲ项目风险定义为在规定的费用、进度和技术约束条件内，不能完成整个项目目标的一种度量。神光-Ⅲ项目风险包括两个组成部分：一是得不到具体成果的概率；二是得不到这项成果的后果。

神光-Ⅲ项目大科学工程的特点决定了在建设过程中，其风险发生的可能性极大。各种风险因素错综复杂，这就对项目风险提出了更高的管理要求。针对神光-Ⅲ项目建设实施中固有特点所产生的内部与外部、主动和被动、可预见和不可预见的变化等给项目实施带来的风险，要主动识别、主动控制并预先制定应对措施，防止风险对项目造成影响。这是保证项目目标得以顺利实现的重要前提。

神光-Ⅲ项目风险管理是一个动态、连续、循环的过程。为了对项目管理过程中可能遇到的风险进行有效预测和管理，项目管理团队围绕项目风险管理目标，建立了涉及全组织系统（决策层、管理层、实施层）、全要素（多种多样的风险类别）、全阶段（从项目立项至项目验收）、多层级（从项目级到组件级的管理）、闭环控制（按照项目风险管理流程形成的闭环管理）的神光-Ⅲ项目全面风险管理模型，如图11-4所示。项目管理团队动态、全面、分层级、分阶段、全方位立体化地对项目风险进行识别，并针对已识别的风险进行分析，通过制定规避措施、确立监控实施方法、对风险进行规避和监测，确保项目风险可预、可识、可析、可施、可解；保证项目从立项、可行性研究、设计和开发、加工制造、安装集成到交付使用，对有关技术、进度、费用等全要素的风险进行管理，促使项目在规定的费用、进度和技术约束条件下，顺利实现项目目标。

11.2.1 项目风险管理目标

神光-Ⅲ项目的风险管理是以项目目标实现为前提，围绕项目风险管理目标展开的。神光-Ⅲ项目风险管理目标是：

（1）在动态过程中分层分阶段对项目进行风险识别。全项目的风险一次识别率不低于80%，重大风险识别率达到100%；未被一次识别的风险中，可控制前被识别率不低于50%。

（2）对已识别风险进行分析，分析率达到100%，并按照标准划分等级。

（3）制定相应风险的规避措施，明确输出文件并进行规避，风险规避措施执行率需达到100%。

（4）风险消亡率不低于90%。

11.2.2 全组织的项目风险管理

神光-Ⅲ项目风险管理涉及项目组织内的所有层级，全员保障风险受控。神光-Ⅲ项目风险管理采用了“自上而下”与“自下而上”相结合，反复迭代的方式实施。“自上而下”：由项目总指挥和项目总设计师牵头对项目风险总体控制和风险解决方向进行指引，并提出各阶段重大风险及有效解决重大风险思路，为后续的落实与实施明确方向；“自下而上”：项目管理部项目管理

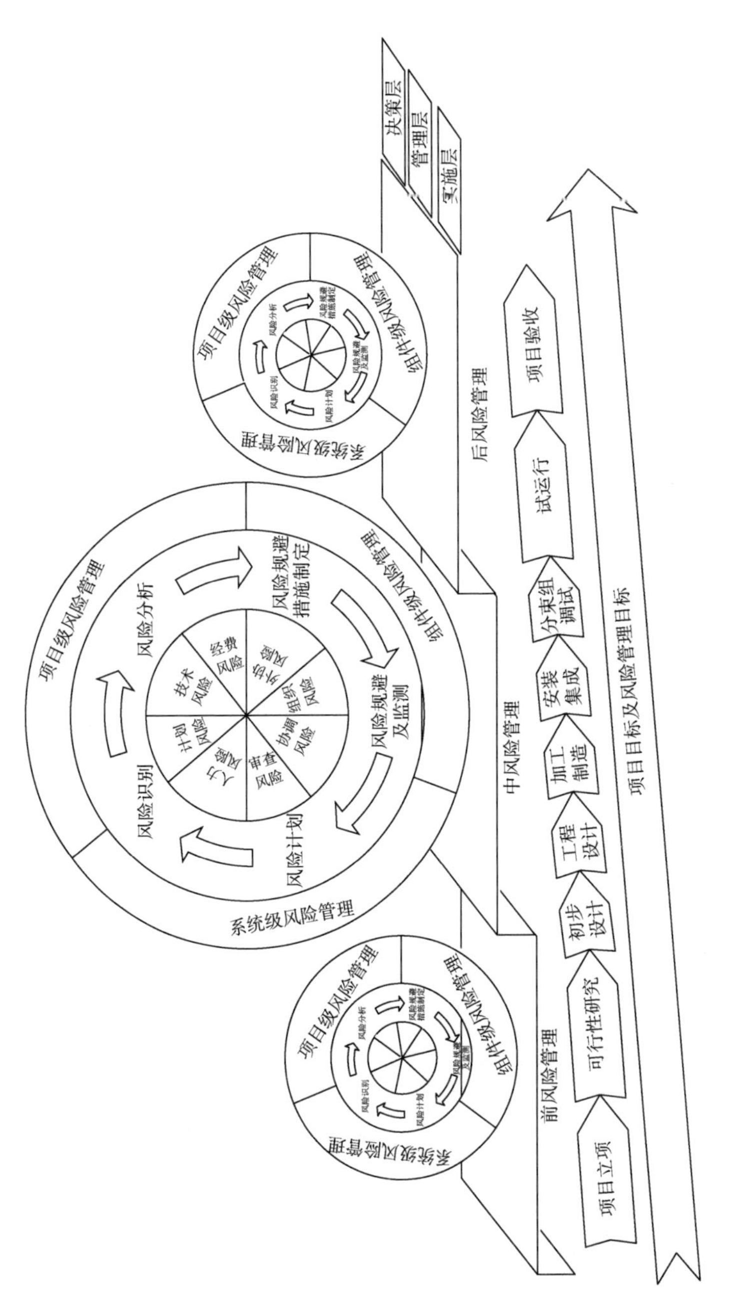

图 11-4　神光-Ⅲ项目风险管理模型

人员在实施过程中，主动识别、梳理技术人员担心的风险问题，本着“宁多不漏、宁重不断”的风险辨识原则，地毯式地收集、识别风险，逐层梳理整合，形成阶段过程实施依据；从下往上输出，及时准确地为项目总设计师提供信息，以增强对风险的统筹与规划，从而使上下都能有机结合，保证该项工作有效开展。神光-Ⅲ项目风险管理组织结构如图 11-5 所示。

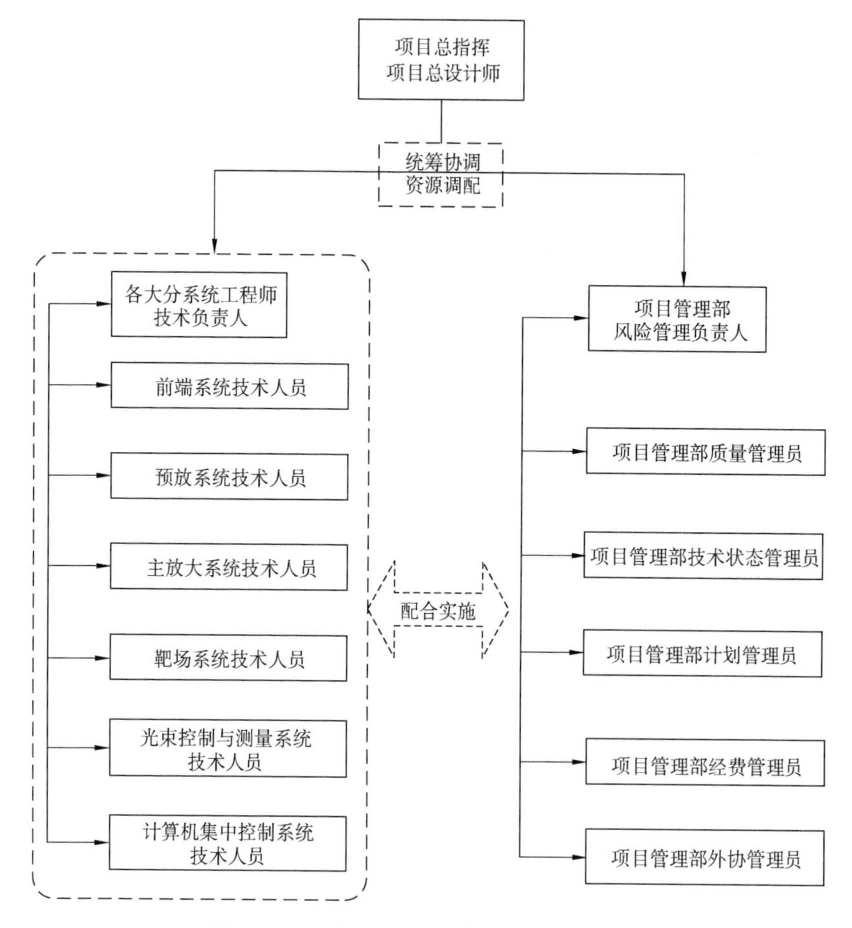

图 11-5　神光-Ⅲ项目风险管理组织结构图

（1）决策层风险管理职责。

神光-Ⅲ项目风险管理由项目总指挥、项目总设计师牵头负责，主要职责是：

1）明确风险事件的定义和解释办法。

2）进行风险事件定性判断，确定风险等级。

3）对风险管理进行整体协调和资源调配。

（2）管理层风险管理职责。

神光-Ⅲ项目风险管理组织协调工作由项目管理部承担，其主要职责是：

1）编制风险管理计划，并维护计划的有效性。

2）建立风险管理数据库，并维护。

3）定期和适时向项目所级负责人汇报动态风险状况。

4）跟踪风险管理工作，实时把握各等级风险的动向，协助风险不升级发展。

5）提议组织风险管理培训。

6）协助组织风险评估。

7）组织编制项目审查和实施过程里程碑（和关键节点）、决策过程需要的风险报告和文件。

8）处理上级交办和其他职责内突发风险事件的工作。

（3）实施层风险管理职责。

神光-Ⅲ项目实施要依靠一线技术人员，风险管理也离不开技术人员的支持。技术人员的主要职责是：

1）配合项目管理人员对风险进行识别。

2）配合项目管理人员对有关系统级风险事件进行定量或定性分析。

3）配合项目管理人员对达到风险等级的事件确立风险应对措施。

4）实施风险应对措施中技术相关内容。

5）对风险管理提供技术支持。

11.2.3　全要素的项目风险管理

神光-Ⅲ项目风险管理涉及多个要素，具体包括工程技术、经费、外协、计划、组织、协调、审查、人力等风险，如图 11-6 所示。

（1）工程技术风险。

神光-Ⅲ项目的建设过程涉及当代科技发展的前沿领域，具有很强的探索性，加上复杂科学技术又常常是多学科、跨行业的联合研发，更增加了技术风险产生的可能性。如关键技术的成熟程度、研制方案的先进性与合理性、科研保障条件、关键元器件和材料、生产能力以及研制的经验、技术引进等都可能对项目研制带来风险。

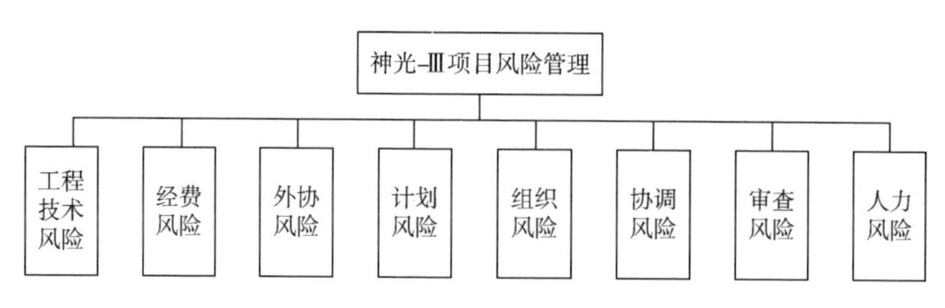

图 11-6　基于全要素的神光-Ⅲ项目风险管理

（2）经费风险。

神光-Ⅲ项目经费风险是用来表述在计划时间内不能按分配费用完成项目研究任务的概率和可能超支的幅度。项目的经费风险直接来源于技术风险和进度风险。进度延长会使经费增加，有时，技术方面的风险还将直接导致经费增加，而经费预算的不准确也是进度风险产生的原因之一。在进度和质量标准刚性化的前提下，当项目受多种因素的影响而发生变动时，唯一使计划按时按质完成的途径就是增加经费，从而导致了神光-Ⅲ项目经费变动很大。

（3）外协风险。

神光-Ⅲ项目是一个全国协作的大科学工程，项目单位作为总设总成单位，以产品外协的方式，整合了全国科技前沿企业的综合实力，这就产生了外协风险。外协风险主要包括外协供货产品的质量风险控制、供货延期风险和合同管理风险。产品质量风险是由于需求产品的特殊性和急迫性、项目的一次特性而产生的风险；供货延期风险是由于供方受市场变化的影响未能适时采购到外供件，或外包项目的使用要求出现变化，需要进行技术变更确认后才能生产等原因导致的风险；合同管理风险是由于不了解合同法的有关条款或对合同条款考虑不当等原因导致的风险。

（4）计划风险。

由于编制的计划对经费、进度等安排的不合理，或计划本身不科学，造成神光-Ⅲ项目实施过程中所面临的风险。计划风险主要受到前期调研以及计划编制人员对整个项目的把握精确程度的影响。

（5）组织风险。

神光-Ⅲ项目的组织结构不协调也会为项目的正常建设带来不可预期的风险。神光-Ⅲ项目采用了矩阵式项目组织管理模式，这种管理模式突出特征是，项目管理团队受到多头领导的影响，再加上两总系统具有双重领导的先天性制度缺陷及总指挥系统实行党委集体领导，因而在决策程序和承担决策后果等方面存在责任不够明确的问题，自然会影响到项目的进度、质量、成本的控制水平。

（6）协调风险。

神光-Ⅲ项目协调风险是指在项目研制过程中，由于协调不力所造成的风险（包括系统之间、系统与分系统之间的协调等）。由于神光-Ⅲ项目大多是跨学科、多部门的活动，需要的科研协作单位和直接参加研制的科研技术人员较多，所以协调工作尤为重要。协调上的风险也越来受到管理人员的重视。

（7）审查风险。

神光-Ⅲ项目的审查风险是指评审、审查等关键控制节点管理不严，审查不充分或把关不严格而对项目研发带来的风险。

（8）人力风险。

神光-Ⅲ项目的人力风险是指由于人员的素质问题而造成的项目损失等风险。人力风险又分为责任心风险、能力风险和研发队伍的稳定性风险。

责任心风险主要是由于有关人员的责任心不强而直接造成的风险损失。神光-Ⅲ项目所涉及的多是关系国家安全等方面的关键技术，所以具有相当的保密性质，这就要求所选择的科研单位及其人员在具有较高专业知识水平的同时，更要具备很强的责任心和道德感。

能力风险主要是由于有关人员的能力不够而直接造成的风险损失。由于神光-Ⅲ项目涉及的专业技术较多，在选择各学科的科研人员时，能否选到具有技术水平突出、攻关能力强的科研人员是影响项目成败的极其关键的因素。

研发队伍的稳定性风险主要是由于研制队伍的变化而对项目造成的风险。在神光-Ⅲ项目中所涉及的人员众多，而且由于项目周期长，在项目研制过程中，可能因为项目组成员离职、调职甚至伤亡等原因而影响项目的正常进行。

11.2.4　全阶段的项目风险管理

神光-Ⅲ项目风险管理按照项目的全生命周期可以分为项目前风险管理、项目中风险管理和项目后风险管理，如图11-7所示。

（1）神光-Ⅲ项目前风险管理。

神光-Ⅲ项目前风险管理即为立项阶段的风险管理。此阶段的项目风险管理主要包含项目风险预判和风险指南编制。

1）做好风险预判。

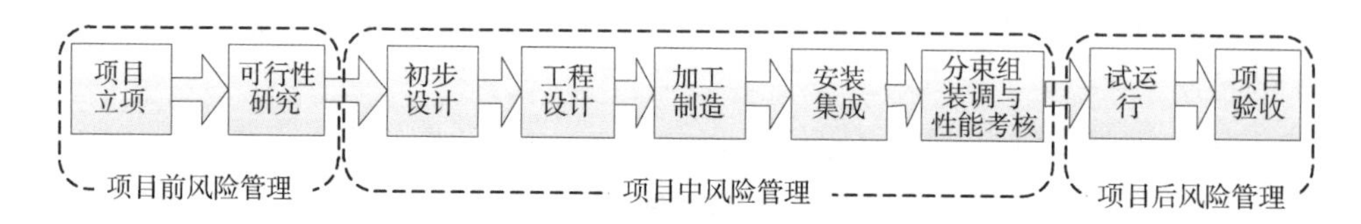

图 11-7　基于全阶段的神光-Ⅲ项目风险管理

风险预判是指识别和确定项目中存在哪些风险以及这些风险可能造成的影响程度和可能带来的后果。由于神光-Ⅲ项目的实施过程中都存在各种各样的不确定情况和事件，这些不确定性事件最终可能带来收益也可能带来损失，为了达到趋利避害的目的，就必须对项目可能遇到的各种风险做出预判评估。

2）编制风险指南。

在进行项目的风险预判之后，神光-Ⅲ项目风险管理人员的重点工作就是针对可能发生的项目风险编制风险指南，以便在风险真正发生时，能够采取最及时、最有效的处理办法，将风险的不良影响降低到最低程度，而将风险的有利结果最大化。神光-Ⅲ项目具体的风险指南包括项目的风险管理方法、工具和技术以及相关的管理规定，项目风险管理的角色和责任，项目风险的预算和资源安排，项目风险管理的时间和进程安排，项目风险度量方法的规定，项目风险管理和应对措施的报告规定，以及项目风险跟踪的办法和要求等方面的规定。

（2）神光-Ⅲ项目中风险管理。

神光-Ⅲ项目运转一旦开始之后，就必须在每一个阶段开展项目的跟踪评估，以便经常监督检查整个项目的进展情况和项目投资的使用情况，从而确保最终能够取得最佳的效果。通过对神光-Ⅲ项目进行跟踪评估，可以及早地发现问题和尽早地对项目的实施进行调整，确保项目实施能够实现预期目标。

由于神光-Ⅲ项目本身的特点，在项目开展过程中，可能会遇到科研团队知识结构瓶颈和突发风险事件两大问题。

1）解决知识结构瓶颈。

随着项目过程的不断深入，神光-Ⅲ项目本身可能会对整个研究团队的知识结构和综合能力提出更高的要求，这就要求科研人员必须及时更新自己的知识内容、扩大知识容量、优化知识结构。如果科研人员没有及时更新自己的知识内容，就很可能导致项目无法进展，或者科研结果落后于其他同类研究，甚至造成整个项目的失败。

2）应对突发风险事件。

突发事件可被广义地理解为突然发生的事情，按照社会危害程度、影响范围等因素，包括自然灾害、事故灾难、公共卫生事件等。在项目遇到突发风险事件时，一定要按照科学的风险排查方法全力将项目风险排除、转移或将其随时降低到最低程度。2008 年 5 月 12 日 14 时 28 分 04 秒，发生了震惊中外的汶川特大地震。由于神光-Ⅲ项目位于地震灾害区域内，致使正在进行筏板浇筑作业的实验室建筑工程受到较大影响。项目单位及时启动了项目风险应急预案，采取针对性措施，避免了更大的损失。

（3）神光-Ⅲ项目后风险管理。

神光-Ⅲ项目的后期进程中，随时可能受到项目自身条件、要求、国家政策等内外部因素变化的影响，从而造成整个项目的后续变更控制，引发一轮新的项目风险管理流程。

11.2.5　多层级的项目风险管理

多层级的风险管理是神光-Ⅲ项目风险管理的另一个特点，如图 11-8 所示。神光-Ⅲ项目的风险管理体系分为 3 个层级，分别是项目级风险管理、分系统级风险管理和组件级风险管理。

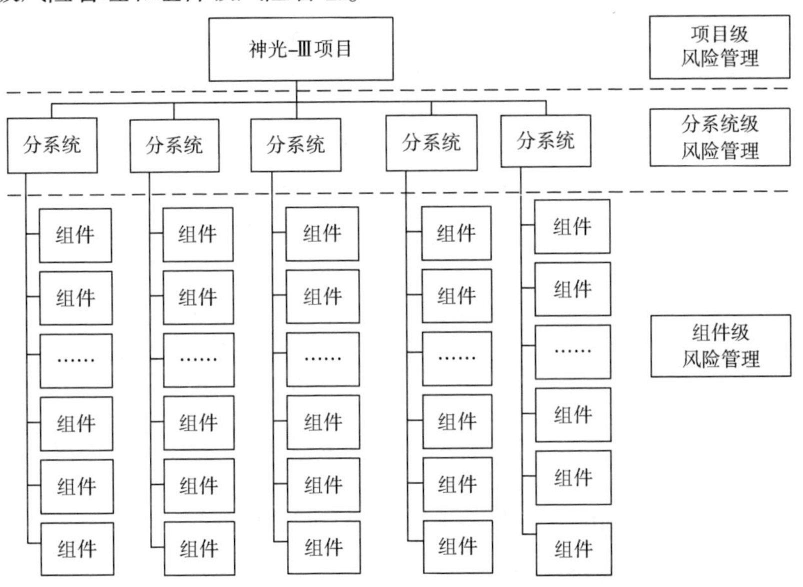

图 11-8　神光-Ⅲ项目多层级的风险管理

项目级风险管理由决策层项目总指挥和项目总设计师直接负责，分系统级风险管理由管理层风险管理人员和实施层分系统负责人负责，组件级风险管理由实施层课题组组长负责。各层级人员的主要责任是：按照各级风险管理的模式和要求，开展项目级、分系统级和组件级的风险管理活动，有效控制项目建设过程中各级风险；在每级风险管理下对影响本级进度的风险制定专题计划，作为关键项目进行控制。

11.2.6 项目风险管理的闭环系统

风险管理通常包括风险规划、风险识别、风险分析、风险应对和风险监控5个主要步骤。在神光-Ⅲ项目实施过程中，为了进一步提高风险管理的有效性，其步骤应在上述基础上丰富为风险计划、风险识别、风险分析、风险规避措施制定、风险规避及监测5个步骤，如图11-9所示。项目管理团队对神光-Ⅲ项目风险管理的流程进行了设计，形成了神光-Ⅲ项目风险管理纵向首尾闭环，横向层层迭代的动态管理过程。这个管理过程，也是对项目实施的不断深化与认识的过程。

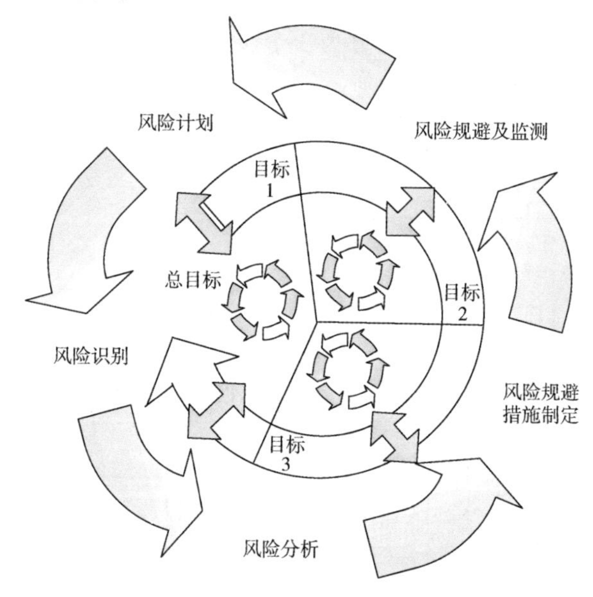

图11-9 神光-Ⅲ项目风险管理基本流程

11.2.6.1 项目风险管理计划

神光-Ⅲ项目风险管理计划是围绕项目目标，从项目的整个生命周期角度出发而进行的、在动态管理过程中不断更新完善的管理活动。神光-Ⅲ项目风险管理计划由项目总指挥、项目总设计师、项目经理和项目风险管理员、系统设计师等通过会议方式，以项目文件的形式固定下来。其主要目的是：

（1）强化有组织、有目的的风险管理思路和途经，以预防、减轻、遏制或消除风险的发生及其产生的影响。

（2）为项目实施风险管理建立有效的平台。

（3）为项目风险管理实施提供指导。

（4）作为确定能够实现费用、进度、性能目标的判据和后备方案的依据。

（5）帮助项目预算决策和实施优先顺序决策的判据。

（6）为全周期项目计划和里程碑（关键节点）决策提供风险信息。

（7）监控项目进展状况。

神光-Ⅲ项目风险管理计划主要内容包括：

（1）确定项目风险管理目标以及各步骤实施的具体要求。

（2）项目成员风险管理的职责。

（3）风险管理的输入条件和输出结果。

（4）项目风险类别划分。

（5）风险在项目时间、空间两维度分布状况。

（6）风险管理中的各种评价标准。

（7）风险管理中使用的方法、工具和数据资源。

（8）风险管理汇报形式。

神光-Ⅲ项目风险管理计划中，在明确上述内容的同时，还识别了项目中主要的风险驱动因素，并且对其进行认真分析，提前采取措施，将其转化为现实风险的可能性降到最低，如相关人员技能不够、组织结构不合理、项目目标的不确定等。

11.2.6.2　项目风险识别

神光-Ⅲ项目风险识别的目的是分辨项目实施过程中不确定因素以及其中需要高度重视的因素。在风险识别的过程中，必须明确风险发生的可能性和发生的迹象。风险识别是风险管理的前提和基础。通过风险识别可将那些可能偏离或影响项目目标顺利实现的因素查找出来，使风险管理有的放矢，并将风险管理落实到具体项目上来。

在神光-Ⅲ项目中，检查表法是风险识别的首选工具，但在具体实施过程中还充分结合了系统分解法、流程图法、头脑风暴法和德尔菲法，进一步提高识别的效率。

神光-Ⅲ项目风险识别分别从横向和纵向两个维度对项目在各层次、各技术过程和管理层面所存在的风险进行识别。

（1）横向是从产品实现过程出发的风险识别过程。按照项目总体设计特点，神光-Ⅲ项目产品实现过程中的关键风险区可以归结为设计和开发、外包采购、精密装校、安装调试、总体集成实验、阶段验收、试运行、装置验收和维修及保障过程，同时考虑费用/资金和进度这两个风险区，共 11 个关键风险区。风险识别需确定这 11 个关键风险区所包含的重大风险单元和重大风险事件。

（2）纵向是从项目工作结构分解出发的风险识别过程。神光-Ⅲ项目任务单元（系统）中的关键风险区可以确定为前端系统、预放系统、主放大系统、靶场系统、激光参数测量系统、计算机集中控制系统和光学元件等 8 个。风险识别时，确定了这 8 个关键风险区所包含的风险单元和重大风险事件。

如图 11-10 所示，为神光-Ⅲ项目风险识别流程图。首先，依据项目要求，确定项目任务单元和过程单元；其次，从横向和纵向两个维度对项目进行分析，依据使用的条件和性能目标、关键参数，逐个考察各个任务单元和过程单元，确定关键的风险区和可能出现问题的单元；再次，通过分解细化到适当层次（级），经过各方位的识别，分别从项目总体、系统级、组件、模块及元器件等层次，识别出有风险的区域和技术过程，确定风险事项；最后，汇编风险事件表。表 11-1 是对神光-Ⅲ项目产品实现过程中各过程单元关键风险区部分重大技术风险事件的示意。最终为降低或解决所有风险在神光-Ⅲ项目实施过程中可能产生的影响打好基础。

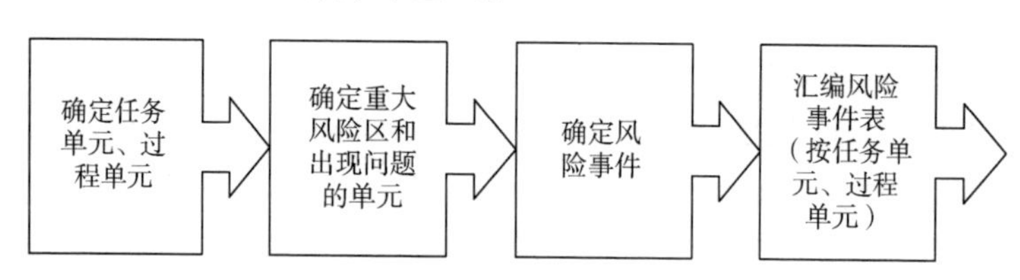

图 11-10　神光-Ⅲ项目风险识别流程图

表 11-1　神光-Ⅲ项目产品实现过程中各过程单元关键风险区部分重大技术风险事件表

风险区	包含的单元	风险事件
1. 设计和开发(包括初步设计和工程设计)	1.1 由产品的使用要求转化为产品的设计要求	对顾客提出的产品使用要求未认真评审和沟通，产品要求规定不当、过粗，设计要求模糊
		未明确使用环境要求
		设计要求提得太高
		设计要求不稳定、常变化
	1.2 设计方案及技术途径	方案阶段未充分考虑各种影响因素
		设计方案或人机界面不符合用户的人力和技能水平
		依赖于未经考验的技术且无替代的方案
		项目的成功依赖于最新技术进步
	1.3 设计的成熟性及可行性	设计采用了未成熟技术或稀有材料来满足性能指标要求
		技术未在所要求的使用条件下得到验证
		技术指标依赖于复杂的硬件、软件或综合设计
		建模与仿真未经验证和确认，不足凭信
		软件设计缺陷，硬软件之间系统需求分配不合理
		系统不能满足用户要求
		设计对人员的培训、技能和设备提出了过高的要求
	1.4 设计过程的控制	未有或未实施适宜的设计准则、规范和程序
		松散的、走过场的设计评审过程，达不到评审的目的
		没有采用所需要的设计手段和分析技术（如 CAD 技术、可靠性预计和分配、故障模式的影响等分析）
		没有建立和保持强有力的技术状态管理系统，随意更改设计
		必要的设计输出文件不全
2. 外包采购	2.1 外包采购项目的可行性	外包采购项目的确认未经充分论证
		设计提出过高的工艺要求，加工生产能力达不到
		设计提出过高的人员技能和培训要求
	2.2 外包采购产品的可用性	对供方的控制和管理计划不周
		过分依赖供方
		供方关键人员的工作变动
		外包采购产品未经充分验证和筛选

（续）

风险区	包含的单元	风险事件
2. 外包采购	2.3 外包采购过程的控制	合同中未明确产品质量控制要求，验收要求不明确，影响外包采购产品的接收
		合同内容的更改未经严格审批程序
		未明确产品的接收准则或标准不统一，留下隐患
		对供方未做充分调查和资质评估，所提供产品质量不能完全满足工程需要
		松散的、走过场的设计评审过程，达不到评审的目的
		对过程中的关键控制点（如首件鉴定）未执行严格的监视和测量程序
	2.4 外包采购产品的接收（进货验证）	未按规定进行全部指标的检验，有遗漏
		所测量的关键参数和特性不能给出产品符合规范要求足够高的置信度
		检测设备和方法不能满足验收的要求
3. 精密装校	3.1 装校工艺及过程的鉴定	不成熟的或未经考验的新技术、新工艺或新的工作流程尚不能得到充分的验证和改进
		装校工艺不稳定，经常更改
		对特殊过程的过程参数未进行鉴定或验证
	3.2 设施、设备及工装	设施、设备及工装不能满足工艺要求
		无适宜的专用工装、工具
		检测设备不齐备
	3.3 环境条件	环境条件达不到工作要求
4. 安装调试	4.1 安装调试大纲及安全分析报告	安装调试大纲和安全分析报告未严格执行评审程序，没有达到评审目的
		设施、设备及工装不能满足安装调试要求
	4.2 设施、设备及工装	无适宜的专用工装、工具
		检测设备不齐备
	4.3 环境条件	环境条件达不到工作要求
5. 总体集成实验	5.1 总体集成实验大纲及计划	未在项目的早期启动实验规划、编制实验计划（包括系统、分系统的所有研制实验和鉴定实验）
		实验未考虑所有重要性能和适用性规范

（续）

风险区	包含的单元	风险事件
5. 总体集成实验	5.2 实验记录	未做好实验记录，对过程中出现的问题未做深入分析，留下隐患
	5.3 保障条件	实验设备不能完成特定实验，尤其是系统级实验
		检测设备不齐备，没有采用所需要的测试和分析技术
6. 阶段验收	/	所测量的关键参数和特性不能给出产品符合规范要求足够高的置信度
		未按规定进行全部项目的检验，有遗漏
		试验设备不能满足试验的要求
7. 试运行	/	试运行大纲未严格执行评审程序，没有达到评审目的
		未严格按照大纲执行
		所测量的关键参数和特性不能给出产品符合规范要求足够高的置信度
		记录不完整，未对试运行中出现的问题做深入分析，留下隐患
		未考虑最终使用环境，未考虑使用周期的极端情况和最恶劣的环境条件
		未对软件进行实验和验证
8. 装置验收	/	所测量的关键参数和特性不能给出产品符合规范要求足够高的置信度
		未按规定进行全部项目的检验，有遗漏
		试验设备不能满足试验的要求
9. 维修及保障（售后服务）	/	设计中未考虑保障性问题
		未提供可靠的、可维修性的保障和测试设备，未提供与产品同等质量的备件
		未提供完备的技术手册和相关资料
10. 费用/资金	/	未及早制定切实可行的费用目标
		预算周期内投资进程不稳定或资金不能及时到位
		费效比权衡不够适宜
11. 进度	/	进度目标不切实际，难以实现
		资源（包括人员、经费、环境等）供应不能满足进度要求
		权衡研究未考虑进度问题

11.2.6.3　项目风险分析

神光-Ⅲ项目风险分析是风险管理过程中最耗时、最困难、最关键的环节。由项目管理团队将风险转化为定量数值，采用的方法主要为矩阵图分析法，其过程包括项目风险定量分析和排定各风险事件之间的相对次序。

（1）项目风险定量分析。

1）评价项目风险影响程度。

神光-Ⅲ项目利用项目目标影响程度矩阵，对每个已辨识出的风险事件分别进行分析，确定与已知各方目标的偏离情况及其风险影响程度。神光-Ⅲ项目风险影响程度分为5个等级，其相应的判断标准分别为非常低5、低10、中20、高40、非常高80，具体评级标准详见表11-2。风险影响程度按照成本、进度、技术指标、质量影响最高的项目目标为准，例如：某风险对质量的影响程度为非常低5，对进度的影响程度为低10，对经费的影响程度为中20，则此风险的影响程度以经费影响程度中20为准。

表11-2　神光-Ⅲ项目风险影响程度评价矩阵表

影响程度 / 项目目标	低风险		中风险	高风险	
	非常低5	低10	中20	高40	非常高80
成本	不明显的成本增加	成本增加小于5%	成本增加5%～10%	成本增加10%～20%	成本增加大于20%
进度	不明显的进度拖延	进度拖延小于5%	整体进度拖延5%～10%	整体进度拖延10%～20%	整体进度拖延大于20%
技术指标	技术指标减少几乎察觉不到	技术指标的次要部分受到影响	技术指标的主要部分受到影响	技术指标不被大总体接受	技术指标超标，装置能量达不到要求
质量	质量等级降低几乎察觉不到	只有某些非常苛求的工作受到影响	质量的降低需要得到大总体批准	质量的降低不被大总体接受	装置能量达不到要求

神光-Ⅲ项目评估风险对项目目标的影响，从最低到最高使用一组数字来标定，这组数字是非线性的，表示项目管理团队特别希望避免具有高或极高影响的风险。

2）确定风险发生概率。

神光-Ⅲ项目在对风险影响程度评价后，对风险发生概率进行评价，如表

11-3 所示，为神光-Ⅲ项目风险发生概率评价表。

表 11-3　神光-Ⅲ项目风险发生概率评价表

等级	发生概率	说明
极高	0.81～0.99	接近可能出现的问题
很高	0.61～0.80	很有可能出现的问题
高	0.50～0.60	有可能出现的问题
一般	0.25～0.49	有较小可能出现的问题
低	0.10～0.24	不大可能出现的问题
很低	0.01～0.09	极小可能出现的问题

3）确定风险值。

神光-Ⅲ项目在评价风险影响程度及发生概率的基础上，确定风险值进而确定风险等级。将风险危害程度和风险发生概率相乘，便可得到每个风险的风险值，例如：某风险的危害程度为低 20，发生概率为 0.7，该风险的风险值则按照以下方法计算：20×0.7＝14。该风险的风险值为 14。表 11-4 为某阶段神光-Ⅲ项目部分风险值量化表。

表 11-4　神光-Ⅲ项目风险值量化表

风险事件	概率值	影响值	风险值 R
装置关键技术的某研究风险	0.1	40	4
某关键技术指标实现风险	0.7	20	14
某关键技术状态更改风险	0.7	20	14
某配套设施研制风险	0.7	40	28
装置某关键结构设计、生产风险	0.1	80	8
某新增元器件引进风险	0.7	20	14
某关键分系统实验风险	0.3	20	6
某关键技术状态更改而引起的相关技术状态更改风险	0.5	20	10
安全风险	0.3	40	12
不良管理风险	0.7	20	14
组织风险	0.2	40	8

4）确定风险等级。

根据分析得出风险值和风险等级，形成风险基本应对措施建议，见表11-5。风险等级评价是将定量的风险值转化为指导性结论的判断准则。

表11-5　风险值-风险等级对应表

风险值	风险等级	建议措施
R≥20	Ⅰ级风险	不可接受的风险：执行新的过程或更改基线，寻求上级关注，制定专题管理计划
15<R<20	Ⅱ级风险	
10≤R≤15	Ⅲ级风险	不可接受的风险：积极管理，考虑变更过程和基线，寻求上级关注，制定管理计划
4<R<10	Ⅳ级风险	可接受的风险：控制、检测，要求有关工作执行者注意
R≤4	Ⅴ级风险	

（2）项目风险优先级排序。

神光-Ⅲ项目风险优先级排序是对项目风险进行综合分析后，对项目风险分级排序，并根据80/20管理定律，找出项目中前百分之二十的风险及关键风险，进行系统重点管理。风险优先级排序过程为如何应对这些风险提供了科学依据。神光-Ⅲ项目利用风险矩阵法、关系图法和德尔菲法相结合的方式对风险优先级进行排序。

1）风险矩阵法。

利用风险矩阵法对项目风险进行初步排序：矩阵的横坐标表示风险事件发生造成的后果，纵坐标表示风险事件的发生概率，各风险事件的等级可以在矩阵中找到一个相应的位置点（相交点），向矩阵的对角线投影，投影点距离原点O越远，风险程度越高。

例：如图11-11所示，假设在项目实施过程中已辨识出X、Y两个风险事件，X风险事件在矩阵中的位置为（40，0.4），Y风险事件在矩阵中的位置为（60，0.6）。X1为X风险事件向矩阵对角线的投影点，Y1为Y风险事件向矩阵对角线的投影点，OY1长于OX1，故可得出Y事件比X事件风险优先级大的结论。

2）影响关系图法。

在神光-Ⅲ项目实施过程中，同一时刻往往会产生各个方面的风险，风险之间交错复杂、相互联系、相互影响，某个风险的发生可能导致另一风险值的增加或减小。而就在这样的相互影响中，一些原本对项目影响较小的风险

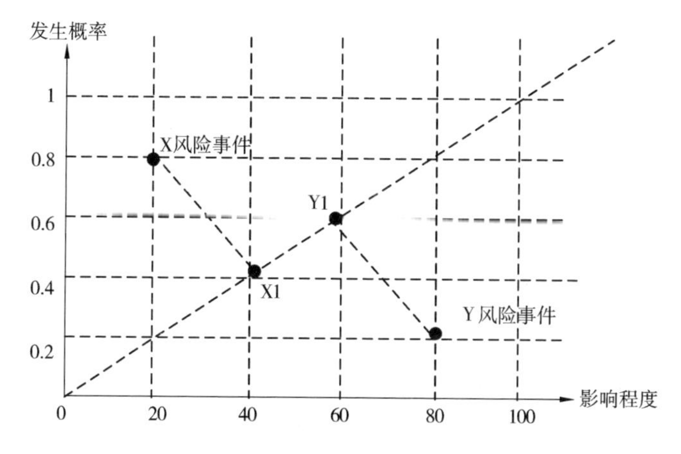

图 11-11　神光-Ⅲ项目风险矩阵法排序示意图

往往被放大成了致命的风险，所以项目管理团队也将这类风险从众多风险中筛选出来。影响关系图法是将所有相互影响的风险绘制成图 11-12 的模式，其中一个风险的发生对另一些风险起增强作用，则在箭线上标注“+”号，反之标“-”号。在这样的图中列出所有的循环圈，如果某个循环圈中有偶数个“-”号，则该循环圈为“恶性循环圈”，而在这个循环圈中的所有风险应该列入重点监控范围，为关键风险。如图 11-12 中，ABDEIFGHJA 即为恶性循环圈。

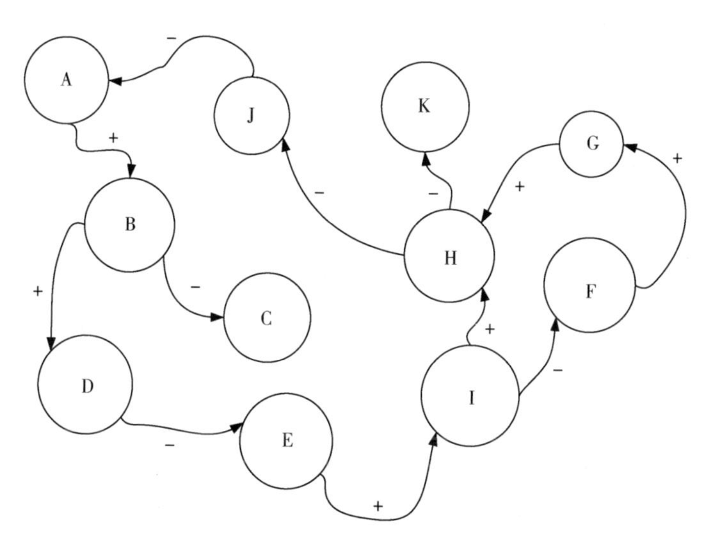

图 11-12　神光-Ⅲ项目风险影响关系图

3）德尔菲法。

依据风险矩阵法的排序和处于恶性循环中的关键风险列表，再次综合考察这些风险对项目的影响程度，重复评估风险对项目的影响，通过技术专家和项目主要管理人员的主观判断来进一步找出项目关键风险，对风险处理优先级次序进行排序。例如：通过专家组成员对每项风险大小顺序进行投票，汇总投票结果，反馈给专家组；专家组成员再投票（可能需反复多次），最后得到基本一致的分析结果。

按照以上步骤分析完成后，风险分析流程结束。风险分析过程输出两类风险列表：一是风险事件优先级排序表，如表11-6；二是关键风险列表。

表11-6　神光-Ⅲ项目风险事件优先排序表

优先次序	风险区	单元	风险事件	风险概率	影响程度	风险值	风险等级
1							
2							
3							
4							
5							

11.2.6.4　项目风险规避措施制定

神光-Ⅲ项目风险规避措施制定就是根据识别的风险以及风险分析结果，从风险发生的原因、条件、机理、时机等角度出发，根据风险的实际情况综合考虑风险应对的各种方法，制定风险应对措施。对项目风险提出处理意见和解决办法，对影响进度、成本、设备安全和人员安全的风险进行风险监督和控制，以达到风险规避、转移、降低的目的。在神光-Ⅲ项目中，一般采取的风险规避措施包括风险化解、风险遏制、风险转移、风险应急、风险消减、风险分担等。

在为各个风险制定完应对措施之后，汇总成项目风险应对措施表。表中需明确风险规避措施的工作量大小，需要哪些支撑保障，明示执行计划进度安排、预估的费用和责任部门/人等内容；提出重要风险实施规避过程的事件阶段划分、完成日期以及与项目总体进度要求（里程碑/关键节点）的关系，见表11-7，并且为前百分之二十项风险及关键风险单独建立档案（见表11-8）。表中的风险监控记录独立地作为风险档案的附件。

表 11-7　神光-Ⅲ项目关键风险分析与应对计划明细表

风险类别		风险名称	所属阶段	引发风险原因	对设定质量、进度、经费的影响	等级	优先级	规避措施	预计规避时间	保障条件	责任部门/人	输出文件
工程技术风险												
经费风险												
外协风险												
管理风险												

表 11-8 神光-Ⅲ项目风险档案

<table>
<tr><td colspan="5">项目名称：</td><td colspan="5">编号：</td></tr>
<tr><td colspan="5">系统组名称：</td><td colspan="5">编号：</td></tr>
<tr><td colspan="5">活动名称：</td><td colspan="5">编号：</td></tr>
<tr><td colspan="10">风险编号：</td></tr>
<tr><td colspan="10">风险描述：
风险发生概率的排序
风险危害程度的排序
风险值的排序</td></tr>
<tr><td colspan="10">风险影响：
受影响的领域
对质量的影响
对进度的影响
对经费的影响
对范围的影响</td></tr>
<tr><td colspan="10">风险应对措施及责任人：</td></tr>
<tr><td colspan="10">风险监控</td></tr>
<tr><td>日期</td><td></td><td></td><td></td><td></td><td></td><td></td><td></td><td></td><td></td></tr>
<tr><td>记录序号</td><td></td><td></td><td></td><td></td><td></td><td></td><td></td><td></td><td></td></tr>
<tr><td colspan="10">风险的消亡描述：</td></tr>
<tr><td colspan="10">风险管理责任人：</td></tr>
<tr><td colspan="3">版本：</td><td colspan="2">日期：</td><td colspan="3">制表人：</td><td colspan="2">批准人：</td></tr>
</table>

11.2.6.5 项目风险规避及监测

神光-Ⅲ项目风险规避及监测是指在项目实施过程中，跟踪已识别的风险，监视残余风险和识别新的风险，确保风险应对计划的落实，并且定期评估风险应对措施对降低风险的有效性。

根据项目建设过程是动态的属性，神光-Ⅲ项目风险规避及监测也是动态的。风险监控的责任人要定期监控风险以确定它实际已经降低多少。每次检查后，要及时对风险档案进行更新，特别是对前百分之二十的风险和处于恶性循环中的关键风险进行更新，及时将重要的风险呈现在所有项目成员面前，同时在发现新风险时要及时对其进行重新评估。对每个辨识出的风险，要用文字记录规避处理活动和事件的详细信息，并存入风险信息档案。

通过神光-Ⅲ项目风险管理运用风险预警系统，由处于第一线的科研人员监控风险预警迹象，对项目的风险状况实施监控，使风险的变化信息及时反馈并对新情况进行风险评估和分析，从而调整风险应对计划并实施新的风险应对方案。这样循环往复，保持风险控制过程的动态性，从而达到风险管理的预期目标。

11.3 小结

神光-Ⅲ项目是迄今为止我国激光惯性约束聚变领域最为复杂、最具挑战性的一个大型科学工程，其关键技术多，涉及面广，存在着很多不确定的因素，是一个高风险的项目。神光-Ⅲ项目实施过程中，创新性地建立了基于全面风险管理理论的全组织参与、全要素控制、全生命周期规范、多层级覆盖的风险管理模型，对项目风险进行了全面而有效的管理，保证了神光-Ⅲ项目的成功。

特别是，在神光-Ⅲ项目风险管理中，对外协单位的风险管理也非常重视。神光-Ⅲ项目外协工作在整个项目中占比较大，供方风险管理能力的高低决定了它们能否按合同要求完成神光-Ⅲ项目任务。因此，在外协管理中，把供方的风险管理作为一项重要内容进行控制。具体方式详见外协管理章节。

第 12 章　基于全宗理论的神光-Ⅲ项目档案管理

项目实施的全过程中，档案不仅是各项任务完成过程的客观记录和项目质量保证的支撑依据，同时也是项目评估、审计、验收以及后续检查等工作的最终落脚点和抓手。例如，从项目验收的角度来看，验收的主要依据就是项目的工作成果和成果文档，而往往此时对项目的工作成果验收除了表面目视和检测以外，也依赖于项目过程记录，如隐蔽工程记录、调试记录等资料。因此，档案管理是项目管理的重要环节，是项目验收能否顺利通过的关键。

12.1　项目档案管理理论

12.1.1　基本概念

项目档案是项目整个生命周期的详细记录，是项目成果的重要展示形式。项目档案既是项目评价和验收的标准，也是项目交接、维护和后评价的重要原始凭证，在项目验收工作中起着十分重要的作用。

项目档案的载体为文字记录、图表、音像或其他各种资料。项目档案管理要确保被记录信息的真实性、完整性、准确性、系统性、安全性和易查找性。项目档案管理为项目的立项、设计、制造、建设、集成、测试、运行、维护、管理等全生命周期全要素管理提供服务。项目档案管理的主要工作内容包括：建立项目档案管理的工作体制和制度；对各部门和单位档案工作的监督、检查和指导；组织档案验收工作并完成归档。

国家对项目档案有着严格的管理规定，如对建设项目的档案要求："所有建设项目都要按照《中华人民共和国档案法》有关规定，建立健全项目档案。从档案筹划到工程验收各个环节的文件资料，都要严格按照规定收集、整理、归档，项目档案管理单位和档案管理人员要严格履行职责。对失职的单位和人员，要依法严肃处理。”国家相关部委也出台了一些项目档案管理办法的文件，其中对项目档案归档要求和档案整理规范、档案验收等都做出了要求。

在神光-Ⅲ项目实施过程中，按国家要求遵照固定资产投资项目进行管理，严格执行国家部委对固定资产投资项目档案的管理规定，实行项目档案在项目单位内集中统一管理，确保了项目档案的完整性、一致性和规范性。

12.1.2 全宗理论

项目档案管理需遵照档案管理的基本原则进行。全宗理论作为档案管理的基础理论，对指导神光-Ⅲ项目的档案管理也有很强的现实意义。

档案管理的来源原则和全宗理论是在 1841 年由法国提出的。全宗理论主要是指：档案的整理要尊重历史原貌；尊重档案的形成规律和有机联系；要求来源于一个团体、一个机关、一个家族和一个人的所有文件组成一个全宗；同一全宗不能分散，不同全宗不能混杂。这一理论经过普鲁士登记室原则和荷兰来源原则的发展，成为纸质档案及其他实态档案整理原则和档案学的特色理论。

具体来说，全宗理论是指在社会实践中形成的具有有机联系的档案集合体，简称为“全宗”。全宗体现为以下几点：

1）全宗是一个有机整体。

2）全宗是在一定的历史活动中形成的。

3）全宗是以一定的社会组织或社会活动项目为基础构成的。

4）全宗是档案的基本管理单位。

全宗理论按形成者分为组织全宗、个人全宗、项目全宗。

①组织全宗。一个能独立行使职权的社会组织（国家机关、企事业单位、社会团体等）在其活动中形成的档案整体；

②个人全宗。社会著名人物在其活动中形成的档案整体；

③项目全宗。在某一项活动中形成的档案集合体。

神光-Ⅲ项目档案管理就是典型的项目全宗形式，以一个具体项目形成一套完整的档案集合体。

12.1.2.1 全宗理论的划分原则

（1）独立性。构成全宗的单位必须具备相对独立的社会职能。

（2）关联性。构成一个全宗的档案之间必须具有内在的密切联系，不能人为地、随意地分合。

（3）方便性。为了保管和利用的方便，全宗的规模一般应控制在一定范围内。

（4）一致性。对于相同类型立档单位或档案，其全宗划分要保持一致，划分标准应统一。

神光-Ⅲ项目档案管理集中体现了以上几条原则，例如，神光-Ⅲ项目的档案，相对于项目单位的其他档案来说，是独立存在的一个整体，并且只针对项目范围内的档案进行管理，因而具有明显的独立性特征。神光-Ⅲ项目内部档案之间存在较强的关联性，例如，在确定了项目档案分类后，各类档案并不是完全割裂的，各类档案之间存在关联关系，如技术类档案里面的某个技术指标的变更记录会对应地引出管理类档案里面的某个变更申请表。神光-Ⅲ项目档案的一致性也非常突出。在项目初始阶段就制定了档案的规范性要求，即要求内外部部门或单位按统一的文件编号、文件规范原则提供档案，实现了完全的一致性管理要求。

12.1.2.2　全宗内档案的分类

（1）分类要求。

1）档案类目和档案材料的划分应该具有客观性。

2）档案分类体系应该具有逻辑性。

3）全宗内档案的分类应该注重实用性。

4）全宗内档案分类应该具有思想性。

（2）分类的一般方法。

1）时间分类。年度、时期。

2）来源分类。组织机构、作者、通讯者。

3）内容分类。问题、实物、地理。

4）形式分类。文件种类、文件载体形态、文件形状规格。

（3）项目全宗内档案的分类。

项目全宗内档案一般按时间和内容标准分类，如：

1）工程项目。按工程的不同阶段分类。

2）生产项目。按产品型号分类。

3）科研项目。按专题分类。

4）基建项目。按阶段分类。

对神光-Ⅲ项目，以项目为一个全宗，按照全宗理论要求的系统性、整体性等原则，综合了组织全宗和项目全宗分类方法，确定了以年度、来源、内容、阶段为核心的分类方式，并制定了文件统一编号原则，将档案全宗管理的理论应用于与神光-Ⅲ项目相关的所有单位，为档案统一、规范、标准奠定了基础。

12.1.3　档案全生命周期理论

档案全生命周期理论是全方位探讨文件从产生直到转化为档案永久保存或销毁的全部运动过程的理论。根据文件价值形态变化，这一完整过程可划分为若干阶段，如表 12-1 所示。

表 12-1　档案全生命周期划分

代表人物	代表性文章或专著	划分角度	划分方法	划分特点
库蒂尔、卢梭（加拿大）	《文件生命——档案与文件管理综合探讨》	文件的运动形态	现行阶段、半现行阶段、非现行阶段	将前两个阶段视为文件阶段，将后一阶段视为档案阶段
安娜·施蕾歇（阿根廷）	《文件生命周期——一种引起档案学变革的概念》	文件的存留地点	承办单位留存阶段、文件中心留存阶段、档案馆永久保存阶段	将前两个阶段视为文件阶段，将后一阶段视为档案阶段
巴斯克斯（阿根廷）	《文件的选择》《文件生命周期研究》	文件的作用	文件承办形成阶段、文件行政用途阶段、文件的历史阶段	将第一阶段视为“文件的前档案馆阶段”，即文件阶段，把第二、第三阶段视为“文件的档案阶段”
詹姆斯·罗兹（英国）	《档案与文件管理在国家信息系统中的作用》	文件的管理程序	文件形成阶段、文件使用与维护阶段、文件鉴定与选择阶段、档案管理阶段	揭示了文件的运转过程和价值形态的变化

档案全生命周期理论准确地揭示了文件运动过程的前后衔接和各阶段的相互影响。从对档案的影响度来讲，档案的形成阶段或者说第一阶段是影响整个档案全生命周期管理的关键阶段。这样，为实现从现行文件到档案的一体化管理，为档案部门或人员对文件进行前端控制提供了理论依据和实践指导。

本书所涉及的档案管理主要是针对神光-Ⅲ项目档案的形成阶段、档案使用和维护的部分阶段。

12.1.4　项目档案管理工作的一般内容

项目的档案管理工作一般包括项目档案的收集、整理、归档和验收。

（1）项目档案的收集。

项目档案产生于项目建设的全过程。所以在项目初期就应该明确不同部门对档案的形成、累积和管理的职责范围，工作标准和责任。在项目实施过程的每个阶段，将会产生哪些项目档案，这些档案由谁负责收集，如何收集等都需要制定一个完整的计划。收集的项目档案必须字迹清楚，图样清晰，图表整洁，签署完整。

（2）项目档案的整理。

项目档案的整理应根据国家有关规定，按照档案管理的要求，由项目档案管理部门进行整理。项目档案可按照项目的特点和档案内容的不同来进行科学的分类。项目档案的组卷要遵循形成规律，保持案卷内文件的有机联系，以便于档案的保管和利用为原则。项目档案的编号要依据项目档案的分类规则和项目的实际情况而统一设计、制定。

（3）项目档案的归档。

项目单位的各机构、各施工承包单位、监理单位应在建设项目完成以后，将已经整理、编目后的项目文件按照合同的协议规定，向项目单位档案管理机构归档。归档的文件应该完整、成套、系统，应记录和反映项目建设的规划、设计、施工和竣工验收的全过程。

（4）项目档案的验收。

项目档案验收是项目竣工验收的条件之一。未经项目档案验收或者项目档案验收不合格的，不得进行或者通过项目竣工验收。项目档案的验收由项目验收单位或项目验收单位授权某个单位进行。

神光-Ⅲ项目管理在项目全生命周期内，不断按照这 4 个阶段循环的过程进行控制，最终实现整个项目档案管理目标，具体内容如图 12-1 所示。

12.1.5　不同阶段的项目档案

项目的不同阶段，形成文件的范围与内容也不同。一般的固定资产投资项目生命周期内不同阶段产生的档案如下。

（1）项目概念阶段应验收、移交、归档的资料。

1）项目机会研究报告及相关附件。

2）项目初步可行性研究报告及相关附件。

3）项目详细可行性研究报告及相关附件。

4）项目方案及论证报告。

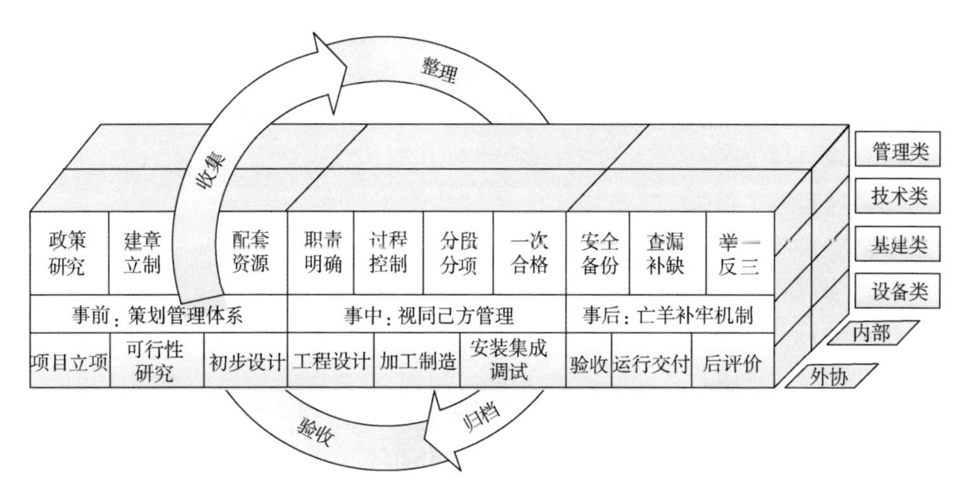

图 12-1　神光-Ⅲ项目档案管理模型

5）项目评估与决策报告。

（2）项目规划阶段应验收、移交、归档的文件。

1）项目背景概况。

2）项目目标文件。

3）项目范围规划说明书（包括项目成果简要描述、可交付成果清单）。

4）项目范围管理计划。

5）项目工作结构分解图。

6）项目计划资料（包括项目进度计划、质量计划、费用计划和资源计划）。

（3）项目实施阶段应验收、移交、归档的文件。

1）全部项目的采购计划及工程说明。

2）全部项目采购合同的招标书和投标书（含未中标的标书）。

3）全部合格供应商资料。

4）完整的合同文件。

5）全部合同变更文件、现场签证和设计变更等。

6）项目实施计划、项目安全计划等。

7）完整的项目进度报告。

8）项目质量记录、会议记录、备忘录、各类通知等。

9）进度、质量、费用、安全、范围等变更控制申请及签证。

10）现场环境报告。

11）质量事故、安全事故调查资料和处理报告等。

12）第三方所做的各类试验、检验证明、报告等。

（4）项目收尾阶段应验收、移交、归档的文件。

1）项目竣工图。

2）项目竣工报告。

3）项目质量验收报告。

4）项目后评价资料。

5）项目审计报告。

6）项目交接报告。

神光-Ⅲ项目在不同阶段产生的项目档案包含但不限于以上内容，例如由于神光-Ⅲ项目科学技术复杂、非标设备较多的特点，在神光-Ⅲ项目档案中专门设计了技术类和设备类档案，在项目的不同阶段需收集、整理相关类型的文件并归档。

12.2 神光-Ⅲ项目档案管理

12.2.1 神光-Ⅲ项目档案管理模型

为了对神光-Ⅲ项目全过程资料进行细致规范的管理，应做到充分必要、真实有效、证据链闭环。神光-Ⅲ项目档案管理以项目全生命周期为主线，按照事前、事中、事后三阶段控制。事前开展政策研究、制定档案管理体系，明确档案管理规范、档案编号原则、文档编制规范等，确定管理基准。事中明确档案管理职责、责任到人，并进行分项、分段管理和过程控制，同时对外协单位视同己方管理，确保档案一次合格。事后，认真排查整理，弥补之前的工作漏洞和不足，举一反三，以使项目档案能够完全具备验收的条件。神光-Ⅲ项目档案管理模型，见图12-1。

从神光-Ⅲ项目档案管理模型图可以看出，在全生命周期过程中对档案的管理一直遵循“收集、整理、归档、验收”的循环工作方法，并对档案进行了分类管理。如结合项目的WBS将档案分为“管理类、技术类、基建类和设备类”；结合项目外协管理，将档案分为“内部形成档案和外部来源档案”。在分类管理过程中，将全宗原则和档案生命周期理论充分融合其中，例如针对同一合同的档案作为一个“小的全宗”，并且遵循档案全生命周期理论的要求，从形成到归档验收，责任明确。并将档案验收作为合同阶段验收和付款的条件，加强对同一小全宗内的档案管理控制。神光-Ⅲ项目档案分类示意如图 12-2 所示。

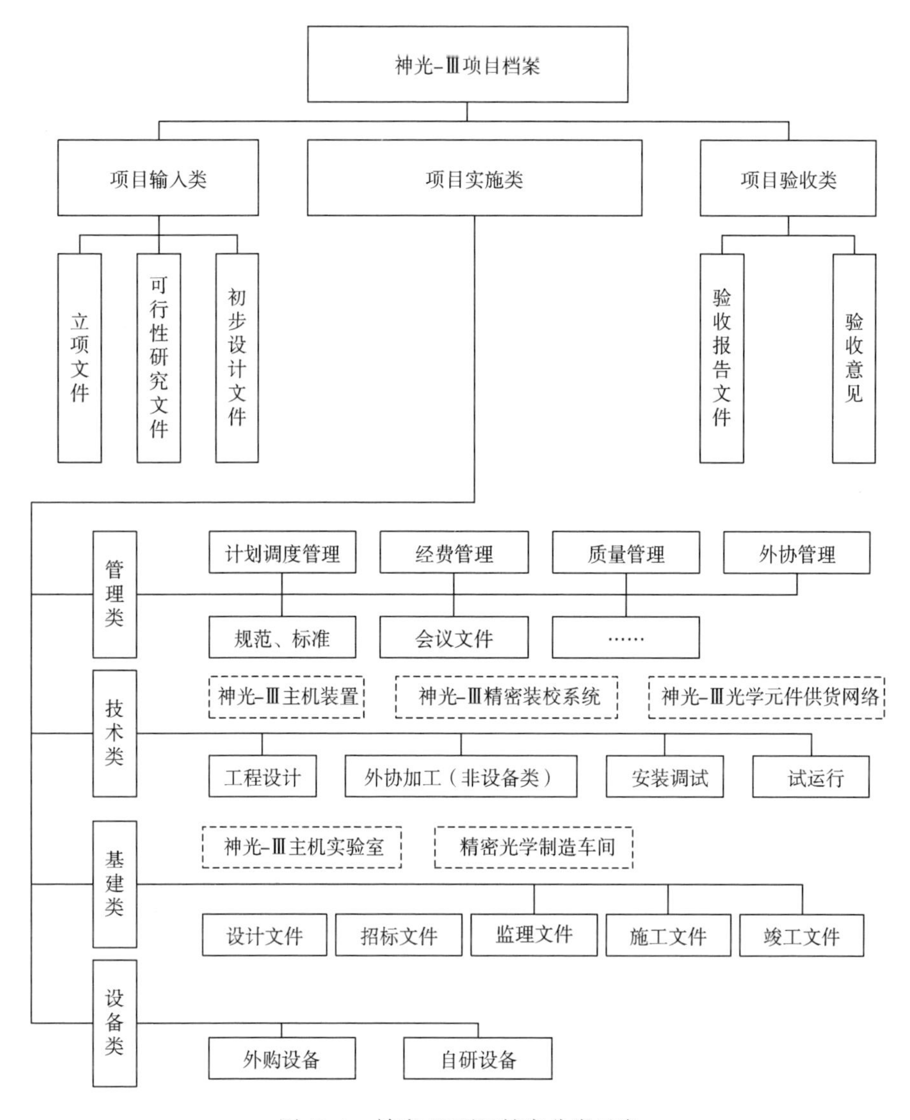

图 12-2　神光-Ⅲ项目档案分类示意

12.2.1.1 事前策划管理体系

项目建设过程中所形成的文件资料是项目实施、验收及成果体现的重要依据。要保证“一流的项目产生一流的档案”，必须首先从“规矩”入手。因此，需要在项目建设启动前，认真系统地学习国家及项目主管部门的档案管理文件要求，在此基础上结合项目实际情况，对项目申请批复到项目通过国家验收的全过程所产生的文件进行分析识别，策划制定项目的文件体系。同时，按照分层分级原则制定项目文件产生的规范要求。主要内容有以下几个方面：

（1）项目管理团队认真学习国家档案工作法律法规和院项目档案规章制度，分析建设项目的特点和档案要求，建立了切合项目实际的档案工作管理制度和工作程序，将项目档案管理纳入项目管理的日常工作范畴。

（2）项目单位以便于操作和实用为原则，编制了一系列规范文件，对应提交文件（图样）的类别、名称、内容目录、编写要点、提交阶段等全部规范化，同时对封面、签署、内容编写格式、装订等归档质量要求进行明确，如果有条件还可制作项目文件编辑器。尽可能做到信息表格化，要求明细化，内容格式化，为实现项目档案管理的规范化、标准化奠定基础。

（3）建立档案管理组织机构，明确责任和分工，对项目档案工作实行专人专岗，统一管理。由于神光-Ⅲ项目建设周期长，涉及的单位众多，形成的档案材料数量庞大、类别多，且装置建设具有一定的研制性质，因而神光-Ⅲ项目管理团队研究并制定了项目档案管理工作策划方案，明确了各部门、各办公室及相关岗位的职责分工，协调接口关系；档案管理部门对档案形成部门进行有效的监督、指导，建立项目档案管理与质量、进度、经费联动配合机制，以及与项目档案管理相匹配的工作设备和环境。

12.2.1.2 事中视同己方管理

在项目的实施过程中，不论内部文件还是外部文件，规章制度的健全是基础。要保证最终归档文件的质量达到要求，还必须强化检查控制，并建立过程监督、检查的机制，同时，根据“视同己方管理”的原则，内外一致。神光-Ⅲ项目中，将档案规范要求贯穿至所有参建单位，要求其遵照执行，并在各阶段资料归档前，逐层严格把关，保证项目档案验收一次合格。

（1）责任到人。

规章制度的落实主要取决于执行和检查。在具体实施过程中，首先要将相关要求贯彻到具体的编写人，同时编制单位要对所负责的项目资料进行系统核对、自查，自查通过后方可提交档案管理部门申请归档。项目经理和工程师代表作为项目档案的直接责任人，对交付档案内容的完整性、真实性及准确性起到入口审查作用。因此，需要细化项目经理和工程师代表的任务目标和工作要求，做到权、责统一。

（2）过程控制。

项目档案工作中以档案管理大纲和年度档案工作计划为牵引，制定检查节点要求，强化过程控制。档案管理部门不只关注项目实施的“一头一尾”，同时还主动跟进项目实施，紧贴文件编制单位的实际需求和了解实际困难，增强协作效果、提高管理效率。同时档案管理部门以推进项目进展为目标，主动将关口前移，协助有困难的文件编制单位理解和执行相关管理规范，解答疑惑。通过前期主动帮扶、共同推进的方法，确保相关资料可能存在的问题能够及时准确地得到预防和纠正，促进档案工作的顺利开展。

（3）分项管理。

神光-Ⅲ项目实施周期长，形成档案多，过程资料的查借阅和使用频次非常高，如果单纯按照时序进行编卷，查找相关的全部资料会非常不便。神光-Ⅲ项目按照项目任务 WBS 进行分项管理。所属于同一个子项目的资料全部存放在一起，涉及原件需要单独存档的资料，复印一份或放置说明页指向原件存址；同时引入暂存机制，一个项目阶段或周期完成后，再进行统一编卷，这样整个子项的全部实施情况都能够清晰完整地展现出来。这在档案自查、项目审计、阶段评估、档案验收工作中具有明显的效果。

（4）一次合格。

神光-Ⅲ项目推进具有“三多”特点，接口单位多、控制环节多、形成文件多，所以，必须确保过程形成的档案资料一次正确。否则，问题累积后，开展整改和纠偏将会产生系统性的困难，甚至无法整改。因此，按照“零缺陷管理”的理念，在项目中要求第一次把正确的事情做对，避免反复整改。

12.2.1.3　事后亡羊补牢机制

（1）节点逼停控制。

长期以来，项目单位对档案管理工作都存在重视程度不足，档案管理部门也相对比较弱势的情形。大多文件编制单位习惯最后验收时，集中编写资料，突击归档，往往伴随验收节点倒逼的矛盾，这也造成了档案质量严重下降的原因。因此，神光-Ⅲ项目从流程设置上就加以规避，如在合同签订时，就单独列出对档案的要求，明确提交的具体内容和节点，并作为阶段资金支付的条件之一来加以控制。

（2）分项分段验收。

尽管前期开展了大量风险的规避工作，但由于不同实施人员的理解和处理可能存在偏差，实际档案质量不可能保证百分之百合格。神光-Ⅲ项目采用对已经完成的分项先行验收，避免工作堆积，同时在国家验收之前，分 4 个阶段开展准备工作，包括整理自查、第三方检查、预验收、验收。依次推进，不断整改完善，确保了最终验收一次通过。

12.2.2 神光-Ⅲ项目档案管理难点

神光-Ⅲ项目档案管理模型建立后，项目管理团队分析神光-Ⅲ项目档案管理有可能碰到的难点，并根据管理难点采取了一系列的管理措施。神光-Ⅲ项目档案管理的难点包括：

1）档案基数大、类别多，组卷复杂。神光-Ⅲ项目是一个科研加工程型的项目，具有开创性，且构成系统极为复杂，所以在项目进行的过程中形成的档案数量庞大、类别多，尤其是过程档案较多。由于组卷非常复杂，在组卷时必须考虑项目各系统组件之间的逻辑关系。

2）协作单位数量多，控制结果反馈周期长，系统整改难度大。神光-Ⅲ项目是一个大协作的系统性工程，涉及众多不同学科、行业，协作单位五百余家，涉及的合同数量近两千份。如果对资料的交付没有统一的标准和要求，那么实际收到的效果可能差别就非常大。对此类问题如果要整改，则协调难度大，周期长。

3）资料逻辑关系严格。由于神光-Ⅲ项目中采用的创新性技术较多，技术复杂，不确定性风险高，因此在实施过程中出现技术更改、偏离，甚至是反复的情况比较常见。这些决策过程资料、方案图样等数量非常大，且整个资料链条逻辑关系严格，缺少任何一个环节都会造成混乱。

4）电子档案内容多。神光-Ⅲ项目涉及的电子档案主要有控制系统程序、专用软件、驱动程序、仿真模拟文件、图片、音像等，种类和内容都非常多。为了确保存储的可靠性，处理文件本身存储外，必须考虑读取软件的同时匹配和储存。

5）资料保存要求高。神光-Ⅲ项目涉及挑战和探索科学前沿，相关资料的技术成果含量高，部分资料为国家秘密。因此，必须建立安全可靠的储存环境，采取严格的管理措施。同时相关文档的整理和存档还必须随项目的进展同步完成，一旦出现脱节和漏洞，将会造成无法弥补的缺失。

12. 2. 3　神光-Ⅲ项目档案管理措施

12. 2. 3. 1　档案管理制度体系建立

（1）结合项目实际，完善内控制度。

神光-Ⅲ项目单位在项目建设启动之前就提前介入，以符合国家验收要求为目标，结合项目实际情况，编制了《神光-Ⅲ激光装置建设项目档案管理大纲》，对各阶段将产生的文件名称进行了细致的梳理和规划，明确了档案管理工作目标和档案分类基准等。

同时神光-Ⅲ项目管理团队建立和完善了一系列档案管理内控规章制度，对项目“文书、照片、声像、电子文件”等资料的归档制定了详细的要求，明确了各类文件的归档范围、归档时间、归档责任、保存期限、归档文件的质量要求；落实了组卷要求、编目要求、保管要求和管理责任；编制了“档案借（查）阅、复制管理制度”，进一步规范了借阅审批流程，实行了文档严格出入库制度。这些制度的建立为项目实施过程中档案资料的收集、整理、审核、归档等工作提供了操作依据，保证了项目档案的完整、准确、系统和安全。

（2）统一文件格式，实现文档规范化管理。

神光-Ⅲ项目文件的编制格式分为技术类和管理类。编制了《神光-Ⅲ主机装置技术文件编制格式及归档质量要求》等规范性文件，进一步明确了项目建设各个阶段应产生的产品样图、文件及各类记录表格的名称，统一了编制格式、封面格式、纸张，规范了编制、编号、形成、填写和装订等要求，保证了项目文件资料的规范统一。这种规范化管理模式在神光-Ⅲ项目验收审计及档案专项验收工作中获得相关审核专家的一致好评。如图 12-3 展示了神光-Ⅲ项目档案的编号原则。

12. 2. 3. 2　标准统一，过程审核

（1）格式规范、合同控制。

神光-Ⅲ项目是一个全国大协作的建设项目，涉及数千台（套）主工艺设备的非标外协研制，以及五百余家外协单位，每个参建单位、每个部门、每个工作环节都对档案管理工作的质量产生影响。因此，神光-Ⅲ项目档案管理中明确了“统一领导、分级管理、分层负责”的原则，建立了项目档案管理机构，明确相应管理职责。各参建单位及部门遵循“谁形成、谁负责”的原

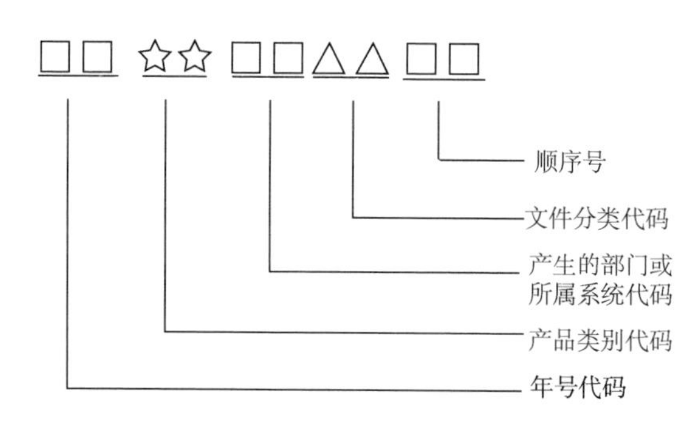

图 12-3　神光-Ⅲ项目档案编号原则

则，完成各自职责范围的文件编制、日常监督管理和档案移交工作；项目工程师代表对文档资料内容的真实性和有效性进行审核；项目经理按照档案管理要求及时复核各阶段资料；档案管理部门对档案的形式进行全程跟踪、监督、指导。

为了加强对外协单位提交档案的控制，充分发挥合同的作用，对于外协单位需要提交的文件成果，将文件的格式、规范等有关条款编入合同中，并明确责任。要求项目单位在签订设计合同、施工合同、监理合同、设备购置合同时明确供方需要提交的文件清单，包含份数、质量、移交时间及电子版等。图 12-4 示意了项目档案从编制到归档的全过程。所有档案必须经过档案产生单位的内部会签及神光-Ⅲ项目单位的批准后才能归档。在合同进度款支付环节，增加档案管理部门确认资料是否齐全控制环节。如第 8 章表 8-7 付款通知单中，专门设置了“资料审查”栏，只有资料审查通过，才能付款。通过合同管理，有效地制约了档案形成主体单位，进而确保了档案标准的统一和档案的质量。

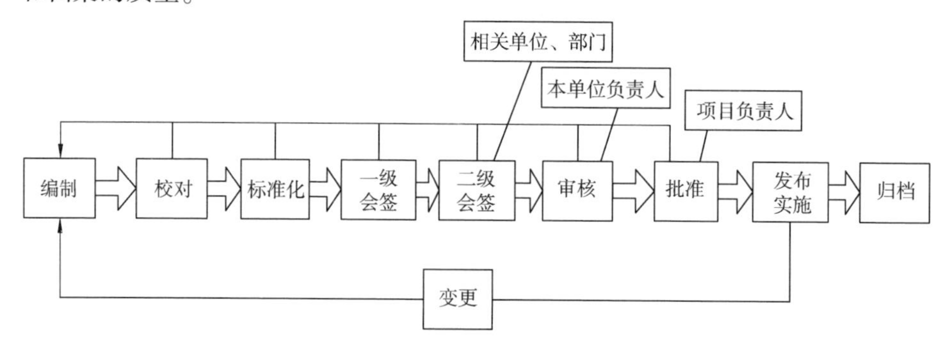

图 12-4　神光-Ⅲ项目外协档案管理流程图

如果已经归档的档案需要修改，必须填写如表 12-2 所示的文件更改审批表，经提出单位负责人、业主主管单位负责人等批准后方可进行修改。

表 12-2　神光-Ⅲ项目文件更改审批表

文件名称		文件编号	
更改原因及内容			
更改后内容			
更改提出人		日期	
提出单位负责人		日期	
文件编写人		日期	
业务主管部门负责人		日期	
审批人		日期	

（2）加强过程审核，确保真实有效。

在项目建设实施过程中，项目工程师代表和项目经理是项目档案工作的主体和责任人，对供方提交的工程验收图进行审核，并在验收图章及相关文件上进行签字确认；审核资料的真实性、有效性和规范性，确定利用价值。档案人员对照任务书及合同的各类要求，实时跟进，对供方交付的合同阶段资料及验收资料进行审核。实践证明，建立相应的审核机制是控制项目档案管理的有效手段。只有做到步步把关、环环相扣、出现问题可追溯，才能保证档案资料的完整、真实、有效、准确、系统和安全。

（3）加强档案培训，提高管理水平。

只有涉及档案管理的所有部门或单位、所有人员都明确了责任并肩负起责任，才能保证档案的形成、收集、整理和归档等各项工作顺利完成。在神光-Ⅲ项目实施过程中，档案管理人员与外协合同相关负责人经常交流，加强对档案管理的宣传和专业知识的培训，使档案意识深入到了档案管理的各个环节。只有供方认同了项目单位的管理理念，给予积极配合，按照要求交付档案资料，才能保障项目档案的质量。实践证明，加强档案培训，是推进项目档案管理的有效办法。

（4）加强档案安全管理。

神光-Ⅲ项目中对档案制作材料和档案装具都进行了详细规定，并且对档案库房的坚固程度、温湿度控制也制定了相应标准，采取了有效的安防和技防措施，保证了档案实体和信息的安全。

同时，项目档案管理采用了现代化的信息技术，完成了档案电子化著录，实现了项目档案目录的电子化，便于档案检索和查阅利用；建立了电子档案服务器存储系统，将项目电子光盘备份存储到服务器内，并通过内部网络控制查阅。

12.2.3.3 多种措施融合，确保顺利验收

（1）将档案管理工作纳入工作例会制度。

项目建设后期，档案工作进度受到项目建设进度的直接影响。在进度管理方面，充分利用项目的月例会机制，汇报档案工作进展。在项目月例会上，各相关部门负责人汇报项目工程实施进度、技术进展、经费和财务管理进度、项目“三同时”工作、档案工作等，会上协调各板块和环节遇到的问题，使得各阶段进度里程碑目标陆续实现，确保验收工作顺利开展。

（2）建立档案管理专题会议制度。

档案验收准备工作策划中，时间节点是按照项目验收时间和工作进度进行倒排的，弹性很小，一个环节跟不上，就会影响整体工作。为确保档案工作总体进展，对于在例会上不能解决的棘手问题，召开专题会议，对出现的问题进行有针对性的讨论，并制订出有效的应对措施，最大限度为档案验收准备排除困难。

（3）归档前预审自查。

由于神光-Ⅲ项目建设的复杂性，需要对项目档案进行分阶段、分项目验收。项目单位组织有关专业人员和档案人员在项目档案验收组进行验收前，对项目档案进行全面审查，发现问题及时整改，保证了档案的完整、准确、有效。按项目档案验收要求，形成自检情况报告，为项目档案的顺利验收做好充分的准备。

（4）档案验收。

根据国家和上级主管单位等有关规定，结合项目相关档案管理细则，及时向档案主管部门提交项目档案验收申请表，并请相关单位配合答疑。

12.3　小结

神光-Ⅲ项目共形成档案资料近两千卷，档案文件超过两万份。在项目档案数量庞大和复杂度高的情况下，能够获得国家验收组的一致好评，完全依赖于项目管理团队在项目实施前所制定的档案管理思路和模型，包括制定了一系列的档案管理规定，并采取了多样化的档案管理措施等。神光-Ⅲ项目档案管理中事前策划、事中控制、事后弥补的机制也体现了项目系统化管理的思维及方式。神光-Ⅲ项目中“视同己方”并通过合同加强外协单位档案管理的方法也为其他项目的档案管理提供了参考。

参考文献

[1] 白思俊. 现代项目管理：升级版 [M]. 北京：机械工业出版社，2012.
[2] 杨保华. 神舟七号飞船项目管理 [M]. 北京：航空工业出版社，2010.
[3] 袁家军. 神舟飞船系统工程管理 [M]. 北京：机械工业出版社，2006.
[4] 白思俊. 现代项目管理概论 [M]. 2 版. 北京：电子工业出版社，2013.
[5] 白思俊，郭云涛. 国防项目管理 [M]. 哈尔滨：哈尔滨工程大学出版社，2009.
[6] 朱一凡，李群，等. NASA 系统工程手册 [M]. 北京：电子工业出版社，2012.
[7] 中华人民共和国国家质量监督检验检疫总局，中国国家标准化管理委员会. GB/T 23691—2009 项目管理 术语 [S]. 北京：中国标准出版社，2009.
[8] 中华人民共和国国家质量监督检验检疫总局，中国国家标准化管理委员会. GB/T 23692—2009 项目管理 框架 [S]. 北京：中国标准出版社，2009.
[9] 中华人民共和国国家质量监督检验检疫总局，中国国家标准化管理委员会. GB/T 23693—2009 项目管理 知识领域 [S]. 北京：中国标准出版社，2009.
[10] 中国（双法）项目管理研究委员会. 国际项目管理专业资质认证标准 [M]. 北京：电子工业出版社，2006.
[11] 项目管理协会（美国）. 项目管理知识体系指南（PMBOK 指南）[M]. 许江林，等译. 5 版. 北京：电子工业出版社，2013.
[12] 项目管理协会（美国）. 项目管理知识体系指南（PMBOK 指南）[M]. 王勇，张斌，译. 4 版. 北京：电子工业出版社，2009.
[13] 项目管理协会（美国）. 项目管理知识体系指南（PMBOK 指南）[M]. 卢有杰，王勇，译. 3 版. 北京：电子工业出版社，2008.
[14] 中国（双法）项目管理研究委员会. 中国项目管理知识体系（C-PMBOK2006）[M]. 北京：电子工业出版社，2006.
[15] 黄春平，侯光明. 载人航天运载火箭系统研制管理 [M]. 北京：科学出版社，2007.
[16] 项目管理协会（美国）. 组织级项目管理成熟度模型（OPM3）[M]. 吴之明，席相霖，等译. 2 版. 北京：电子工业出版社，2009.
[17] 项目管理协会（美国）. 项目集管理标准 [M]. 毛静萍，章旭彦，译. 北京：电子工业出版社，2009.

[18] Timothy J. Kloppenborg. Project Management A Contemporary Approach [M]. 北京：清华大学出版社，2010.
[19] 陈军，石磊. 项目管理手册 [M]. 北京：企业管理出版社，2015.
[20] 辛西娅·斯奈德·斯塔克波尔. 项目管理实用表格与应用 [M]. 刘露明，译. 北京：电子工业出版社，2011.
[21] 白思俊. 项目管理案例教程 [M]. 北京：机械工业出版社，2011.
[22] 项目管理协会（美国）. 挣值管理实践标准 [M]. 张斌，陈洁，译. 北京：电子工业出版社，2008.
[23] 项目管理协会（美国）. 项目管理知识体系指南：政府分册 [M]. 黄晞烨，邓晓梅，译. 北京：电子工业出版社，2008.
[24] 哈罗德·科兹纳. 项目管理 [M]. 杨爱华，杨磊，等译. 北京：电子工业出版社，2005.
[25] 项目管理协会（美国）. 工作分解结构（WBS）实施标准 [M]. 强茂山，陈平，译. 2 版. 北京：电子工业出版社，2008.
[26] 项目管理协会（美国）. 项目组合管理标准 [M]. 许江林，刘景梅，译. 2 版. 北京：电子工业出版社，2009.
[27] 项目管理协会（美国）. 项目经理能力发展框架 [M]. 许江林，译. 2 版. 北京：电子工业出版社，2011.
[28] 花禄森. 系统工程与航天系统工程管理 [M]. 北京：中国宇航出版社，2010.
[29] 戚安邦，等. 项目管理学 [M]. 北京：科学出版社，2007.
[30] 张文健，王成程，刘维宝，等. 基于神光-Ⅲ项目的大科学工程范围管理探析 [J]. 项目管理技术，2017，15（8）：112-116.
[31] 申晨，何伟，王成程，等. 大科学工程项目工程设计外协管理实践与研究 [J]. 科技成果管理与研究，2017（3）：14-18.
[32] 沈敏圣，张林，王成程，等. 基于神光-Ⅲ项目的大科学工程全生命周期管理实践 [J]. 项目管理技术，2017，15（1）：72-77.
[33] 刘维宝，任振，王成程，等. 基于神光-Ⅲ项目的顾客满意度管理实践浅析 [J]. 项目管理技术，2017，15（5）：105-108.
[34] 沈敏圣，张林，王成程，等. 科研项目管理新模式的实践与思考 [J]. 项目管理技术，2017，15（3）：103-107.
[35] 孙肖芬，马驰，刘楠，等. 基于 CMMI 模型的神光-Ⅲ主机装置软件工程化 [J]. 项目管理技术，2017，15（2）：107-112.
[36] 樊怡辰，陈立华，任振，等. 基于神光-Ⅲ主机装置的固定资产移交方法探索 [J]. 科技成果管理与研究，2017（7）：28-31.
[37] 任振，刘维宝，刘德斌，等. 基于可拓理论的大科学工程顾客满意度评价研究 [J].

项目管理技术，2017，15（6）：61-63.
[38] 陈立华，樊怡辰，任振，等．大科学工程竣工财务决算审计备审工作［J］．项目管理技术，2017，15（8）：117-121.
[39] 任振，陈立华，樊怡辰，等．FAHP 在神光-Ⅲ项目经费管理风险评价的应用［J］．项目管理技术，2017，15（7）：97-102.
[40] 曾勋，任振，何伟，等．神光-Ⅲ主机装置真空靶室研制项目管理实践［J］．项目管理技术，2017，16（6）：107-110.
[41] 王成程，何伟，郑万国，等．神光-Ⅲ项目外协合作联盟的建立与管理实践［J］．项目管理技术，2016，14（7）：98-101.
[42] 孙肖芬，王成程，刘楠，等．神光-Ⅲ主机装置建设项目技术状态管理实践［J］．项目管理技术，2016，14（1）：88-94.
[43] 王成程，郑万国，陈立华，等．大科学工程项目投资概算调整流程与方法探讨［J］．项目管理技术，2016，14（10）：101-104.
[44] 樊怡辰，王成程，刘楠，等．基于德尔菲法的神光-Ⅲ工程项目管理成熟度评价［J］．项目管理技术，2016，14（3）：80-84.
[45] 王成程，郑万国，陈立华，等．大型固定资产投资项目审计工作的思考［J］．科技成果管理与研究，2016（9）：35-38.
[46] 张文健，王成程，张林，等．大型固定资产投资项目竣工验收进度控制浅析［J］．科技成果管理与研究，2016（5）：49-52.
[47] 王成程，陈立华，张林，等．大型固定资产投资项目概算调整报告编制方法［J］．合作经济与科技，2016（9）：69-70.
[48] 申晨，王成程，何伟，等．神光-Ⅲ项目合同验收管理研究［J］．项目管理技术，2016，14（4）：103-107.
[49] 何伟，王成程，廉博，等．基于科学工程的竞争性谈判实践研究［J］．项目管理技术，2016，14（6）：86-90.
[50] 申晨，王成程，何伟，等．基于 PFMEA 的大科学工程项目管理过程自评估［J］．项目管理技术，2016，14（7）：92-97.
[51] 张林，王成程，郑万国，等．神光-Ⅲ激光装置非标自研项目全流程管理实践［J］．项目管理技术，2016，14（8）：87-90.
[52] 何伟，王成程，郑万国，等．神光-Ⅲ项目管理团队建设浅析［J］．项目管理技术，2016，14（8）：94-97.
[53] 刘维宝，任振，王成程，等．建构利益相关者管理的三层次结构分析［J］．项目管理技术，2016，14（6）：21-25.
[54] 沈敏圣，张林，王成程，等．网络计划技术在大科学工程计划管理上的应用［J］．项目管理技术，2016，14（2）：91-98.

[55] 任振，沈敏圣，王成程，等. 改进挣值法在大型科研项目进度-成本管理的应用 [J]. 科技管理研究，2016，36（20）：211-214.

[56] 沈敏圣，任振，王成程，等. 挣值管理方法在大科学工程进度管理中的应用 [J]. 项目管理技术，2016，14（4）：86-91.

[57] 孙肖芬，刘楠，王成程，等. 神光-Ⅲ主机装置风险管理模型建立与分析 [J]. 项目管理技术，2016，14（6）：96-101.

[58] 张文健，张林，王成程，等. 神光-Ⅲ项目计划管理实践浅析 [J]. 项目管理技术，2016，14（7）：102-107.

[59] 任振，刘维宝，王成程，等. 基于价值工程的国防科研项目外协采购评标方法研究 [J]. 项目管理技术，2016，14（9）：110-115.

[60] 凌丽，刘楠，王成程，等. 神光-Ⅲ激光装置建设项目档案管理实践 [J]. 科技成果管理与研究，2016（10）：23-26.

[61] 何海恩，刘楠，王成程，等. 基于风险思维的大科学工程建设项目档案管理方法探讨 [J]. 兰台世界，2016，516（22）：53-55.

[62] 刘楠，王成程，孙肖芬，等. 神光-Ⅲ激光装置建设项目质量目标管理实践 [J]. 项目管理技术，2015，13（10）：83-88.

[63] 王成程，陈立华，张林，等. “神光-Ⅲ”项目固定资产投资计划管理经验 [J]. 合作经济与科技，2015（17）：84-87.

[64] 王成程，郑万国，武艺，等. 以进度、质量与经费为核心的神光-Ⅲ项目管理与控制分析 [J]. 项目管理技术，2014，12（10）：144-148.

[65] 王成程，马尊武，武艺，等. 神光-Ⅲ激光装置建设项目范围与组织模式管理分析 [J]. 项目管理技术，2014，12（5）：58-62.

[66] 杨晓瑜，梁晨宇，王成程，等. 大科学工程项目过程质量管理实践——ICF激光装置项目的质量管理 [J]. 项目管理技术，2012，10（11）：60-63.

[67] 刘楠，何海恩，何伟，等. 大科学工程战略合作伙伴供应商关系管理模式浅析 [J]. 项目管理技术，2016，14（1）：95-98.

[68] 王炜，何伟，蒋智洋，等. 一种元器件类合同集的进度信息管理方法 [J]. 项目管理技术，2016，14（4）：99-102.

[69] 陈立华，郑万国，樊怡辰，等. 基于全面经费管理的大科学工程经费管理实践 [J]. 项目管理技术，2016，14（6）：91-95.

[70] 杨敏，廉博，申晨，等. 非标外协采购加权综合打分法实践研究 [J]. 项目管理技术，2016，14（8）：91-93.

[71] 何伟，王炜，申晨，等. 神光-Ⅲ项目外协管理特点研究 [J]. 科技成果管理研究，2016（8）：29-32.

[72] 孙肖芬，何伟，刘楠，等. 神光-Ⅲ主机装置采购产品制造成熟度评价管理 [J]. 项

目管理技术，2016，14（11）：87-91.
[73] 刘楠，杨晓瑜，刘德斌，等．大型激光装置可靠性数据管理方法研究［J］．项目管理技术，2016，14（12）：88-92.
[74] 何伟，王炜，申晨，等．神光-Ⅲ项目光学元件供货管理特点实践研究［J］．科技成果管理与研究，2016（11）：110-115.
[75] 刘维宝，任振，王炜，等．ICF激光驱动器总体集成中的关键小批量事件均衡匹配模型研究［J］．国防科技，2016，37（5）：20-26.
[76] 杜守德，叶琳，王炜，等．神光-Ⅲ激光装置建设项目光学元件库存管理方法［J］．科技成果管理与研究，2016（12）：189-191.
[77] 何伟，杨敏，蒋智洋，等．神光-Ⅲ项目外协实施全流程成本控制实践研究［J］．项目管理技术，2016，14（11）：83-87.
[78] 刘维宝，郑万国，马尊武，等．基于神光-Ⅲ激光装置的大科学工程项目整合管理研究［J］．项目管理技术，2015，13（6）：70-75.
[79] 任振，余霞，樊怡辰等．虚拟仿真技术在大型实验室钢结构施工中的应用研究［J］．项目管理技术，2015，（2）：99-102.
[80] 刘维宝，郑万国，朱启华，等．神光-Ⅲ激光装置的总体集成及探索［J］．国防科技，2014，35（6）：30-36.
[81] 任振，樊怡辰，廉博，等．浅谈大科学工程基建项目全过程造价管理［J］．合作经济与科技，2014，（21）：113-114.
[82] 陈光宇，张小民，郑万国，等．ICF激光装置的任务可用性模型和分析方法［J］．强激光与粒子束，2012，24（9）：2103-2108.
[83] 陈光宇，孙志平，郑万国，等．基于进化曲线的大科学工程可靠性数据管理模型与成熟度研究［J］．科技管理研究，2013，33（24）：227-232.
[84] 杨晓瑜，马尊武，季晶晶，等．神光-Ⅲ项目风险管理过程与分析方法研究［J］．项目管理技术，2010，8（6）：65-69.
[85] 李建明，曾华锋．“大科学工程”的语义结构分析［J］．科学学研究，2011，29（11）：1607-1612.
[86] 申丹娜．大科学与小科学的争论评述［J］．科学技术与辩证法，2009，26（1）：101-107.
[87] 陈君宁，李军．企业的全面质量管理浅议［J］．中南民族大学学报：人文社会科学版，2005，25（S1）：173-175.
[88] 陈方晓，张建华，杨宇川，等．国防科研单位大科学装置运行管理若干问题对策分析［J］．国防科技，2016，37（3）：53-62.